CHENGZHANG
CONGXINKAISHI

成长从心开始

——大学生心理健康读本

主　　编　郑爱明　徐海波　杨雪花

副 主 编　王志琳　陈智慧　夏海燕　姜　莉

参编人员　（按姓氏笔画为序）

王　珊　王爱东　肖英霞　张丽君

张莹瑞　段喜萍　钱春霞　黄爱国

蒋国栋

南京大学出版社

图书在版编目(CIP)数据

成长从心开始 ：大学生心理健康读本 / 郑爱明 徐海波 杨雪花主编. — 南京 ：南京大学出版社，2013.7(2021.8 重印)

ISBN 978-7-305-11615-5

Ⅰ. ①成… Ⅱ. ①郑… Ⅲ. ①大学生一心理健康一健康教育 Ⅳ. ①B844.2

中国版本图书馆 CIP 数据核字(2013)第 126955 号

出版发行 南京大学出版社
社　　址 南京市汉口路 22 号　　邮　编 210093
出 版 人 金鑫荣

书　　名 成长从心开始——大学生心理健康读本
主　　编 郑爱明 徐海波 杨雪花
责任编辑 周文婷 吴 华　　编辑热线 025-83592146

照　　排 南京南琳图文制作有限公司
印　　刷 盐城市华光印刷厂
开　　本 787×1092 1/16 印张 15.75 字数 374 千
版　　次 2013 年 7 月第 1 版 2021 年 8 月第 5 次印刷
ISBN 978-7-305-11615-5
定　　价 35.00 元

网址：http://www.njupco.com
官方微博：http://weibo.com/njupco
官方微信号：njupress
销售咨询热线：(025) 83594756

编委会名单

前　言

心理健康是大学生综合素质的基石，是大学生顺利度过大学生活的前提。大学生心理健康教育是提升和改善大学生心理健康状况，促进大学生健康成长的重要途径，也是高等教育的重要形式与内容。为广大教育工作者尤其是学生辅导员编写一本既能够反映大学生心理健康教育的现代理念，又能体现大学生身心特点的心理健康教育书籍，是当前高校心理健康教育持续发展、提升大学生心理健康水平的现实需要。在长期对大学生心理健康教育及心理素质培养的研究中，面对当代大学生日益突出的心理问题，我们一直在思考和探索：哪些事情是他们郁闷、困惑、迷茫的根源？哪些事情给他们带来快乐或成就？哪些事情促使他们思考和成长？教育者怎样帮助他们化解内心的矛盾与冲突，引导他们健康发展？在长期面向大学生开展心理咨询、开设相关心理课程的过程中，我们有机会直接了解大学生的内心世界，有条件尝试针对当代大学生的心理问题，开展以培养大学生健康心理素质、维护心理健康为根本目标的"心理健康教育"实践。本教材的编写就是以上述理论与实践探索为基础，就大学生成长中遇到的具体问题，包括新生适应、学习、人际交往、情绪管理、恋爱、择业、感恩、珍爱生命等进行了科学的分析，并提供了丰富的案例。

本书在编写中力求体现如下原则。

(1) 理论深入浅出，突出实用性。本书在编写过程中，以理论为基础，突出心理案例的呈现。理论浅显易懂，案例翔实丰富，力求能让读者在简单了解心理学基本知识的基础上对现实生活中的心理现象进行解释，用理论去指导行动，能更积极主动地掌握心理健康提升的途径和策略，感受心理成长的快乐。

(2) 立足学生生活实际，全方位展现大学生心理动态。本书包括从新生的入学适应到毕业生的就业指导，从人际交往到恋爱心理、学习、生活、情感等方面的内容，基本囊括了大学生活的方方面面，力求全方位，翔实地展现大学生的实际生活。本书的案例全部来自教师工作实际中遇到的案例，具有一定的代表性，能对学生具有普遍的指导意义。

本书由江苏省大学生心理健康教育与研究中心(江宁基地)组织编写，郑爱明、徐海波、杨雪花任主编，负责全书的框架结构设计、指导具体写作。各章的编写者如下：第一章，徐海波、郑爱明、张莹瑞；第二章，夏海燕、杨雪花、段喜萍；第三章，黄爱国、杨雪花、郑爱明；第四章，王爱东、王珊、肖英霞；第五章，王珊、王爱东、姜莉；第六章，徐海波、王爱东、郑爱明；第七章，张丽君、陈智慧、钱春霞；第八章，姜莉、张丽君、夏海燕；第九章，王志琳、姜莉、徐海波；第十章，陈智慧、夏海燕、蒋国栋；第十一章，郑爱明、黄爱国、钱春霞。

目　录

第一章　大学生心理健康与成长

你有信仰就年轻，疑惑就年老；有自信就年轻，畏惧就年老；有希望就年轻，绝望就年老；岁月使你皮肤起皱，但是失去了热忱，就损伤了灵魂。

——卡耐基

第一节　大学生心理健康概述

当今社会，人们的生活节奏不断加快，社会竞争逐步加剧，多元文化和不同的价值理念相互冲击，这些都使“心理健康”成为现实生活中越来越受到关注的一个话题。大学生作为正在接受高等教育的青年群体，他们的心理健康状况不仅影响和决定着自身的健康成长，也对国家和民族的未来兴衰有着非常重要的影响。因此，大学生的心理健康教育越来越受到学校、家庭和社会多方面的重视。帮助大学生了解什么是心理健康，学会如何看待大学生心理问题，掌握如何提高心理素质的方法，增强应对心理困惑的能力对于大学生们来说非常必要。通过系统学习心理健康的基础知识，掌握科学的心理调适方法，可以帮助大学生解决成长过程中遇到的疑虑和困惑，帮助他们有效保持心理健康，促进身心健康发展。

一、健康与心理健康

（一）健康

健康是人类生存的基础，只有健康的人才能够高质量地生活，才能够将自身的潜能全面地发挥出来。健康不仅是指身体发育良好，无疾无患，体魄强健，同时还需要具有良好的心理素质和心理状态。

1989年世界卫生组织将健康定义为：健康包括躯体健康、心理健康、社会适应良好和道德健康。这种新的健康观在强调以生理健康为物质基础的同时，也把发展心理健康与良好的社会适应、道德健康等纳入到健康的模式下，从而构成了一个更为全面的生物——心理——社会医学健康模式。

与此同时，世界卫生组织还提出了健康的具体标准，即健康除了躯体没有病理改变和机能障碍外，还要具备以下要素：① 有充沛的精力，能从容不迫地担负日常工作和生活，而没有感觉到疲劳和紧张。② 积极乐观，勇于承担责任，心胸宽阔。③ 精神饱满，情绪稳定，善于休息，睡眠良好。④ 自我控制能力强，善于排除干扰。⑤ 应变能力强，能适应外界环境的各种变化。⑥ 体重适合，身材匀称。⑦ 眼睛炯炯有神，善于观察。⑧ 牙齿清洁，无空洞、无痛感、无出血现象。⑩ 头发有光泽，无头屑。⑩ 肌肉和皮肤富有弹性，步态轻松自如。

从健康的定义来看，心理健康是健康的重要组成部分。一个人只有身体、心理和社会适应同时处于健康状态，才算是真正的健康。

（二）心理健康

什么是心理健康？学者们对心理健康有许多的界定，他们一般认为，心理健康是指生活在一定社会环境中的个体，在高级神经功能和智力正常的情况下，情绪稳定，行为适度，具有协调人际关系和适应环境的能力，以及在本身及环境条件许可范围内所能达到的心理最佳功能状态。

心理健康按其程度可以划分为两种状态：一是正常状态，简称常态。它是指个体具有正常人的遗传素质、生理条件，又生长在一个正常的环境中，生活中没有大的起伏和挫折，因此心理循着正常人轨迹发展。个体的常态行为与其价值观、道德水平和人格特征相一致。这是一种心理健康状态。二是不平衡状态，简称偏态。它是指个体心理处于焦虑、恐惧、压抑、担忧、矛盾、应激等状态。一旦个体处于不平衡状态，他会首先通过"心理防御机制"来进行自我调节。如果无效，他就要借助别人的疏导，消除不平衡，恢复正常状态。偏态包括神经症、人格障碍、性心理障碍、精神分裂症等。一旦出现这些病症，他就要到医疗部门求助心理治疗和药物治疗。

（三）心理健康的标准

心理健康标准问题一直受到人们关注，许多专家对此都有过研究和论述。

1946 年第三届国际心理卫生大会提出的心理健康标志是：① 身体、智力、情绪十分协调；② 适应环境，在人际关系中能彼此谦让；③ 有幸福感；④ 在工作和职业中能充分发挥自己的能力，过有效率的生活。

美国著名心理学家马斯洛（Abraham H. Maslow）在 20 世纪 50 年代初提出了心理健康的十条标准：① 有充分的自我安全感；② 能充分了解自己，并能恰当估量自己的能力；③ 生活理想切合实际；④ 不脱离周围现实环境；⑤ 能保持人格的完整和谐；⑥ 善于从经验中学习；⑦ 保持良好的人际关系；⑧ 能适度地宣泄情绪和控制情绪；⑨ 在符合团体要求的情况下，能有限度地发挥个性；⑩ 在不违背社会规范的前提下，能适当地满足个人的基本需求。

1. 国内对一个人是否心理健康的衡量指标

国内学者综合各方面的研究成果，认为可以用以下指标来衡量一个人是否心理健康：

(1) 了解自我，悦纳自我

一个心理健康的人能体验到自己的存在价值，并能够对自己的能力、性格、爱好和兴趣等做出恰当、客观的评价，既能了解自己的方方面面，又能愉快地接纳自己无法补救的缺陷或暂时存在的不足，对自己不会提出过高的无法达到的要求，生活目标和理想比较切合实际。

(2) 接受他人，善于与他人相处

心理健康的人乐于与人交往，不仅能接受自我，也能接受他人、悦纳他人，能认可别人存在的重要性和作用，同时也能为他人和集体所理解、所接受，能与他人相互沟通和交往，人际关系协调和谐；在生活的集体中能融为一体，既能与挚友相聚时共享欢乐，也能在独处沉思时无孤独感；在与人相处时，积极的态度（如同情、友善、信任、尊敬等）总是多于消极的态度（如猜疑、嫉妒、畏惧、敌视等），因而在社会生活中有较强的适应能力和较充足的安全感。

(3) 正视现实、接受现实

一个心理健康的人能够与现实保持良好的接触，对周围的事物和环境做出客观的认识和评价，敢于面对现实、接受现实，并主动地去适应现实、改造现实，既有高于现实的理想，又不会沉湎于不切实际的幻想与奢望，对自己的力量有充分的信心，对生活、学习和工作中的各种困难和挑战都能妥善处理。

(4) 热爱生活、乐于学习和工作

一个心理健康的人能珍惜和热爱生活，并在生活中享受人生的乐趣，同时他们在工作中尽可能地发挥自己的个性和聪明才智，并从工作成果中获得满足和激励，把工作看作是乐趣而不是负担，并体现自己的人生价值。

(5) 能协调与控制情绪，心境良好

一个心理健康的人总是让乐观、开朗、满意等积极的情绪占主导地位，当然也会有悲、忧、愁、怒等消极情绪体验，但一般不会长久，能够自己进行调节和控制，同时也能够适度地表达自己的情绪，经常保持良好的心态。对于无法得到的东西不过分追求，争取在社会允许范围内满足自己的各种需要，对于自己所能得到的一切都感到满意。

(6) 人格完整和谐

一个心理健康的人，气质、能力、性格、理想、信念、动机、兴趣和人生观等各方面平衡发展，人格作为整体的精神面貌能够完整、和谐地表现出来，思维方式比较合理适中、不偏颇，待人接物的态度恰当灵活，并能够与社会的步调保持一致。

(7) 智力正常，智商在 80 以上

智力正常是人正常生活的基本心理条件，一般常用智力测验的结果来表示智力的发展水平，智商低于 70 的为智力落后。同时我们也可以看到，心理健康并不需要很高的智力水平，只要保持在基本的水平之上就可以了。

(8) 心理行为符合年龄特征

在人的生命发展的不同年龄阶段，都有相对应的心理行为表现，从而形成不同年龄阶段独特的心理行为模式。心理健康的人应具有同年龄多数人所符合的心理行为特征，而不是经常严重地偏离自己的年龄特征。

2. 大学生心理健康的特征

根据以上不同学者对心理健康标准所提出的观点，就大学生而言，大学生的心理健康应具有以下特征：

(1) 人格完整

人格完整就是指有健全统一的人格，即表现在能力、气质、性格、动机、兴趣、理想、信念和世界观等各个方面都能平衡发展，而不存在明显的权限与偏差。大学生应以积极进取的人生观作为人格的核心，并以此有效地支配自己的心理行为；个人的所想、所说、所做都是协调一致的，即胸怀坦荡，言行一致，表里如一。

(2) 智力正常

智力是指人的观察力、注意力、记忆思维力、实践力和动能力等的综合水平。一般来说，大学生的智力是正常的，关键看能否正常地、充分地发挥效能。

(3) 情绪健康

情绪健康的主要指标是情绪稳定和心情愉快。大学生应能经常保持愉快、开朗、自信的心情，善于从生活中寻求乐趣，对生活充满希望；情绪稳定，具有调节控制自己的情绪以保持与周围环境动态平衡的能力。

(4) 意志健全

意志健全是指大学生应有坚强的意志品质：目的明确合理、善于分析情况、有毅力、自制力好、不放纵任性。

(5) 适应能力强

较强的适应能力是大学生心理健康的重要特征：能适应大学的学习、生活和人际关系，迅速完成从中学到大学的转变，能和社会保持良好的接触，能正确认识社会，了解社会。如果发现自己的需要和愿望与社会需要发生矛盾冲突时，大学生能迅速进行自我调节和修正，以求和社会的协调一致，而不是逃避现实，更不是与社会需要背道而驰。

(6) 能够悦纳自己

正确的认识、了解悦纳自己是大学生心理健康的重要条件。一个心理健康的大学生能体验到自己的存在价值，有自知之明，能对自己的能力和性格做出正确的分析，对自己不会提出刻薄、非分的期望与要求，对自己的生活目标和理想也能切合实际。同时，大学生努力发展自身潜能，即使对无法补救的缺陷，也能正确接受。

(7) 和谐的人际关系

和谐的人际关系是人们获得心理健康的重要途径，大学生和谐的人际关系应体现在：乐于与人交往，且交往动机端正，既有稳定而广泛的人际关系，又有知心朋友；在积极的交往中保持独立完整的人格，有自知之明；不卑不亢，能客观地评价别人和自己；在交往中善于取长补短、宽以待人、友好相处、助人为乐。

(8) 心理行为符合大学生的年龄特征

大学生应具有与年龄和角色相适应的心理行为特征，即大学生的言行举止符合其年龄特征是心理健康的表现。

二、心理健康的关键：积极心态和积极努力

(一) 心理健康是一个过程，而不是结果

心理健康的标准是一种理想尺度，它为我们指明了提高心理健康水平的努力方向，但

是心理健康不是一个静止的理想标准。可以肯定地说，绝对、永远心理健康的人是没有的。心理健康与不健康之间并没有一条绝对的分界线，而是一种连续、不断变化的状态。根据这种不断变化的状态，人的心理可用三区来表示：

白色区 ⟺ 灰色区 ⟺ 黑色区

处于白色区就是心理健康，处于黑色区则是心理变态，而处于灰色区则介于上述两者之间。

它们之间是可以相互转换的，灰色心理调节得当就恢复为白色心理，不当则会发展为黑色心理。实际上，大多数人都处于灰色区域内，也就是说，大多数人处在健康与不健康的边缘状态，有人称之为“第三状态”。

小故事

一位访美中国女作家，在纽约遇到一位卖花的老太太。老太太穿着破旧，身体虚弱，但脸上的神情却是那样祥和兴奋。女作家挑了一朵花说：“看起来，你很高兴。”老太太面带微笑地说：“是的，一切都这么美好，我为什么不高兴呢？”“对烦恼，你倒真能看得开。”女作家又说了一句。没料到，老太太的回答更令女作家大吃一惊：“耶稣在星期五被钉上十字架时，是全世界最糟糕的一天，可三天后就是复活节。所以，当我遇到不幸时，就会等待三天，这样一切就恢复正常了。”“等待三天”，多么富于哲理的话语，多么乐观的生活方式，多么充满阳光的心态。她把烦恼和痛苦抛下，全力去收获快乐。

这则小故事说明，当我们用积极心态主宰自己的心境，用光明的思维去看世界，我们就会发现头顶的天原来是那样的蓝，身边的树原来是那样的绿，路边的花原来是那样的美。生活中不是没有阳光，是因为你总是低着头；不是没有绿洲，是因为你心中只有一片沙漠。

心理健康不是一个静态不变的结果，随着人的成长、经验的积累以及环境的改变，心理健康状态也会有所变化。可以说，心理健康是一个发展变化着的建设过程。在这个过程中每个人都会遇到各种困扰，但是不等于心理不健康，最重要的是能有效地解决困扰，这才是心理健康的表现。朝向心理健康的过程也是一种协调发展的状态。我们所要做的也就是以积极的心态，享受生命的过程。

（二）心理健康不是没有心理困扰，而是能否有效解决心理困扰

法国作家雨果曾经说过：“思想可以使天堂变成地狱，也可以使地狱变成天堂。”虽然我们不能样样顺利，但可以事事尽心；我们不能选择容貌，但可以展现笑颜；我们不能预知明天，但可以做好今天；我们不能改变别人，但我们可以改变自己。

我们在成长过程中，不可能一帆风顺、事事得意，而种种失败、无奈、委屈都需要我们勇敢面对、豁达处理。

小故事

美国前总统罗斯福曾经家里被盗，丢失了很多东西。一位朋友得知后写信安慰他。罗斯福在给朋友的回信中写到："亲爱的朋友，谢谢你来安慰我，我现在很平安，感谢生活！因为第一，贼偷去的是我的东西，而没有伤害我的生命；第二，贼只偷去我的部分东西，而不是全部；第三，最值得庆幸的是，做贼的是他，而不是我。"

本来，对于任何一个人来说，被盗都是不幸的事情，但罗斯福不仅不埋怨"贼的可恶"、"自己倒霉"，相反还找出了感谢和庆幸的三条理由。如何在不利的事件中看到有利的一面，如何在困难中发现希望，如何在失意中找寻生活中美好的事物，这是一种处世哲学，也是一种健康的心态。

因此，遇到危机时，我们要看到危机后面的转机；遇到压力时，要看到压力后面的动力；遇到挫折时，要看到挫折后面的成长。与其一味地埋怨生活，从此消沉沮丧、萎靡不振，不如以阳光的心态积极应对。要知道，拥有酸、甜、苦、辣、咸的五味人生才是真正丰富的人生。人有悲欢离合，月有阴晴圆缺，正是这些喜悦的瞬间和悲伤的时刻，才造就了我们多彩的人生。不要因为任何一个片刻的特别美丽而执着于它，也不要因为任何一个片刻的特别痛苦而将其推开，我们要将它们看作人生中的一段经历去体验，在体验中积极成长。

第二节 大学生心理概述

走过动荡的青春期，来到向往已久的大学校园。在这里，我们将开始人生最宏伟的设计。在这里，我们将从幼稚走向成熟。大学生的年龄一般在 18～25 岁之间，正处于一生之中心理发展变化比较激烈的青年期。大学生在生理上已经趋于成熟，但心理发展还不够成熟。可以说，这是一群正在严肃思考人生的青年，面临着多种思潮、多元价值观与各种人生观的冲击与抉择，既富于幻想和希望，又充满着矛盾与迷茫。学习竞争的加剧、专业的适应、人际的冲突、恋爱的烦恼、择业的困扰等就构成了大学生群体的独特性。

一、大学生的心理特点

(一) 抽象思维迅速发展但不够深刻

进入大学阶段，大学生的逻辑思维得到了迅速发展，并逐渐在思维活动中占据主导地位。在思考问题时，大学生不再满足一般的现象罗列和获得现成的答案，而是力求自己能够深入地探讨事物的本质和规律。大学生思维的独立性、批判性和创造性有所增强，主张独立发现问题和解决自己认为需要解决的问题，喜欢用批判的眼光看待周围的一切，不愿意沿着别人提供的思路去思考和解决问题，其思维的辩证性日益提高。但是，大学生抽象逻辑思维水平并没有达到完全成熟的程度，主要表现在思维品质发展不平衡，思维的广阔性、深刻性和敏感性发展比较慢。由于个人阅历浅、社会经验不足，大学生看问题时容易过分地钻“牛角尖”，并且掺杂了个人的情感色彩，缺乏深思熟虑，往往有偏激、过分自信和固执己见的倾向。尤其是大学生还不太善于运用辩证的观点和理论联系实际的观点指导自己的认识活动和观察社会现象，因此，常常把社会问题看得过于简单而陷入主观、片面和“想当然”的境地。

（二）自我意识增强但发展还不成熟

自我意识是指人对于自己和自己与他人及社会的关系的认识，它包括自我观察、自我评价、自我检验、自我监督、自我教育、自我完善等。独立自主、具有个人魅力是当代大学生喜欢追求的个性形象。作为同龄人的佼佼者，大学生关注自我的过去、现在和未来，渴望能深入挖掘自己、了解自己，希望能得到社会的关注和承认、老师的认同和同学的尊重，喜欢独立自主、受人尊重，不喜欢别人指手画脚、横加干涉，追求个性张扬，展现自我风采。年轻的学子有风一样的行动力，火一般的热情，“年轻，没有什么不可以”是大学生的宣言。活出真实的自己才不愧于青春，不愧于大学阶段这美好的年华。但由于大学生们社会生活的知识、能力和经验不足，他们中相当一部分人还不善于正确处理自我完善与社会发展需要的关系，还没有做好立足现实、长期艰苦奋斗的心理准备。大学生在找寻自我的时候，有时会迷失前进的方向；在张扬自我时，有时却忘了去尊重和理解其他同学；在强调自我时，有时却忽略了别人的意见；在遭遇挫折和失败时，有时会过分夸大自身缺点，产生自卑情结，在消沉中萎靡不振，甚至导致行为失控，做出不理智的事情来……因此，大学生自我意识的发展状况充分反映出我们正处于迅速走向成熟但并未真正完全成熟的心理特点。

（三）情绪丰富但波动较大

与中学校园相比，开放而轻松的大学校园使大学生的生活重心从学习转移或分散到了日常生活的各个方面。在轻松和积极地与家人、同学、朋友、老师乃至社会的交往过程中，大学生逐渐发展了丰富的情绪和情感。他们对社会、家庭、学校、朋友、自己有了强烈的责任感和义务感；他们关注社会、关注国家的前途和命运；他们激情飞扬，对未来有着执着的追求和渴望；在发展深厚的友情同时，他们也在试着品尝爱情带来的酸甜苦辣。

大学生控制情绪的能力也在不断由弱变强，大多数人的内心体验逐渐趋于平稳。但是，如果受到内心需要和外界环境的强烈刺激，他们的情绪又容易产生较大波动而表现出两极性，既可能在短时间内从高度的振奋变得十分消沉，又可能从冷漠突然转变为狂热乃至造成消极的后果。例如，有些大学生有时可能会因一些鸡毛蒜皮的小事耿耿于怀，陷入郁闷和沮丧，甚至会闹得不可开交。这种特点常使一些大学生陷入理智与情感的矛盾和冲突之中，从而感到十分苦恼。同时由于缺乏生活经验，大学生又常常体验到挫折与焦虑。

(四) 意志水平明显提高但不平衡、不稳定

大学没有了升学的压力，在开放和多元的生活中，大多数学生开始思考自己的现在和未来，明白了曾经的和现在的梦想要靠大学里的积累去实现。我们斗志昂扬、乐此不疲地尝试着各种可能。生活中的各个目标，让我们逐渐学会选择、学会克制、学会坚持。也就是说，大多数学生已能逐步自觉地确定自己的奋斗目标，并根据目标制订实施计划，排除内外障碍和困难去努力实现奋斗目标，其意志的自觉性、坚韧性、自制性和果断性都有了较大发展。但意志的果断性和自制性品质的发展却相对缓慢一些。这主要表现在，大学生能独立、迅速地处理好一般学习、生活问题，但在处理关键性问题或采取重大行动时往往表现出优柔寡断、动摇不定或草率武断、盲目从众的心态。

大学生作为同龄人中的佼佼者，既要承受来自家庭与社会的高期待，同时又要面临社会转型期所带来的择业与就业压力，此外，还要抵制来自社会的各种诱惑。面对种种压力，如果不能正确地对待与恰当地处理，大学生的心理健康就易被损害。

二、大学生常见的心理问题

(一) 大一——生活适应的困惑期

大一的学生作为同龄人中的佼佼者，带着美好的理想和憧憬，从中学迈进高校，由于角色的转变、环境的改变，大学新生在入学后受各种因素的影响，普遍存在一些不适应，因此带来心理上的困惑和问题。

1. 角色变化与对新生活的不适应

由原来依赖父母的小家庭生活过渡到相对自立的大学集体生活，一部分学生入学后表现出对生活及环境的不适应，心理上产生一种孤独感。当面对新的大学环境和新的生活方式，他们的他律失去，自律尚未建立，喜悦感和失落感、新鲜感和无意义感、使命感和盲目感的交织，产生了新的矛盾和冲突，出现忧郁、焦虑的情绪。

2. 学业上的困扰与对高校要求的不适应

一些新生在学习规律和学习方法上仍按照中学的思维模式和学习习惯，入学后没有明确的学习目标，对学习采取应付的态度；有些新生对所学专业不满意，学习不努力，学习成绩较差；还有些新生不能处理好学习与其他方面的关系，热衷于社会工作，频繁地参加各种活动，学习受到了极大的影响，并由此引发自卑等心理问题。

3. 交往欠缺与人际关系的不适应

受性别、年龄、性格、经历、地域等因素的影响，很多新生对高校全新的人际关系不适应，在面临着重新结识他人、确立人际关系的过程中，因缺乏经验和技巧而不善交往，因担心别人轻视自己而不愿交往，因怕闲言碎语不敢与异性交往，因性格内向孤僻而不会交往等，由此造成与他人的沟通困难。人际关系的不适应不仅直接影响新生入学后的学习、生活，也影响了他们的心理健康。

大学新生存在的适应问题，使他们在入学后处于苦闷、压抑、沮丧、焦虑、消沉、颓废等消极的心理状态，甚至出现心理障碍等问题，严重影响大学新生生活和学习。

(二) 大二——心理问题的多发期

经过大一的适应期，大学二年级学生基本熟悉了校园的文化和环境，适应了大学的学习生活，与同学之间也相互熟悉起来。许多同学消除了拘束感，为人行事变得随便起来，许多以往就已存在的问题，都在二年级逐渐暴露出来，于是，各种心理冲突也随之出现。大学二年级是学生心理问题较多的阶段，也是心理问题发生率较高的阶段。

1. 个性品质造成人际关系冲突

刚入学的新生们彼此之间既不熟悉又不了解，还未看到对方的缺点，但是随着相处的时间长了，个体间的缺点和毛病都显示出来。由于来自不同家庭背景，生活习惯和个性品质常常有着较大的差距，新生们相互间不理解和不宽容，从而导致了人际关系的冲突。如那些以自我为中心，只考虑自己不考虑别人的学生；只顾自己学习，不愿帮助别人的学生；大把花钱，看不起贫困生的学生；缺少基本道德规范，无视他人的学生，常常是同学们议论的焦点人物，同学对他们的妒忌和不满常触发同学间的矛盾而导致人际关系冲突，而人际关系冲突又带来孤寂、自卑、冷漠等心理问题。

2. 学习压力造成心理焦虑

由于大学课程设置较满，各种资格考试、证书考试增多，使学生学习压力增大；一些学生学习方法掌握不好，学习效率不高，造成学习疲劳，考试焦虑；还有一些学生刚开始放松要求，发现学习落后时已来不及；社会上一些腐败现象，以及大学生就业困难等问题时时影响着他们，压力使他们产生情绪浮躁、忧郁、厌烦、易怒等心理问题。

3. 异性交往产生心理困惑

异性交往是人际交往的重要方面，也是反映社会文明程度的重要标志。进入大学后，大学生的身心发展逐渐成熟，渴望与异性交往，建立与异性的友谊和爱情，但有些同学常常不能正确处理好异性交往的友谊与爱情的关系，缺乏异性交往的经验和技能，不能建立正常的男女友谊，分不清友谊与爱情的界限，与异性交往时往往产生心理困惑。

(三) 大三——情感发展的冲突期

大三的学生随着年级的增长而不断成熟，独立生活和处理问题的能力也不断提高，但心理发展尚未完全成熟、稳定，其主要心理问题表现较突出的有：

1. 自我发展与能力培养的问题

大学生是一个承载社会、家庭、学校高期望值的特殊群体；学生自我定位高，成才的欲望强烈，而高校现实条件使他们感到自我发展与能力培养和他们的期望与理想相差甚远，形成强烈的反差。理想与现实的冲突给他们带来了极大的痛苦和烦恼，他们只能接受理想中完美的自我，不能容忍自己的不完美，不肯迁就现实中平凡、有缺点的自我。同时，伴随着经济和社会的发展，特别是涉及大学生切身利益的各项改革，使他们面临的社会环境、家庭环境和成长过程中遇到的问题更加复杂多样，面临发展成长的诸多压力，特别是竞争压力、学习压力、经济压力、就业压力、情感压力等的普遍加大，从而使他们感到困惑、迷惘，产生失望感，导致情绪消极低落。

2. 恋爱情感带来的心理冲突

情感冲突在大三的学生中表现得尤为突出。大约有近35%的大学生存在情感困惑，由恋爱失败导致的大学生心理变异是最为突出的现象，有的人因此走向极端，甚至造成悲剧。学生在大一、大二时的恋爱情感一般比较单纯，经过一段时间的交往到了大三时，会出现分手、失恋、是否要重新选择等问题，面对这些问题一些学生往往不能自拔，陷入无法解脱的境地。

3. 性冲动与传统道德的心理困惑

大学阶段的学生性生理已成熟，而性心理则相对滞后；性冲动与传统价值和道德发生冲突，造成大学生的性心理异常。由于长期缺乏性教育，一些男生手淫后产生罪恶感，导致自卑等问题，还会出现与异性交往障碍、性别角色紊乱、恋物癖等心理疾患。一些性格内向、腼腆、害羞的学生往往难以启齿，其心理问题更加严重。一些女生遭遇性骚扰不知如何应对，不知如何保护自己，造成心理压力，引发心理问题。

（四）毕业阶段——择业求职的盲目期

毕业阶段的学生因择业求职而产生的心理问题较多，兼有个人未来发展和社会需要相矛盾的问题以及因恋爱而产生的问题等。择业求职产生的心理问题主要是期望值过高。严峻的就业形势逼得莘莘学子早早就展开了求职攻势，他们奔忙在学校、社会组织的各种供需见面会上，期望能找到一份满意的工作。毕业阶段的学生择业求职期望值普遍较高，对职业的选择也比较盲目。据北京高校毕业生就业指导中心统计显示，目前大学毕业生择业主要存在追热门、随大流、过分强调职业的社会地位、追求高薪高酬职业、片面强调就业地区、图轻松，缺乏事业心、一味追求个人兴趣满足、狭隘地理解专业等择业误区。

不少毕业生择业时受社会上一些舆论的左右，盲目从众，追逐热门，而不考虑自身条件及职业特点和社会整体需求，既影响择业又压抑了自己的优势。择业观念、传统束缚、爱慕虚荣、自我封闭、消极怠慢等心理极大地影响了毕业生的择业和求职，使择业范围和发展空间大大缩小，易导致挫败感和消极情绪并因此导致心理失衡。

综上所述，大学阶段常见的心理问题及症状有以下几个方面：

1. 因环境变异产生的心理压力

从中学到大学是人生转折的重要时期。入学后的大学生，心理上呈现“依赖性、理想化、盲目自信”等心理特征。面对生活环境、学习条件、人际关系等变化，大学生很容易产生不同程度的适应问题，心理压力变大，产生失落感、自卑感和焦虑情绪。

2. 恋爱与性方面的情感激荡

大学生处于异性相吸的灼热阶段，对性问题特别敏感，喜欢与异性交流及在异性面前显示自己的风度与才华。但是，由于他们考虑问题简单，感情容易冲动，在恋爱问题上常感到困惑。有的同学不懂得如何交往异性朋友；有的过早坠入爱河，而又没有确立正确的恋爱观；有的朝三暮四，出现三角恋、四角恋；单恋、失恋、胁迫恋爱在同学中也时有发生。

在性的问提上，部分学生对性知识缺乏健康、科学的认识和态度，出现性知识偏差；对自身的性心理和性生理感到困惑、不适应，出现性焦虑、性恐惧；对性欲、性冲动存在不安，感到性压抑。

3. 人际关系不和谐产生的心理疑惧

大学生有强烈的交往需要，渴望更多的人能够理解自己、接近自己，成为自己的好朋友。然而，由于种种原因，如害羞、恐惧、自卑，交际能力不够，言辞表达较差，大学生害怕交际，不愿与人沟通。再加上处于这一时期的大学生本来就有一种以自我为中心的闭锁心理，把自己真正的内心情感世界封闭起来，伪装起来，不愿主动敞开自己的心扉，与人交往有较强烈的戒备心理，以至于有些同学干脆独来独往，不和他人接触。由于一方面要求开放自我、还我真实，另一方面却又表现为文饰，这种双重人格，很容易导致大学生产生孤独感、抑郁症和自卑感。

4. 追求自我实现与现实相悖产生的心理冲突

自我意识的增强是当代大学生的一个显著特点，而自我价值的实现是他们向往和追求的目标，这种愿望随着年纪的增长而增强。许多大学生都希望自己在一些场合、活动中能显示自己的才华，同时也希望学校和社会创造更多的条件，使得他们的才能得以提升。然而，大学生毕竟是从学校到学校，不免患有一种“社会经验缺乏症”。有些学生片面追求所谓“自我实现”，对生活中出现的一些不尽如人意之事不能正确对待，总感觉怀才不遇；有些人不能正确、客观地评价自己，只看到别人身上的缺点，却不能正视自己的不足，形成了对自己过分美好的主观评价，结果一见到同学受到老师和大家的好评，而自己却相形见绌，就埋怨别人没看到自己的长处，甚至认为老师、同学跟自己过不去，因而感到压抑。

三、大学生心理调节方法

内因是变化的根据，外因是变化的条件。无论是学习了解心理健康知识还是拥有良好的校园氛围与风气，在遇到大学生心理问题时，这些都是外因，而起关键作用的还是大学生自己。所以大学生应该掌握最基本心理调节的方法，不断努力提高自我心理调节能力，了解增进心理健康的方法与途径。

1. 学会合理宣泄

大学生受挫后，心理上处于焦虑、愤怒、冲动的应激情绪状态之中，如得不到妥善的化解，大学生可能表现出攻击、轻生等种种消极的行为反应。这给大学生本人或社会都会带来不良的后果。因此，采取一些合理的宣泄方式，恢复心理平衡对于大学生来说是十分必要的。大学生可采用的方式有自我疏导、情绪宣泄、运动宣泄、心理咨询等。自我疏导是指通过语言或文字主动地向亲朋好友倾诉，消除紧张心理，恢复心理平衡。情绪宣泄则是指大学生不要一味地压抑自己的情绪，而是选择一些适当的场合、适当的方式，将自己的不良情绪宣泄出来。运动宣泄则是指通过积极参加各种体育运动消除消极情绪，激发积极进取的信心。大学生应排除对心理咨询的误解，要将心理咨询当作是帮助自己克服消极、悲观情绪，宣泄紧张心理，解除心理困惑，取得心理平衡的重要途径。

2. 保持乐观积极的心态

人生不会总是一帆风顺，大学生在大学生活中也往往会遇到各种各样的困难与挫折，越是怨天尤人、斤斤计较，越易被自己的感觉所扰乱，烦恼愁苦越是常常伴随其身。换一种心态看待磨难，生活的境遇往往会大为不同。美国心理学家马斯洛（Abraham H. Maslow）说过："一个人面临危机的时候，如果你把握住这个机会，你就会成长；如果你放弃了这个机会，就会退化。"你如果把困难、坎坷、痛苦、磨难统统看作生活的一种新尝试，当成人生的新课题，你便会发现，每冲破一次危机，你便会增加一份生活的勇气；每征服一个难题，你就会赢得一个成功的机会。这样，你的心理承受力也就更强了。

3. 适度转移注意力

当遇到非常不愉快的事情时，要及时摆脱精神负担，可以把精力转移到学习中去或投入到应该干的事情中去，沉重的心情得到放松，自己也就不再陷于烦恼之中。大学生可以用新的生活淡化过去遭受的挫折，以求心理上的平衡。如"多读书，读好书"就是一种极为重要的转移注意力的方法，它能转移人的视角，带你进入另一个天地，从而冲淡你的烦恼。一个喜欢读书的人，读到一本好书时，会感到心旷神怡、天地开阔，从中感到极大的乐趣，哪还有闲心"关注"烦恼。

4. 改善人际关系

一个人如果脱离了周围环境和社会便会增加孤僻、羞怯、敏感的倾向，以至于情绪不稳。"过敏"的人往往是"我行我素"，希望受人注意，获得他人的尊重和关心；但在与人交往中，往往忽视他人的需要和存在，成为自我中心者，对他人过于挑剔，使自己陷入更加孤独的境地。"你希望他人对你如何，你便那样对待别人"，这是人际关系的黄金规则。在每个人的内心深处，都有一份渴望，渴望他人认同、尊重，渴望有一个和谐的人际关系。人际关系中，如果能够自觉地给他人以尊重，能够对他人的正确理论给以足够认同，让他人能够感受到快乐与满足，他人也会给我们以同样的待遇。付出与回报、给予与回报，永远是一对孪生兄弟，关键是我们一定不要吝啬付出，而不要只想回报。有句老话说得好，"永远不要担心来年的收获，怕的是根本就没有播种。"

5. 经常运动

运动能显著松弛人们紧张的神经，改善人们的自我感觉，消除失望或沮丧情绪，还能促进良好的睡眠，提高机体的免疫功能，增强心肌的肌肉和功能，加快血液流速，从而大大改善大脑，使体质健壮、精力充沛。科学研究发现，经常参加体育运动是减缓精神紧张的有效手段。大学生应在条件许可的情况下选择一些有效的运动，对自己的身心都是很有好处的。专家认为有效的运动应具备三项基本要素：一是运动项目与自己的生活习惯及生活节奏相适应；二是运动项目应与自己的体力和生理情况相适应，不要让自己感到过度疲劳；三是至少每天做一次运动并坚持长期锻炼。

6. 学会放松训练

人的情绪状态与肌肉活动之间有着密切的联系。在神经系统的作用下，情绪和肌肉存在着互为因果的关系。情绪紧张时，肌肉会紧绷；而紧绷的肌肉又会通过神经系统的作用导致情绪的紧张。如果能主动地使肌肉放松，便会使紧张的情绪得到缓解。放松训练可以这样练习：让自己靠在沙发上，全身各部分处于舒适状态，双臂自然下垂搁置在沙发扶手上，想象自己处于轻松的情境中。例如，学生可以想象自己在一个风和日丽的早晨，坐在沙滩旁、树阴下，让自己达到一种安静平和的状态，然后依次放松手臂、头、面部、颈、肩、背、腹及下肢，重点强调面部肌肉的放松。每日一次，每次20～30分钟。一般6～8次即可学会放松，直至运用自如。

7. 加强自我心理调节

(1) 加强认知调节

认知方式在促进心理健康过程中起着根本性的作用。积极乐观还是消极悲观地看待事物，其心理反应完全不一样。积极乐观的认知方式对免除和减轻心理压力有正面的、绝对的作用，要改变无限夸大失败后果的思维方式，学会用全面的、发展的眼光看问题。

(2) 加强情绪调节

情绪对人的心理健康有重要影响，要在以下方面加强情绪调节。首先，正视不良情绪，如果不承认自身存在的负面情绪，长期压抑在心里，将会对心理健康带来不利影响；其次，学会和掌握情绪调节的方法；再次，学会宽容他人，理解他人。宽容包括对自己和对他人两个方面。不肯宽容别人的人既容易遭他人的怨恨，也往往使自己的身心受到伤害；不肯宽容自己的人则容易使自己整天处于自责、悔恨中，难以自拔。当然，宽容不是不讲原则，而是以一种豁达的胸襟承认每个人都会有过错，而不纠缠自己和他人的过错，以建设性的态度对待自己和他人的过错，并保持愉快的心情。

(3) 加强行为调节

人的行为直接影响着活动效率及自我评价，在很大程度上对心理健康有着直接的影响，所以行为的调节对心理健康有着重要作用。大学生应该注意对自己交往、学习、日常生活等行为的调节，使之能够适应学习和生活的要求，更好地实现自己所期望的目标，从而提高对自己的满意度，产生自信心和愉快感。

第三节　大学生心理成长

学校心理健康教育可以通过不同的途径和形式来实施，其中心理咨询与辅导以及学生心理委员都可以发挥非常好的作用，特别是当学生通过自我调节无法应对当前的心理困扰或者自身没有意识到自己的心理问题时，心理咨询与辅导以及同学之间的帮助就是一个很好的选择。

一、心理咨询与辅导

心理咨询与辅导是指咨询者运用心理学的知识、理论和技术，以“助人自助”为基本原则，针对正常人及具有轻度心理障碍的人的各种适应和发展问题，通过与来访者的协商、交谈、启发和指导的过程，达到消除心理障碍、增进健康水平提高社会适应能力和生活质量的目的。在现实生活中，许多大学生遇到困难和问题无法解决，却不愿意寻求心理咨询，主要是因为对心理咨询的原则和作用没有一个准确的认识。

(一) 心理咨询与辅导的主要原则

1. 保密原则

只要没有伤害他人及自己生命安全的危险，无论你说什么，咨询员都会为你保密。所以，你可以敞开心扉，畅所欲言。

2. 无条件积极关注原则

无论你说什么，咨询员都不会以道德的观念去评判事情的对错，你所做的一切都有你的理由。

3. 助人自助的原则

咨询员的咨询过程不是替你出主意、想办法的过程，而是帮助你弄清楚问题之所在，并由自己找出解决问题的方法。在咨询的过程中，双方的心理都能够得到成长。因此咨询是“授人以渔”，不是“授人以鱼”。

(二) 心理咨询与辅导的功能

通过心理咨询与辅导可以帮助来访者提高对待自身和人际关系方面的心理能力；促进人格重建和发展；帮助正常人克服自身发展中遇到的各种阻力；帮助有心理问题的人消除心理障碍或某些心理病症；鉴别心理障碍与精神疾病，有助于来访者得到最及时的治疗。心理咨询与辅导具有教育、发展、保健、治疗等功能，并不是寻求心理咨询与辅导的人就是“有病的”、“精神不正常的”。事实上，每个人都可以从心理辅导中获益。心理辅导是一个释放和梳理自己的奇妙旅程，也是一种独特的人际互动体验，其中的所学所悟都可以迁移到实际生活中。

大多数大学生具有良好的心理品质，他们有能力调节和处理成长过程中所遇到的各种压力和问题；但也确实存在少数学生单单依靠自己的力量，已不能有效地面对所遇到的压力和问题，他们需要外界的帮助和引导，否则，这些学生的问题有可能积淀，甚至导致心理障碍或心理疾病。因此，大学生要树立科学的健康观，充分认识心理健康在全面提高自身素质和发挥自身潜能过程中的重要作用，自觉维护和增进自身的心理健康，并在需要时勇敢地走进心理咨询室，在心理咨询师的帮助下丢掉包袱，以饱满的热情和充沛的精力投入到学习和工作中去。

(三) 中华人民共和国劳动部心理咨询师职责规范

1. 职业守则

热爱本职工作，坚定为社会做贡献的信念，刻苦钻研专业知识，增强技能，提高自身素质，遵守国家法律法规，与求助者建立平等友好的咨询关系。

2. 职业道德

(1) 不得因求助者的性别、年龄、职业、民族、国籍、宗教信仰、价值观等任何方面的因素歧视求助者。

(2) 在咨询关系建立之前,必须让求助者了解心理咨询工作的性质、特点、这一工作可能的局限以及求助者自身的权利和义务。

(3) 在对求助者进行咨询时,应与求助者对咨询的重点进行讨论并达成一致意见,必要时(如采用某些疗法)应与求助者达成书面协议。

(4) 与求助者之间不得产生和建立咨询以外的任何关系。尽量避免双重关系(尽量不与熟人、亲友、同事建立咨询关系),更不得利用求助者对咨询师的信任谋取私利,尤其不得对异性有非礼的言行。

(5) 当认为自己不适合对某个求助者进行咨询时,应向求助者作出明确的说明,并且应本着对求助者负责的态度将其介绍给另一位合适的心理咨询师或医师。

(6) 严格遵守保密原则,具体措施如下:

① 有责任向求助者说明心理咨询工作者的保密原则,以及应用这一原则时的限度;

② 在心理咨询工作中,一旦发现求助者有危害自身或他人的情况,必须采取必要的措施,防止意外事件发生(必要时应通知有关部门或家属),或与其他心理咨询师进行磋商,但应将有关保密的信息暴露限制在最低范围之内;

③ 心理咨询工作中的有关信息,包括个案记录、测验资料、信件、录音、录像和其他资料,均属专业信息,应在严格保密的情况下进行保存,不得列入其他资料之中;

④ 只有在求助者同意的情况下才能对咨询过程进行录音、录像。在因专业需要进行案例讨论,或采用案例进行教学、科研、写作等工作时,应隐去那些可能会据以辨认出求助者的有关信息。

二、班级心理委员

(一) 班级心理委员的工作职责

班级心理委员作为班级委员会的成员之一,他们的工作性质与学习委员、宣传委员、文体委员、生活委员、组织委员等不同,班级心理委员的工作职责具有自身的特点,具体内容如下:

(1) 保密原则。班级心理委员对自己所从事的工作必须严格遵守保密原则,对自己所接触的同学隐私不得向亲戚、恋人或朋友等泄露,特殊情况可向心理老师请教。

(2) 班级心理委员负责班级同学的心理问题工作。考虑男女性别差异,分男班级心理委员和女班级心理委员。但这种划分只是相对的,实际操作中,男女班级心理委员的工作内容可以交叉进行,最终以有利于开展工作为准。

(3) 班级心理委员应敏锐观察并及时记录本班级心理变化动态。观察记录的内容严格按《班级心理委员工作手册》中规定的本章第二节的"(二) 班级心理委员日常事务"部分的内容进行,不夸大、不引申,记录内容务必真实客观,而且谨慎保管、严加保密、定期销毁。

(4) 班级心理委员对本班同学所观察的常见心理问题与应急问题应按规定程序进行

汇报。汇报方式分两种：一是口头汇报；二是书面汇报。

(5) 班级心理委员对“常见心理问题”的汇报实行“零报告”制度。报告时间为一个月一次，每学期共计五次，全年十次。具体时间分为：9月30号、10月31号、12月31号、寒假前一周、2月28日、3月31日、4月30日、5月31日、6月30日。

零报告可以不上报，但必须做好记录，并且至少在学期结束前一周把零报告结果向学院的心理辅导员报告一次。

(6) 班级心理委员对“应急心理问题”报告实行“即时报告”原则上要求班级心理委员首先把本班级发生的应急心理问题及时向所在学院的心理辅导员报告。当班级心理委员与所在学院的心理辅导员联系不上时，班级心理委员可以直接与学院心理危机干预热线及时联系，同时，由班级心理委员补交相关的书面汇报材料。

(7) 班级心理委员在面对本班级同学向班级心理委员本人提出的心理援助时，应严格按培训中讲述的心理健康知识与心理咨询技能进行。在超出自身的干预能力范围时，班级心理委员应及时向有关同学建议转介到学院心理咨询机构。

(8) 班级心理委员协助学校心理咨询中心做好一年一度的全班同学的心理建档工作。

(9) 班级心理委员定期收集本班同学提出的一般性心理困惑问题并及时反馈到上一级机构寻求专业解答。

(10) 班级心理委员对需要做心理测试的同学进行集中登记并与心理咨询部门取得联系。

(11) 班级心理委员组织开展全班性的其他相关心理活动。

(二) 班级心理委员的日常事务

班级心理委员的日常事务主要是宣传并普及心理健康知识，同时对班级同学中表现出的一些基本心理问题症状进行观察、发现并适当干预。具体内容可以从两方面进行阐述：一是以“综合项目”为体系的日常事务内容；二是以“心理问题”为中心的日常事务内容。以“综合项目”为体系的日常事务内容包括以下几个方面。

1. 自助与自我教育

经过选拔担任班级心理委员的同学必须能够主动学习心理健康知识，参加心理教育中心举办的各类培训和宣传活动(如班级心理委员大会、心理危机干预培训、新老干部经验交流等)。

经过学习后，班级心理委员掌握常见心理问题和紧急干预的常识，学习心理辅导技术，同时还应该增强自我心理素质，不断地提高和完善自我。

2. 观察和反馈班级学生的心理动态

班级心理委员保持与班级同学的良好沟通，观察同学的情绪和行为举止，积极关注班级同学的学习和生活状态。

班级心理委员应及早发现同学中存在的心理问题，并及时反馈至辅导员，寻求确认和解决途径，在不能与老师取得联系的情况下寻求其他方法，免事情恶化。问题得到初步解决后在老师的指导下，班级心理委员继续关注同学的心理动态，如有异样或复发需及时上报。

3. 联络：在班级同学与学校心理教育中心之间起联系作用

班级心理委员的联络方式有多种，可以使用媒介联络或直接联络。

媒介联络，即通过手机、网络邮件或 qq 等形式与心理中心老师、辅导员、班主任取得联系。这种方式往往比较及时，便于较快地处理同学的问题。

直接联络，即班级心理委员直接向心理中心老师面谈班级事宜，当然也可以是每月固定的时间来联络中心老师。月汇报表内容包括汇报一个月来班级同学的心理状况、在班级中开展活动情况、对中心的日常和宣传工作提出宝贵的建设性意见。

4. 助人工作

班级心理委员为同学提供学校心理服务的信息，如向同学告知学校心理服务部门、心理咨询工作对象和内容，转变同学对心理咨询的偏见，将咨询室详细地址、咨询预约电话、预约时间、咨询老师基本情况、心理测试内容、团体训练项目、学校心理活动计划、心理网站及网上留言、宣传窗与宣传栏等信息，传达到班级，并随时注意信息的变化与更新，为需要帮助的同学提供便利。

班级心理委员运用自己学到的心理学知识帮助身边同学解决问题。班级心理委员要与班级同学保持良好的交往和交流，能将自己所学的心理学知识和观念运用到解决问题中去，如果需要心理辅导员帮助的，可以帮助其预约或者陪同到咨询室。

5. 参与院系组织的心理健康系列活动

在院系组织的心理健康教育系列活动中，班级心理委员应积极参加并发动班级同学参加到各项活动中去。班级心理委员需要将活动内容传达给班级，如果对活动有新的创意与建议可及时提供给相关的负责人，并主动到现场配合活动的开展。

需要以寝室或班级为单位参加活动的，班级心理委员需要组织班级同学参加并协助活动组织者维护现场秩序。

6. 配合学院组织班级心理健康教育活动

班级心理委员应该在班级宣传心理知识。学校心理协会每学期组织的班级活动月，班级心理委员应制订有效的、多样化的活动方案，并借助协会相关部门的力量开展班级活动，积极向本班同学宣传心理健康和心理卫生方面的知识，使同学们了解心理发展的规律，能对发展过程中出现的问题进行自我调节和自我保健。

活动中要求保留照片、活动文字记录、活动原始资料、总结等，经管理后班级心理委员将资料交各系进行统一管理和保存。

7. 遵守职业道德

由于班级心理委员从事工作的特殊性，在具体工作上有别于其他班干部，因此班级心理委员必须遵守一定的职业道德。主要涉及两方面：① 对同学的心理资料保密，班级心理委员不得将有心理问题的同学的情况告诉其他同学；② 不宣传有关同学个人心理隐私的资料。学院心理健康教育机构对班级心理委员进行培训的资料，会涉及典型案例，不得进行宣传。

(三) 其他选择性事务

班级心理委员除了必须做好上述日常事务外,每一个班级心理委员还可以根据自己的精力与能力来设计一些自己可以做的事务,如为班级同学过生日;设置班级心理图书角;开展心理健康小知识竞赛;组织同学表演心理剧;举办班级心理沙龙;请学长在本班做经验交流;鼓励同学写心情故事;组织同学看有关心理健康或与心理咨询有关的影片;创建班级心理博客,鼓励大家共同建设;组织同学参加公益活动;组织班级团体心理培训,如"优点大轰炸";鼓励同学写完善自我的个人计划并坚持实施;开节日 party,增进同学之间的了解、鼓励交往;定期做心理热点研讨会,如爱情、友谊与就业等专题;定期在班级介绍社会有志青年奋发图强的成功实例;开展科学用脑健康生活的知识展览;聘请部分家长和学生共同座谈等;拍摄自己同学制作的如"心理访谈类"DV 作品或排练心理剧,并在班级中播放;积累音乐素材,引导不同个性或处在不同心境中的同学欣赏对他们有帮助的音乐。

班级心理委员的可选择性事务是灵活多样的,也是因班级心理委员个人风格而异的,同时与班级心理委员的积极性、精力情况等密切相关。

从班级心理委员的实际工作情况来看,班级心理委员这个独特的职位,如果用心去做,就能做得出色,不仅可以获取人心、收获友谊,而且助人助己,达到促进自己终生成长的效果。因此,班级心理委员是一个具有挑战性的学生干部新角色,对学生主动性、创造性、应变性都能得到最大限度的锤炼。

第二章　大学新生适应心理

——大学生活,Let's go

小茹是南京某理工类院校计算机专业的大一学生,19岁,大一下学期来到心理咨询室。

小茹自述,高中时学习一直稳居前五名,体育和音乐方面一直都很出色,经常担任校文艺汇演的主持人,高考时,因志愿填报不当,很不情愿地进入了这所一般的大学。进入大学后,通过第一学期期末考试,小茹发现学习成绩的排名不能达到班级前几,而且仪表口才比自己强的同学比比皆是。比来比去,她发现自己一无是处,一下子灰心丧气,因而郁郁寡欢,干什么都没有劲头。她被失落、自卑、焦虑、抑郁、烦恼困扰着,常常觉得头疼、胸闷、心悸,有时候好像整晚睡不着觉,整天感觉疲惫不堪。

在上大学之前,她没有集体生活的经验,一切都是父母料理,加上宿舍的其他五个同学都是本省的,只有自己一个外省的,很少与她们交流,觉得很孤独,经常一个人独来独往,这与以往活泼开朗、能说会道的自己简直判若两人。她经常与他人为鸡毛蒜皮的小事而吵得不可开交,在来心理咨询室的前两个星期曾有一次因心情不好和室友由于看电视的问题而发生激烈争吵,一时冲动砸坏了遥控器。事后,她感到内疚,想主动向室友道歉却又不好意思。

小茹的故事在一届又一届的新生身上发生着。每年的九月,大学校园热闹非凡,年轻兴奋的面孔处处可见,新入学的同学带着对未来的憧憬开始了新的学习生活。经历了十二年的寒窗苦读,熬过了漫长的黑色六月,终于盼来了那一纸大学录取通知书,开始了梦寐以求的大学生活。然而,新的环境、新的伙伴和新的要求,加之对大学生活缺乏了解和应有的准备,难免会出现各种不适,甚至各种不同程度的焦虑。通常,我们将新生入学到基本适应大学生活这一段时间,称为大学新生适应期。在这段时间里,新生们要完成从中学生到大学生的角色转变,适应大学的学习、生活,寻找和确立新的理想和目标。

第一节　大学新生适应概述

所谓"物竞天择,适者生存",一切生存的生物都必须适应环境。因为只有适应了生活环境,有了一套生存的本领,才会有生命的繁衍不息。而我们的人生如同登山,缺乏锻炼的人,不是因为迷失方向而功败垂成,就是因为体质太差而被淘汰;最终只有勇于适应环境的人,才能披荆斩棘、勇往直前,到达光辉的顶点。

一、大学新生适应的涵义

适应是一个贯穿终生的课题，是个体与环境相互作用的过程及其关系的反映；从本质上看，个体心理行为的发展正是个体在与环境的相互作用中，不断适应环境要求的过程。瑞士心理学家皮亚杰认为，智慧的本质就是适应，而适应是有机体与环境之间的一种平衡。换言之，适应的形成就是主体（内因）和客体（外因）相互作用的一种平衡状态。我们把大学新生这个主体作为内因，把大学新环境这个客体作为外因，初上大学的学生在脱离原本熟悉的环境进入大学新环境的过程中，被要求在不同的环境里扮演不同的角色，以达到内外因的相互作用而平衡。不同的角色可以帮助人处理不同的事物，大学新生只有学会了角色转变，才能适应环境，也才能在不同的环境里立足。

大学新生主要指从进入大学到第一学期结束这一阶段的大学生。大学新生适应是指初上大学的学生（从入学到第一学期结束），在脱离原来熟悉的中学环境进入大学新环境，根据新环境的要求，积极调整自己的心理与行为，顺利实现角色转换，达成与新环境平衡的过程。大学新生适应不仅包含了个体随环境改变角色变化而做出的行为反映，还包括其心理的生长、成熟。

二、大学新生适应的特点

新生的适应过程，不是一蹴而就的，而是一个发展、变化的过程。笔者根据多年的工作经验和调研发现，大学新生在适应过程中具有如下特点。

（一）大学新生适应具有系统性

依据系统理论的观点，大学新生的入学适应是一个有机整体，新生对各方面的适应既相互区别又相互联系、相互影响。有研究已经证实了这一理论假设。如新生在人际交往中的自卑程度直接影响了其对大学人际交往的适应程度，而能否适应大学人际交往又会影响学生在人际交往过程中的自卑程度，同时也会不同程度地影响在学习和环境方面的适应等。所以，在设计新生适应教育方案时，要将各个方面的因素作为一个整体统筹考虑。

（二）大学新生适应具有多层次性与多维性

（1）大学新生适应首先具有多层次性

大学新生来自全国各地，不同的教育背景、养育方式、文化特点决定了他们的适应能力有所差异。有研究发现，来自不同地区新生的适应能力由大城市、中等城市到农村呈降低趋势。事实也表明，有的学生适应能力较强，在入校几周内就能适应；有的学生适应能力较差则需要几个月，适应能力更差的学生则要用几年的时间。每个新生对大学不同方面的适应能力不尽相同，比如学习能力强的学生，独立生活能力、人际协调能力不一定强。

（2）大学新生的适应还具有多维性

由于大学带来的是全方位的变化，因此个体对这一阶段的适应不仅仅存在于某一方面，而广泛存在于学习、生活、人际交往等各个方面。新生适应的主要构成因素包括以下几个方面：① 学习适应，指新生面临大学里学习内容拓宽、加深，学习独立性和自主性要求增强，能否发展出新的学习能力以适应学习任务的转变。② 人际适应，指新生能否在比以往复杂的人际环境中有效融入并建立起协调的人际关系。③ 生活自理的适应，指个体在脱离父母监控与保护的情况下，自己安排与照顾日常生活的能力。④ 环境适应，主要指新生能否接纳新环境、认同新环境。⑤ 身心症状表现，指个体在适应的过程中所伴随的生理与心理的不良症状反应。

（三）大学新生适应具有过程性

新生的适应过程具有怎样的特点是个值得关注的问题，因为这直接关系到适应教育安排的节奏和延续时间问题。从过程上来看，个体适应的困难并不全部集中于转折的初期，而是在与环境的互动中逐步产生的。有研究表明，在一段时期内，新生的负性情绪体验不仅不会降低，而且有所增高。从心理普查中发现，与入学初期相比，个体在进入大学第一学期期末时，所体验到的焦虑与抑郁在总体上增多，表明进入大学的转变给个体带来了持续性影响。这与人们通常所认为的进入大学的适应问题只是在开学之初的看法有所不同。

实际上，新生适应问题在初入大学时表现并不突出。由于刚进入大学时，学生本身对大学生活具有强烈的新鲜感，学校也对刚入校的新生给予了特别关注，新生也因各种参观学习、活动、军训等因素暂时未强烈体验到新的学习任务、人际关系、生活方式的严峻挑战；但随着时间的延续，新鲜感消失，新生所得到的特别关注开始减少，学习任务的艰巨性突显，人际冲突开始产生，这些都使得个体的负性情绪体验逐步上升。

三、新生适应不良的表现

新生适应不良主要表现在学习、人际关系、生活、课余时间安排等方面。

（一）学习适应不良

在大学新生常见的心理问题当中，学习适应不良是最重要的一个。虽然，近几年来国家一直倡导素质教育，但许多中学为了追求升学率，仍对学生采取“填鸭式”教学方法，很多知识学生虽然不理解但能死记硬背，应付考试。进入大学后，学生们面对新的教学风格、学习方式就感到十分不适应。通过对大学新生的仔细观察和探索，大学新生容易出现以下三点学习适应问题。

1. 学习动力不足

很多同学在读高中时，常会听到父母和老师这样的鼓励：“好好努力学习，现在是黎明前的黑夜，等上大学就轻松了！”这样，大学新生们经过高考的奋力拼搏，如愿以偿进入大学后，就容易产生大功告成、终于可以歇歇的消极心态。再加上在大学不像中学那样身边总有老师和家长的督促，他们可以自由安排时间，就容易使中学时压抑得太久的玩乐行为尽可能地在大学里满足。

2. 学习方法上的不适应

从中学到大学，无论是从教学的任务、内容、方法还是管理上都有很多的转变。在中学阶段，学习任务主要是科学文化的各种基础知识，学习内容重在巩固深入，为考上大学而努力学习，获取知识主要以教师的课堂授课为主，学生巩固知识的主要方式是题海战术，对老师依赖大；而大学的学习任务不仅包括基础知识，还包括专业技能，为实现自我价值而刻苦钻研，大学生的学习科目多、变化快，学习内容追求广博。大学强调启发式教学，课堂讲授时间相对少，要求学生独立思考、自学提高。如果这时候大学新生们不及时调整学习方法，克服在中学阶段养成的心理依赖性，就会造成学习的不适应，致使学习效率低下。

另外，还有少数新生在他们选择专业时或是按家人意愿或是高考失利被调配过来的无奈选择，因此对所学专业不满意，从而导致对学习不感兴趣，甚至厌学。

(二) 人际关系适应问题

由于大学生来自全国各地，民族、生活习惯、家庭背景、性格、甚至语言都有一定差别，造成大学生之间交往困难。有的新生进入大学后，不知如何与来自不同家庭、不同社会背景的同学相处，感到大学的人际关系很复杂，与中学时代那种一心只读“圣贤书”而导致的相对简单人际关系不同。

因此，大学新生面对陌生的环境和人群，呈现出人际关系种种不适应的现象。有的新生相信“校园就是半个社会”，从而无端地猜测和怀疑别人，误认为周围的人都是不可信、不可交往的，于是没事找事，导致人际关系紧张、不和，常常陷入孤独境地；有的新生由于处于一个“高手云集”的环境中，往往过高地估计别人，无端地怀疑自己的能力，以致不敢与他人接触，造成交际范围狭窄，人际交往困难；有的学生奉行“我行我素”的处事原则，过分关注自己，注重自己在人际交往中的地位，过分考虑自己的需要，而忽略他人的需要和存在，对别人缺乏关心和谅解，导致了人际交往中常常自命不凡和过于敏感；有的新生不知道如何处理与异性的关系，由于受传统心理影响，对男女交往过于敏感，从而使正常的异性交往不能自然进行，甚至相互隔离；也有的同学过快地将同学关系发展成恋爱关系，过早地沉溺于“二人世界”。有的陷入单相思而不能自拔，由此而产生情感冲突。这些学生大都会出现因人际关系失调造成的焦虑不安、心烦意乱、孤单失落、寂寞失眠、甚至社交恐惧等症状。

(三) 生活适应不良

现在的大学生从小到大备受家人关爱，再加上他们长期接受过分“包办制”服务，大多数新生独立生活能力差，自我照顾意识淡薄，过分依赖他人，一旦离开父母到了大学，就难以自理和自立，严重影响到专业知识的学习。新生由于无法应付生活琐事或吃不了苦而退学的事偶有发生。

首先，大学新生中有很多学生是第一次离开家，由原来依赖父母的小家庭过渡到相对自立的集体生活，心理上难免会产生不适。特别是现在的大学生多为独生子女，生活自理能力较差，自我中心的意识很强，难以适应集体生活，来到大学后要和六、七个同学同住一个宿舍，要去餐厅排队买饭，要自己洗衣服等，这一切让他们无所适从。因此，每逢节假日就会特别想家、想同学，容易产生孤独感，有的女生甚至晚上会躲在被子里哭泣。

其次，新生生活习惯的改变也存在互相适应问题，包括饮食习惯、语言、气候、习俗等。中学生大多是本地就读，饮食、语言、气候、习俗都相同；大学生是异地求学，饮食的差异、气候的变化、语言的差别、习俗的不同、习惯的不同都可能成为适应的障碍。如在宿舍里，有的同学速度较慢，熄灯很久还不能上床睡觉；而有的同学则习惯早睡早起，并且只要有一点动静就无法入睡。这样，到了一个新的环境里面，学生们就必须学会相互适应，通过交流和协商找到一种大家都能接受的解决办法。

(四) 课余时间的安排不当

大学自由支配的时间较多，学生在中学时代过的是一种紧张忙碌、充实有序的学习生活，就连双休日、节假日也常常被补课或其他活动占据，中学一天上八节课，而大学有时一天才上两节课，有时甚至没有课。大部分新生面对这么多的空闲时间深感不适，不会合理支配自己的时间，缺乏进取的目标从而放松学习、放纵自己，于是在新生中就产生了"睡派"、"打牌派"、"游戏派"、"上网聊天派"等。面对浪费的时间，新生一方面产生自责感和内疚感，而另一方面却不知道应该如何科学合理地利用时间，缺乏对时间的管理。

四、新生适应不良的原因

新生进入新的、陌生的环境中，出现适应不良现象，可以从社会、学校、家庭、自我等方面找原因，概而言之如下。

(一) 社会生活压力的增大

当今社会正处于急剧变革的时期，各种新旧体制、观念的冲突不断出现，社会生活竞争日趋激烈，节奏不断加快，同时随着社会经济结构和高等教育体制发生的巨大变化，大学校园的环境也发生了急剧的变化，大学校园不再是"象牙塔"，大学生也不再是"天之骄子"，成长、成才和就业等诸多压力波及大学生。

初入校园的大一新生在学习方式、人际关系、个人角色等都进入了一个全新的环境，在思维、感情、行为等方面，极易产生各种心理困惑，诸如过于孤独、自卑、过分自责、强烈的失落感、抑郁症等各种心理障碍，导致失眠、懒散、茶饭不思、无心课业，逃避现实甚至放弃学业。

(二) 学校教育的偏颇

中学阶段，学校对学生的评价习惯用学习成绩作为评价的核心要素，导致学生、家长片面追求学业成绩；学校过分追求升学率，学校教育学生除具体学习目标外，缺乏对学生进行群体生活感知、社会化感知、多彩生活感知的体验，直接导致学生除书本知识外，对社会的基本状态认识、社会生活的基本能力、社会交往基本的规则都缺乏或缺少；所以，一旦脱离单纯的学习环境，进入真实的社会环境，大一新生就茫然失措或自卑，没有基本的社会适应能力和正确处世态度。

(三) 家庭教育内容的单一

现在的大一新生，基本上是“90后”，长期处于家庭的中心，在父母亲友的众多宠爱与呵护下长大。在进大学以前家长对子女的唯一的要求就是“读书，考大学”、“读好书，考好大学”，而且生活上几乎是被“包办”了，所有与考试、升学无关的正常活动都可以不闻不问，更谈不上重视培养独立生活的能力、进行社会化教育等方面。学生对学习之外的环境、事物知之甚少。于是在进入大学后，视野开阔了，面对新生活、新的人际关系，与社会的不断接触，肯定会遇到不少新问题、新情况。而大学生活恰恰是一种自主性的生活，更多的时间需要自己支配和管理，更多的目标、计划和任务需要自己去制定、去完成。缺乏足够的心理准备和实际能力的储备，在未知的领域面前，新生必然表现出茫然、不安、恐惧等不适应现象。

(四) 学生的主体性缺失

学生长期被具体的学习目标引导前行，未能形成较强的自觉、自律、自控能力，缺乏自我管理能力。当经过一番拼搏考上大学后，家长、老师同时都放下了对其严格管束后，大一新生普遍感觉到了自由、随意，空间变大，这种在自控能力不强情况下的自由，简直就是脱缰之马，出笼之鸟，似乎要补偿中学失去的一切，盲目放松与放纵，或成群结伙地游玩，或通宵达旦看武侠、言情小说，或沉迷网络游戏，或花过多精力参加各种娱乐活动。

另外，学生长期背负着学校、家庭的双重压力，在监视、监督下进行学习，没有时间、精力发展兴趣爱好，个性难以发挥。所以，缺乏对自我较全面的认识与了解，不能结合自身条件和资源分析，形成个人生活和价值追求，并确定人生发展规划，进而主动寻求推动自身发展需要的积累，没有奋斗目标，在内心缺乏深层次的强劲的生活动力。所以，面对纷至沓来的大学校园社团招聘、娱乐，有多少选择就有多少困惑。新生们一面将自己忙得昏天黑地，一面又内心感觉一无所获。

第二节　大学新生适应中常见心理案例

新生适应从时间上来讲，仅仅是从入学到第一学期结束，但从影响上来讲，可能不仅仅局限于一个学期，甚至会影响到以后大学生活乃至之后的人生。有关大学生心理健康的研究证实了进入大学带给个体的普遍压力。国内外的研究者均发现，低年级(一二年级)大学生中相当一部分在不同程度上经历各种身心症状的困扰，如在美国，Gerdes 和 Mallinckrodt 的研究表明，每年大约有 40%的高校在校生退学，其中 75%是大学一二年级的学生，其中相当数量的学生是因为不适应大学生活而退学。国内的调查研究也表明，大学生的心理健康水平明显低于全国青年常模，与其他年级相比，一二年级大学生为心理问题的高发期，而且因精神疾病休学、退学的情况也以低年级为主。因此，大学新生处于从中学进入大学的转折时期，一些学生还没有与新环境取得平衡，容易引发多方面的适应不良问题。

一、人际关系

人际关系是人们为了满足某种需要，通过交往形成的彼此之间比较稳定的心理关系。人际关系的好坏反映着人们心理距离的大小。人际关系是社会关系的一个侧面，它是以情感为纽带，以人们的需要为基础，以交往为手段，以自我暴露为标志的一种心理关系。

大学生人际关系的主要类型主要有：血缘型（如与父母、兄弟、姐妹等的关系）、地缘型（如老乡关系等）、业缘型（包括师生关系、同学关系等）、趣缘型（如同在话剧社等社团）、情缘性（男女朋友关系等）。大学阶段是大学生个性品质形成和发展的极为重要的时间阶段。如果在此时期大学生与父母、同学、朋友保持良好人际交往，就会感到被人理解、被人接受，感到安全、温暖、有价值，从而逐渐形成良好的个性品质。反之，则会对大学生的学习、生活乃至心理产生重要的影响。

> 情景再现 1：他们为什么都不喜欢我？
>
> 小蔡，女，19 岁，南京某大学大一新生。入学一个月后，因自觉身边同学都不喜欢自己而前来咨询。“上高中的时候我学习很刻苦，除了学习没有其他的爱好，也没什么朋友。考入大学后，辅导员安排我当寝室长，我也想与寝室同学好好相处，但时间一长，我发现她们生活习惯比较糟糕。我以寝室长的身份给她们提出一些建议和要求，她们不但不听，反而恶言相向。现在我和室友的关系很糟糕，几乎很少有人跟我说话，已经到了孤立无援的地步。班级的其他同学好像听了她们的挑唆，都不喜欢我甚至讨厌我。有的人一见到我就掉头走开，有的人还在背后嘀嘀咕咕议论我。为此，我心里很烦，不知道周围的人为什么不喜欢我？老师，您能不能告诉我一个人怎样才能获得他人的好感与尊重呢？”

【案例解析】 很多大学生尤其是刚入学的大一新生一方面第一次远离家乡、远离父母，十分渴望获得友谊；另一方面由于他们较缺乏社会生活经验和必要的社会交往技巧，害怕别人不喜欢自己，使得不少学生不敢与他人交往，一些学生还会因休息不好产生失眠、抑郁等症状，严重影响了自身的身心健康。

二、思乡情结

对于刚刚走入大学的新生，全新的大学生活既令人欣喜又令人迷惘。欣喜的是，他们终于摆脱了高考的苦海，迈着轻松的脚步走进大学殿堂；迷惘的是，从前有父母在身边呵护和照顾的日子从此结束，取而代之的是全部需要自理的生活起居、自成体系的同学交往、被时空拉远的友谊亲情。第一次离开家乡、离开父母生活，有的甚至第一次开始住宿生活，需要独自面对吃穿住用行。走进大学食堂，看着一样样的饭菜不知如何选择，打多少才合适？从前衣服穿着有父母精心照顾，冷了添，热了减，全都不用自己操心，可是现在成了大难题。之前上中学时大多在住地附近就读，同学间充满乡音乡情；而大学生来自全国各地，语言、个性、生活习惯有很大差异，没法很快融入并找到新朋友。这种初来乍到的新鲜感很快被对家乡、父母的思念所替代，很多大一新生尤其是女生表示"真的好想家"。

情景再现 2：叫我如何不想家？

"半个月前，我怀着一颗激动而期盼的心来到了向往已久的学校，为自己终于可以挣脱父母的怀抱，过自己想要的生活而兴奋不已。然而，在父母走后的日子里，我才发现我错了，我有多想念我的父母。想打个电话或发个短信回去，可刚拿起手机，眼泪便不由自主地落下，害怕他们因我想家而担心。宿舍熄灯后，我常常一个人躲在被窝里偷偷地掉眼泪，害怕身边的同学知道，没法理解我这种想家的感觉。我们家的氛围很好，我和爸妈的关系非常亲密，有什么事都愿意跟他们分享；总之，现在家是我最向往的地方，想吃妈妈烧的饭菜、想和爸爸晚饭后一起散步、想一家人坐在沙发上看电视……想着家的各种好，我甚至有退学的冲动。但残存的理智告诉我：这是一个多么幼稚而愚蠢的行为。我克制住了自己，但最近情绪一直处于低谷状态，做什么都提不起精神，无法克服自己想家的情绪，我该怎么办？"大一新生小雯在入学两周后走进了学校心理咨询室寻求帮助。

【案例解析】 没上大学前，大多数学生没经历过集体生活，独立生活对他们来说无疑是一次心理"断乳期"；很多学生面对突如其来的衣食住行完全需要自理，显得手忙脚乱。拥挤的寝室，不适的饭菜，陌生的环境，甚至气候的异常等，都让他们感受到"在家千日好，出门日日难"。于是他们是那样无可奈何地望"家"兴叹，思家之情甚浓，这也就是我们所说的入校后的"思家期"。

三、理想与现实不符

高中时期高度紧张的生活体验是学子们终生难忘的"黑色的 6 月"。经过三年超负荷的拼搏，学生的身心能量过度透支，入学后也难恢复。再加上老师、家长和朋友为了激励他们考上大学，运用"大学就是天堂"手段，使非常多的新生产生"进大学等于享受"的感觉。由于入学前将大学生活过分理想化，把大学生活想象得非常浪漫、神秘和多姿多彩；加上对所上学校优势的不了解，入学后却发现现实并非完全如此或感觉相差甚远，这种差距使得大学新生产生了非常大的心理落差，且新生往往非常容易从校园环境等表现情况得出结论。过高的期望值与大学的现实生活反差有些大，导致部分新生入学出现情绪波动和失落。

情景再现 3：应知天地宽，何处不风云？

美文，女，19 岁，大一新生，家中独生女，父母均为本地三甲医院医生，工作很忙，家庭生活条件良好，自幼聪明伶俐、爱好广泛、琴棋书画样样精通、成绩优异，一直都是父母亲戚眼中的好孩子，老师眼中的高材生，在众多人的高期望下长大。高考前夕学习压力大，对自己期望过高，因而考试前出现了明显的紧张、焦虑情绪，导致在 2012 年的高考中发挥失利，没能进入自己理想中的名牌大学。

本想复读一年，但害怕承受不了复读班的压力，而在家人的建议下进入了一所普通本一高校。上大学后，她总觉得周围的同学都比不上自己，跟自己原先都不是一个层次的，因而不愿和新同学交往，不愿参加学校和班级的任何活动，干任何事都无精打采，睡眠不好，食欲也下降，担心长期下去会产生精神疾病，故来心理咨询室求助。

【案例解析】 这是一种较普遍存在的、影响新生情绪的消极心理。学生自认为未考好或志愿未填好，产生对高考结果的失落；上大学只是一种无奈，是权宜之计；带着沮丧、遗憾、无奈等复杂情绪入学，也有考虑退学或转系的意念，更谈不上学习的目标与动力了。学生由于对录取学校所学专业不接纳、不认同，导致对前途的茫然、失望，心理上的抵触情绪和失落感比较严重。

情景再现4:这就是大学吗?

老师，现在我想退学。我觉得在这里读书太没有意思了。这里完全不是我想象的样子。我高中的时候读书很努力，也感觉很充实，当时就想考上大学，过自己理想的生活，尤其是看过电影电视上那些反映大学生活的场景之后，我更是对大学生活十分向往。而真正进入大学后，我发现大学生活并不如我想象的那样，虽然学习压力减轻了很多，甚至可以说是没什么压力，课也不是很多，每天有大把大把的时间都在游戏和发呆中度过，但是我该干什么、我又能干什么呢?

【案例解析】 中学阶段人们的奋斗目标非常明确与强烈，即一切围绕高考而拼搏，高中夜以继日的苦读，大学成为所有希望的寄托，学生将考大学作为唯一的和最终的目标来激励自己埋首苦读。而真正进入大学之后，新的人生目标尚未确立，出现了目标丢失和理想真空的情况，目标的迷乱往往使人缺乏方向感，无所适从，再加上高校管理并不像高中那样严格，学生的自由度大，禁锢惯了的学生在突如其来的自由面前，反而茫然不知所措。许多新生不知自己该干什么，不善于自主安排自己的生活和学习，焦虑、茫然的感觉比较强烈，有些同学甚至以过度的娱乐和恋爱来填补此阶段心灵的空虚。

四、课余时间安排

高中时期，中学生们的时间被老师、家长安排得满满当当，根本无需考虑自己的时间安排；进入大学后，许多新生发现，课表上的课程并不是那么满，每天也就三四节课程，其余时间都是可以自行安排的。而且大学校园的课余生活丰富多彩，除了日常的教学活动之外，还有各种各样的讲座、讨论会、学术报告、文娱活动、社团活动、公关活动等。这些活动对于大学新生来说，的确是令人眼花缭乱；对于如何安排课余时间，大学新生常常心中没谱。

情景再现5:社团，让我欢喜让我忧。

大三学生小朱刚入校时，因为各方面表现优秀活跃，很快成为多个学生组织的骨干，并先后在学生会、记者团、社团担任过主要职务。最多的时候，他担任三个学生组织部门的干事，同时还加入了四个学生社团。不过大量的组织工作占用了小朱的学习时间，大一结束时，他四门功课不及格，学校给他发出了红色学业预警。大二开始，他不得不辞去担任的职务，费力赶上学习进度。“如果当初我有选择地加入几个组织，情况肯定不会这样了。”小朱感叹说。

【案例解析】 这些年，校园文化的繁荣促使各种学生社团遍地开花。同时，就业压力的加大、社会对人才综合能力要求的提高，使得社团组织开始成为大学生在校期间的一个“练兵场”。同学们希望在这些社团组织里学会与人交际的方法，培养不同方面的能力，以便全面提升自我。像小朱一样，很多大一新生抱着锻炼的目的加入了多个组织，频繁地参加各种会议、活动，甚至不惜为社团活动逃课，时间、精力的过多投入让大学生们身心疲惫，学习成绩亮起“红灯”。

五、合理消费

大学生是一个特殊的社会群体，有着自己特殊的消费观念和消费行为，一方面，他们有着旺盛的消费需求，另一方面，他们尚未获得经济上的独立，消费受到很大的制约。消费观念的超前和消费实力的滞后，使得大学生消费呈现出不同一般的发展，大学生消费受到方方面面的影响，也影响着各个方面。

情景再现 6：管好你的钱袋子。

“本来以为爸妈会按月定期打给我生活费，没想到开学前他们把整个一学期的生活费 4 000 元钱都打到了我的银行卡里。第一次自己独立支配这么多钱，刚开始我还有点小兴奋。但刚刚开学还没到两个月，我的卡里就只剩 400 元钱了，现在都不知道该怎么开口向家里要钱。我自己大致算了算，手机充值 200 元、上网费 100 元、第一次进城买衣服 500 元、鞋子 200 元、两个高中同学过生日送礼物 200 元、过生日请同学吃饭 1 000 元、每周买一次生活用品大概 50 元钱左右，钱都不知道怎么花掉的，用着用着手里的钱就越来越少了。”刘同学不住地感叹钱不禁花，“昨天早上带 100 元钱出来，晚上回去钱就花光了。我只记得最后 2 元钱买了一块今天早上的蛋糕。”一旁的几个同学听了他的话直点头，都表示花起钱来都是迷迷糊糊，也没有记账，突然就觉得手里的钱少了，不够用了。

【案例解析】 近年来，随着物质生活水平的不断提高，各种消费支出越来越大，受市场经济、社会消费观念的影响，高校也流行追时尚、赶时髦之风，“手机”、“上网”、“旅游”、“谈恋爱”号称大学生的四大时尚消费，而这些消费支出的金额往往会超过基本生活费用。生日庆典、节日狂欢、友人来访、请客聚餐，称得上是三天一小宴、五天一大宴。大学周围的餐馆永远生意火爆、人满为患。大学生们讲排场、摆阔气、斗酷、比帅早已屡见不鲜。

第三节　新生心理健康普查

了解自我心理健康状况的其中一种方式为问卷/量表自测法。在新生入学时，目前大部分高校都会在大学一年级第一学期内对全体新生进行心理健康普查，建立新生心理健康档案。

提到心理测验，很多人兴趣盎然，什么“从坐姿看性格”、“测测你和他/她的情缘指数”等，五花八门。其实，这些仅仅供娱乐自己及他人之用，可信度不高。

心理普查的主要内容就是用正规的心理量表对普查对象进行心理测试，以评估人在某个时间段里的某些心理特点和心理状态。一个真正的专业心理测验的编制、施测、计分、解释必须要经过科学而严格的标准化过程，要有较高的信度与效度，要给出正常人的得分常模。一般来说，专业的心理测试量表非心理学专业人员不太可能会正确使用。

心理测试是在心理学研究方法中介于实验研究与非实验研究的一个重要的研究方法。它的优点在于能够比较快而多地了解各类人的不同心理状态与特点。它的一个非常致命性的缺点是受环境的影响与暗示和被测者当时的心理状态等因素的影响较大。所以，在心理普查中，需要掌握以下一些知识。

一、为什么要做新生心理普查——了解心理，助人成长

一般来说，学校所进行的大规模心理普及性测验都是从关注同学们健康成长的角度出发，为了更好地培养同学们的心理素质。将心理测验作为了解同学们心理状况的辅助性工具和手段之一，其目的和意义有以下几点：

（1）起到心理教育的宣传作用，使同学们认识到心理素质与心理健康对大学生们的成长具有重要影响，并增强心理保健意识，在以后的学习和生活中积极主动调节心理状态，达到良好适应、发展和提高。

（2）通过心理测验，使学校了解新生入学后整体的心理状态，为学校制定有关教育管理政策提供客观的量化参考资料。

（3）在学生心理健康调查结果的基础上，心理健康教育中心将依据学生心理状态的客观情况，有理有据地制定有效的健康教育措施，帮助同学们尽快适应新的环境，健康成长，更好地度过大学生活。

二、怎样看待心理普查的结果——合理参考，服务自我

对心理普查的结果，我们要有一个科学的态度。因为心理的复杂性，所以任何心理量表的结果，都只是给被测者提供了解自己心理的一个参考。正规测试与非正规测试的区别在于前者的结果更接近被测者的真实情况。因此，对心理普查的结果不可过分迷信，我们不能特别随便给自己“扣帽子”、“贴标签”，然后背上一辈子的阴影，但完全不相信心理普查的结果也是不对的。被试者越合作，测试的结果越准确，结果的参考价值就越大。心理普查结果只表示同学们的现实心理状况，不存在“好”与“不好”的问题，只存在“准”与“不准”的问题。

三、以怎样的心态面对心理普查——消除顾虑,积极合作

心理普查的结果是严格的保密,结果不存在行政效应,与评奖评优也没有关系。学院进行新生心理普查,其测试结果不进个人档案,更不会给同学们记上"黑名单",而是要为同学们认识自己、发展自我提供科学参考。新同学对心理普查的合作态度应该是:

(1) 尽量把自己最真实的情况反映在问卷上,不要去猜测怎样填才是最好的。事实上,如果一定要评判结果的好坏,越真实的结果就是越好的结果。

(2) 不要认为心理普查是给你们增加了麻烦,然后采取完成任务的心态来完成测试。心理普查是为了帮助你们更好地认识自我,要认真作答。

(3) 测试时不要受他人影响,也不要影响他人。

(4) 主动地了解心理普查的结果。如果认为自己需要帮助,主动地寻求心理帮助。

在后面的章节中,我们安排了一系列的问卷/量表自测,有些是专业的经过常模检验的,有些是趣味性的。希望同学们可以理性看待测验结果,为认识自己、发展自我提供科学参考。

第四节　新生适应心理调适

进入大学,一切都发生了变化。虽然在大学里的学习与中小学一样,也是掌握知识、丰富自身、完善和提升人的整体素质的认识活动;但是,它仍然需要感知、记忆、思维和想象的参与,仍然需要非智力因素的促进作用。

一、人际关系的心理调适

(一) 提高人际关系的策略

1. 加强自身修养,提高人格魅力

在人际交往中一个人的个性品质、道德修养等"人格魅力"才是根本,是影响朋友深交的最为重要的因素,真正受人欢迎的是那些有内涵的人。大学生的人格魅力主要体现在四个方面:仪表、态度、才能、性格。大学生应加强自身的修养、提升人格魅力,赢得他人的喜欢,建立良好的人际关系。

(1) 仪表魅力

仪表首先是外貌的美丑,也包括人的穿着、体态、风度等因素,他们对人际吸引力都有影响。风度是一个人的先天素质和后天文化教养相结合,在言谈举止中的表露。大学生是有文化教养的青年人,其风度应当体现为谈吐儒雅、举止得体、言行有礼有节、豁达开朗、宽厚容忍等。

(2) 态度魅力

大学生要使自己在人际交往中具有魅力，就应培养真诚、信任、克制、自信、热情、没有偏见等态度。

(3) 才能的魅力

大学生的主要职责是学习和增长才能，因此大学生应当有过硬的专业知识本领，要不断地学习和把握本专业的新知识、新信息，逐步成为该领域的专家；要学会含蓄，适当的展示自己的才华；要谦虚谨慎，不恃才自傲，形成学然后知不足的良好学风。

(4) 性格魅力

大学生要形成尊重他人、关心他人、富于同情心、热爱集体活动、做事认真负责、忠厚老实、热情开朗、待人真诚的性格特点，培养受欢迎的个性。

2. 掌握交往技巧，培养沟通能力

掌握一些基本的人际交往技巧，其中包括：

(1) 微笑

在人际交往中，保持微笑说明心情愉快，充实满足，乐观向上，对自己的能力有充分的信心，使人产生信任感，容易被别人真正地接受。微笑反映自己心底坦荡，善良友好，待人真心实意，使对方在交往中自然放松，不知不觉地缩短了心理距离。

(2) 学会倾听

用心倾听是一种友好的表现，暂时把个人的成见与欲望放在一边，尽可能地体会说话者的内心世界与感受，双方更能相互了解并从中得到新的知识。

(3) 认同

人在内心深处都有一种渴望被别人尊重的愿望，在交往中人们总是不断地寻求认同，因此，我们应该有意识地认同别人的感受。

(4) 学会赞美

实事求是地、适当地赞美对方，可以创造一种热情友好、积极热烈的交往气氛。赞美可以获得对方同样友好的回报。要恰如其分地赞美别人，要努力发现对方引以为豪、喜欢被人称赞的地方，然后对此加以赞美。

(5) 感激

如果你接受了别人的恩惠，不管是礼物、忠告或帮忙，就应该抽出时间，向对方表达谢意。以感恩的心来对待所有曾扶持过你的朋友们，主动表达你的由衷感激之意，慢慢地，你会发现不但自己的人际关系愈加牢固，别人也将以你为仿效的对象。

(二) 在实践中提高交往能力

良好的人际关系是在交往中形成和发展起来的。初入校门的大学生，在和一些不熟悉的人交往时，可以从一般的寒暄开始，之后转入中性话题。如来自哪个学校，姓名，有哪些业余爱好等，而后再转入双方感兴趣的，触及个人利益的话题，如工作、学习、身体等。最后，大家开始随便交谈起来。这种交往能锻炼自己使对方开口的本领，寻找相互感兴趣话题的本领。

良好的人际关系也有赖于相互的了解。相互了解有赖于彼此思想上的沟通。因此要注意常与人交谈，交换看法，讨论感兴趣的事情。这样，可借以表达自己的喜怒哀乐，降低内心压力。沟通时，语言表达要清楚、准确、简练、生动，要学会有效聆听，做到耐心、虚心、会心，把握谈话技巧，吸引和抓住对方。

此外，一个人在不同场合具有不同角色，在教室是学生，在阅览室是读者，在商店是顾客。在交往活动中，如果心理上能经常把自己想象成交往对方，了解一下自己处在对方情境中的心理状态和行为方式，体会一下他人的心理感受，就会理解别人的感情和行为，从而改善自己待人的态度，这种心理互换也是培养交往能力的好办法。

(三) 成长体验活动

活动主题：你真的关注我了吗？

活动目标：让学生从活动中测试是否自己真的关注别人，以提高自身关注他人的意识。

活动时间：30 分钟

活动人数：8 人左右一组

活动步骤：

(1) 分组，围坐成一圈。

(2) 第一个成员首先向大家介绍自己，第二个成员介绍的时候加上“我是×××旁边的×××”，第三个成员介绍的时候加上“我是×××旁边的×××旁边的×××”，以此类推。

(3) 分享与讨论：与小组成员分享感受；自己的名字很快被他人记住时的感受以及别人记不住自己名字的感受；非常关注才能记住别人名字的感受。讨论关注在人际交往中的作用。

二、思乡情结的心理调适

学会自立，从心理上断乳。大学生处于成人前期，需要具备成人意识，从依赖父母的心理状态中独立出来，不能“坐、等、要”，指望他人来为自己安排、处理一切，而是要独立自主地丰富自己的生活、学习和工作，尽快地从想家的情绪中解脱出来。如下一些方法可以排解我们的思家情绪，帮助大家尽快度过“思家期”。

(一) 缓解思乡情结的心理策略

(1) 尽快熟悉校园的环境，减少陌生感给自己造成的孤独感。

(2) 主动与老师、同班同学、同宿舍同学交往，将自己的社交圈子尽快地转向新的群体。通过交往活动，体验友谊与沟通的快乐，寻找广泛的社会支持。

(3) 发展自己的兴趣爱好。做自己喜欢做的事，人就会开心和有激情。多参加一些自己感兴趣的校园文化活动，丰富自己的课余生活。

(4) 给自己定一个目标，让自己在短期内实现，这样注意力就被转移了，就会减少一些想家的情绪。

（二）成长体验活动

活动主题：所有的孩子其实都想家

活动目标：让学生将想家的不良情绪释放出来。

活动时间：20 分钟

活动人数：5 人左右一组

活动步骤：

（1）分组，围坐成一圈。

（2）成员依次介绍自己的家乡，初步了解后开始讨论各自的家乡。在此过程中，如果有成员表露出明显的想家情绪，其他组员对其进行关注。

（3）分享与讨论：分享自己的想家情绪，了解到其他人可能都在不同程度上想家，互相安慰，讨论缓解想家情绪的方法和途径。

三、理想与现实不符的心理调适

（一）知识链接——大学新生心理失衡期

大学新生由于生活环境、学习方式和社会角色等方面的转变，必然要经历一个从不适应到适应的过程，心理学上将这一时期称之为“大学新生心理失衡期”。在这一时期主要有以下几种心理表现。

1. 失落心理

这是一种对自己某种行为后果或境遇与预期相差甚远而感到失望的一种消极心态。其产生与两种因素有关：

（1）感到学校或专业不理想

这是一种较普遍存在的、影响新生情绪的消极心理。学生自认为未考好或志愿未填好，产生对高考结果的失落；上大学只是一种无奈，是抱着权宜之计上学；带着沮丧、遗憾、无奈等复杂情绪入学，也有考虑退学或转系的意念，更谈不上学习的目标与动力了。学生由于对录取学校所学专业不接纳、不认同，导致对前途的茫然、失望，心理上的抵触情绪和失落感比较严重。

（2）所上大学与理想中的大学差距太大

由于入学前将大学生活过分理想化，把大学生活想象得浪漫、神秘和多姿多彩，加上对所上学校优势的不了解，入学后却发现现实并非完全如此或感觉相差甚远，这种差距使得大学新生产生了很大的心理落差，而且新生往往很容易从校园环境等表现现象得出结论。过高的期望值与大学的现实生活反差较大，导致部分新生入学出现情绪波动和失落。

有失落心理的新生要注意尽快从这种状态中摆脱出来，认识到想象与真实的大学生活之间的区别，并以乐观、积极向上的态度面对现实，客观地看待目前的状况，同时增进对学校和专业的了解，明确学校的相对优势和个人发展空间大小的辩证关系，以良好的心态迎接新的生活。

2. 茫然心理

由目标缺乏所致，故也可称之为“目标缺乏症”。因为目标具有动力、导向和激励作用，中学阶段奋斗目标非常明确与强烈，即一切围绕高考而拼搏。面临严峻的升学压力，每个学生的生活都是高效、专注、充实的，个体的潜能被最大限度地挖掘。考入大学后实现了目标，如不及时构建新的目标，就会导致目标丧失。有的新生入学初期新的人生目标尚未确立，出现目标的丢失和理想真空状态，动机缺乏，意志减退，导致行为懒散。因此作为新生，进大学后要注意重新定位自己，树立新的目标，做好规划，以在新的环境更好地发展自己。

3. 自卑心理

自卑心理是由于比较自己与别人某一(些)方面进而产生己不如人的一种心理状态，是自我评价偏低的一种状态。产生这种心理的原因有很多种类，如成绩、能力、出生、外貌、气质、经济、社会地位、所在环境等。例如，大学生一般在高中阶段都属于学习上流者，有的是尖子生，得到的光环较多，经常被老师赞扬，自我感觉良好，进入高校后，却发现山外有山、天外有天。这种学习和能力位置的重新排列造成很大的心理落差，由于对角色地位的变化缺乏足够的认识和准备，往往导致他们自我评价失真，从而产生自卑心理。自卑的结果既可以使人沉沦，也可以导致补偿和超越。因此作为新生，要注意正确地、全面地认识和评价自己，不要陷入错误比较的痛苦之中而导致自卑，更要认清自己的长处，发挥自己的长处，以长补短，以在新的环境建立新的自信。

大学生的适应期一般是半年左右，如果超过半年还是没有好转，那就要考虑向专业的心理咨询机构寻求帮助。

(二) 心理策略

1. 策略一：及时调整心理落差，尽快投入新的学习

当自身理想与现实产生较大差距后，有的怨天尤人，自暴自弃；有的从头做起，亡羊补牢……这就是消沉者与进取者的鲜明反差。显然，我们更欣赏进取者的勇气和果敢。由于高考的实力，我们无奈选择了一所并非自己理想中的大学或感兴趣的专业，短暂的徘徊之后，我们应及时调整自己的心态与情绪，意识到“正因为我没有考上好的大学，所以更应该通过自身更多的努力去缩短与那些优秀大学生的差距”。高考失利后，学生应及时调整心态，在保证多类学科优秀的基础上，充分利用课余时间积极参加校内外多种社会实践、社团活动；大学毕业时以优秀的学校表现和丰富的大学经历，为几家大型招聘单位所垂青，纵使没有考上理想的大学，却最终与那些优秀大学生一样站在了同一起跑线，最终也一样成了优秀大学生。在我们的身边，这样的例子不胜枚举。因此我们说，迈入大学，人生的序幕才刚刚拉开，未来的路还很漫长，往后还会有许多可能发生。

2. 策略二：及时制订新的学习目标，明确努力方向

进入大学后，高中考上大学的目标已经实现，而新的目标尚未建立，表现为目标迷茫、目标丧失化和目标冲突化。在新环境里，为使自己的生活、学习有明确的动力和努力的方向，同学们应结合自身特点，重新设定目标。具体来说，在进入大学后，应加强与学长的联

系，通过与他们的交流，加深对自己专业的了解、知道自己专业的前景如何，对自己专业在社会上从事什么工作、工作中需要具备哪些技能收集一些信息，开始考虑自己的人生规划问题。学生在确立了自己的人生规划这样一个长期目标后，将自己的目标分解为中期目标、短期目标。这些目标的制订将可以增加我们学习、生活的动力，让我们不再茫然、不再彷徨。

（三）成长体验活动

活动主题：夸夸我的大学

活动目标：让学生发现自身所在大学及所学专业的优势，产生自豪感，进而激发学习动力。

活动时间：30 分钟

活动人数：8 人左右一组

活动步骤：

（1）分组，围坐成一圈。

（2）成员每人至少说出一项自己所在大学或所学专业的优势。

（3）分享与讨论：讨论自己听到的别人说出自己尚未发现的优势的感受以及接下来的打算。

四、课余时间安排的心理调适

（一）心理策略

学生社团是高校学生出自兴趣爱好、个人信念和自身特长而组建的群众性组织，旨在培养社团成员的特殊素质。社团活动不但为大学生们提供了一个发挥自我才能、展现自我风采的舞台，而且也是培养和锻炼同学们综合素质的途径。适当地参加社团活动，可以为以后校外实践或实习积累经验。但是，部分同学没有很好地处理好学习与参加社团活动的主次之分，因忙于社团活动而荒废了学业。

因此，在处理参加社团活动与学习的关系上，我们应做到以下三方面。

首先，在社团的选择上，要对自己准备加入的社团和学生组织有一个充分了解，弄清楚自己要在哪些方面拓展能力，根据自身的兴趣和需要理智选择，然后在不影响正常学业的前提下选择那些能充分锻炼自己、发挥自己才能的社团和组织，千万不能盲从。

其次，面对开学后琳琅满目的社团招新，不能“见一个爱一个”，应该坚持“少而精”的原则，同时将自己的能力、兴趣爱好与社团类型结合起来考虑。大一时参加一两个学生组织就可以了，新生的首要任务还是打好学习基础。毕竟在大学期间，各种锻炼的机会还很多。

最后，学生应调整好参加社团的心态，既不能仅仅当成是玩乐，也不要太功利，比较理想的心态应该是：在娱乐的同时形成一技之长。

(二) 成长体验活动

活动主题:我的时间我做主

活动目标:让学生学会科学合理地安排时间。

活动时间:20 分钟

活动人数:5 人左右一组

活动步骤:

(1) 分组,围坐成一圈。

(2) 老师发给每位成员一张 24 小时时间表,成员在表上记录下自己每天的时间安排。

(3) 分组讨论:自己的时间安排合理吗? 有多少时间被浪费了? 应该怎样更合理地安排自己的课余时间? 通过讨论,使学生发现自己在课余时间安排上的缺陷,从而更科学合理地安排课余时间。

五、合理消费的心理调适

(一) 合理消费的心理策略

针对当下这种愈演愈烈的透支消费现象,一方面,我们的社会、高校、家庭要加强消费引导,要引导全社会为人的全面发展,尤其是大学生的全面发展、社会协调以及可持续发展的消费。社会应把握消费的理性方向,对不合理的消费行为,尤其是不合乎当前实际的商业行为,要发挥社会舆论的力量,使其暂缓实行;高校应开展消费道德教育,倡导理性的和谐消费观,形成健康的校园消费环境;家庭对孩子进行具体、生动、形象的消费观教育,从源头上培养孩子良好的消费习惯。另一方面,也是最为重要的方面,是我们大学生自己不断加强自身对于合理和谐消费的认识,合理消费、理性消费。具体来说:

(1) 坚持文明消费、合理消费,把社会主义和谐消费的理念贯穿于各种消费活动中,树立文明、健康、科学的生活方式。

(2) 不断加强自身对于消费伦理和消费知识的学习,通过对合理使用、节俭节约等消费知识的学习,懂得如何进行合理消费、和谐消费。

(3) 加强自身对于消费进行理性思考的能力,意识到消费前应该考虑到自身的经济实力和实际需求,不能盲目攀比,应克服、避免攀比心理。

(二) 成长体验活动

活动主题:合理消费

活动目标:使大学生审视自身的消费行为,做到理性消费,形成科学合理的消费观。

活动时间:30 分钟

活动人数:8 人左右一组

活动步骤：

1. 算一算

自己的父母每月收入多少？

自己每年的学费、生活费花费多少？自己的花费占了家庭收入的多少？

2. 想一想

自己的每月花费结构是否合理？

3. 说一说

自己在消费过程中存在攀比吗？

自己在消费过程中存在过度消费吗？

自己在消费过程中存在盲目性吗？

我们应该怎样避免这些不合理消费的产生？

通过讨论，使学生发现自身存在的消费误区，从而做到更加科学合理地消费。

延伸阅读

大学生活的自我管理与时间管理

大学的时间很短，一眨眼就毕业了，这是很多经历过大学的人的真实感受。时间是最公平的，每个人每天有 24 小时，一分不多一分不少；时间又是最无情的，它总是头也不回朝前走，不把握这一秒就意味着永远失去，时光倒流只可能出现在虚幻童话中。

一个真正充实的大学生活，应包括学业有成、建立良好的社交网、社团活动做出成绩、学好英语和电脑等事情。我们实在有太多太多的事情要做，所以要管理好自己的时间，规划是关键。

◆ 时间规划

时间规划分为长期规划和短期规划。长期规划是以学年或学期为单位，明确列出每一年或每一学期要达到什么目标。短期规划包括月规划、周规划和日规划，是长期规划的层层细化，具体到要做哪些事。“不积跬步无以至千里，不积小流无以成江河”，只有做好了短期规划，才能真正实现长期规划。

一、短期时间规划表的制订

在时间表上，把一天分为 24 小时，填写上你的时间表。填时间表的步骤：先填你的上课时间，如果你有兼职工作或社团活动，那么在第二步把它们填上，接着是休息、吃饭、运动等饮食起居和休闲的时间。以上的活动填完后，剩下的空格就是可供你自由支配的个人时间。

二、制订时间表的原则

1. 从实际出发制订任务。不要太重，否则会面临无法完成的情况，造成任务堆积影响后面的工作同时也会打击你的积极性；不要太轻，否则达不到有效利用时间的目的。

2. 因人制宜。每个人的精力充沛或疲惫的时间段有所不同，应该根据自己的具体情况做时间安排。

3. 灵活安排。每天要留出一定的机动时间，因为随时可能有新的事情加入。

4. 主次分明。事情要分轻重缓急，重要的事、紧急的事先做。

5. 充分利用。利用好时间的"边角料"，用零碎的时间背背英语单词，读读报纸杂志。

6. 善于总结。每天留出一点时间(晚上睡觉前尤佳)，总结一下这一天，问问自己"我今天学到了什么?"

刚开始按照时间表生活可能会不适应，会出现任务没能在计划的时间内完成的情况，这就需要不断对时间表做出调整，待你进行了一段时间之后就会习惯，你也会发现时间表给你带来的可喜变化。

◆ 如何更高效学习

1. 抓住每天的最佳的学习时间段。

大脑活动的效率在一天中的不同时间段是不同的，学习时间的最佳选择应该是一天中大脑最清醒的时候。

小提示：人一天之内的4个学习的高效期如下。

(1) 清晨起床后，大脑经过一夜的休息，消除了前一天的疲劳，脑神经处于活动状态，没有新的记忆干扰，此刻是认知、记忆印象都会很清晰，学习一些难记忆而必须记忆的东西较为适宜，如语言、定律、事件等的记忆和储存。

(2) 上午八点至十点是第二个学习高效期，体内肾上腺等激素分泌旺盛，精力充沛，大脑具有严谨而周密的思考能力、认知能力和处理能力，此刻是攻克难题的大好时机。

(3) 第三个学习高效期是下午六点至八点，这是用脑的最佳时刻，不少人利用这段时间来回顾、复习全天学过的东西，加深印象，分门别类，归纳整理。这个时间段也是整理笔记的黄金时机。

(4) 入睡前一小时是学习与记忆的第四个高潮期，利用这段时间来加深印象，特别对一些难以记忆的东西加以复习，则不易遗忘。

2. 劳逸结合。休息几分钟可让你恢复精力，1+1>2，休息是为了更好地学习。

3. 控制时间长度。大学生一次学习最好介于60～90分钟之间，时间过长或过短，效率都不高。

4. 交叉学习效果好。大脑长久接受同一类信息刺激，就容易产生疲劳，降低学习效率。应及时转换学习内容，注意各门学科交替进行，特别是文理交替。学习之余，可做一些文体活动提高学习效率。

5. 尽可能每天在固定的时间进行学习。这样形成规律，学习心理和生理上产生适应性，到固定时间效率会有所提高。

◆ 丢掉做事拖拉的毛病

有些同学有做事拖拉的毛病，这样无异于浪费时间，而且常常会完不成任务，同时搞得自己精神紧张，一定要改掉这个坏习惯。可以在每次开始一项新工作之前准备好所有需要用的资料和工具，真正动手时就不需要东搜西找；自己主动把期限提前，跟把手表的时间调早十分钟是同一个道理；隔断所有可能的干扰，如选择在安静的图书馆学习会比宿舍强得多。

“时间就是金钱，时间就是生命。”唯有利用好时间，才能过一个有意义有收获的大学时光。

马云：做到这三十件事就离成功不远了

1. 每天列出3件最重要的事；
2. 比别人早10分钟到公司；
3. 开口前先想几秒钟；
4. 发脾气之前先数30个数；
5. 不确定时，挑最难的事做；
6. 给每件事规定完成日期；
7. 坐第一排的位子；
8. 观察走在你前面的人；
9. 比别人多坚持10分钟；
10. 记住身边每个人的名字；
11. 抢着做事，即使是打扫卫生；
12. 在背后赞美别人；
13. 重视身边的每一个人；
14. 听别人把话说完；
15. 给别人的比别人期望的多一点；
16. 批评人之前，先进行赞美；
17. 随身带着纸和笔；
18. 醒后2分钟内记录梦的内容；
19. 列出自己的10条弱点，并一一改正；
20. 重要的决定最好隔一天再发布；
21. 睡前5分钟向自己提问；
22. 每天保持微笑去上班；
23. 绝不把工作带回家；
24. 和家人一起吃早餐；
25. 通过朋友认识新的朋友；
26. 每天读半小时书；
27. 定4个短期目标，选1个核心目标；
28. 赚钱永远也不是你人生的第一目标；
29. 把目标写下来，并每天大声念10遍；
30. 立即行动。

第三章　学习心理

——天下无难事，只要肯攀登

张立勇，1975 年出生于江西一个贫困的农民家庭，1992 年高二时辍学离家后曾在广东的竹制品厂和玩具厂打工，1996 年进入清华食堂做洗菜工、厨师，1999 年起先后通过大学英语四、六级考试，托福成绩 630 分，并通过自学拿到了北京大学对外经济与国际贸易专业的本科文凭，被清华学生尊称为“馒头神”。他辞去了厨师工作后，全力备战研究生入学考试，顺利成为南昌大学的一名研究生。

（引自百度文库：http://wenku.baidu.com/view/6d0d2fcd8bd63186bcebbcd5.html）

第一节　学习心理概述

“上大学后悔几年，不上后悔一辈子！”真的是这样吗？

“大学的目标始终应当是：青年人离开学校时，是作为一个和谐的人，而不是作为一个专家。教育，是人们遗忘了所有学校灌输的知识后，仍能留存的东西。”爱因斯坦如是说。

一、学习的内涵

学习一词，我国古代文献中早就有的，孔子说：“学而时习之，不亦乐乎？”又说“学而不思则罔，思而不学则殆。”古代儒家的学习观点，在一定程度上揭示了学习与练习、学习与情感、学习与思维的关系。而在古希腊，柏拉图和亚里士多德就曾提出了涉及学习问题的三条规律：接近律、相似律与对比律。尽管对于学习的讨论由来已久，但长期以来，人们对学习仍无一个统一的概念。

长期以来，许多心理学家、教育学家和哲学家从不同的观点、角度提出了学习的定义。桑代克(1931)说：“人类的学习就是人类本性和行为的改变，本性的改变只有在行为的变化上表现出来。”；加涅(1977)说：“学习是人类倾向或才能的一种变化，这种变化要持续一段时间，而且不能把这种变化简单地归之为成长过程”；希尔加德(1987)说：“学习是指一个主体在某个现实情境中的重复经验引起的，对那个情景的行为或行为潜能变化。不过，这种行为的变化不能根据主体的先天反应倾向、成熟或暂时状态（如疲劳、醉酒、内趋力）来解释的”。联合国教科文组织在 1987 年所作的《学习，财富蕴藏其中》报告中指出：学习是指个体终身发展终身教育的理念。

学习的概念有广义与狭义之分。从广义上讲，学习是人和动物在生活过程中通过实践训练而获得的由经验引起的相对持久的适应性的心理变化，即有机体以经验方式引起的对环境相对持久的适应性的心理变化。在这个定义中，体现了四个论点：一是学习是动物和人共有的心理现象，虽然人的学习是相当复杂的，与动物的学习有本质区别，但不能否认动物也有学习；二是学习不是本能活动，而是后天习得的；三是任何水平的学习都将引起适应性的行为变化，不仅是外显行为的变化（有时并不显著），也有内隐行为或内部过程的变化，即个体内部经验的改组和重建，这种变化不是短暂而是长久的；四是不能把个体一切变化都归为学习，只有通过学习活动产生的变化才是学习（例如由于疲劳、生长、机体损伤以及其他生理变化所产生的变化都不是学习）。

二、学习与心理健康的相互影响

学习是现代人生存的必要条件，是促进人类文明发展的根本途径。对于大学生而言，学习是大学生活的重要组成部分，也是学生进入大学的最本质目的，学习的重要性不言而喻，正因如此，学习对于心理健康有着不可忽略的影响，而心理健康的水平也会直接影响到学习活动。

（一）学习对于心理健康的影响

通过学习活动可以发展智力、开发潜能，每个人与生俱来的智力和潜能必须通过后天的学习才能够被发掘出来。一个人的智力能在学习过程中不断地发展，其潜能也会被不断地发掘。并且在这种过程中，人能够感受到心理的愉悦和满足，让人体验到积极的情绪，这些有利于人的发展和心理健康。

但是学习过程同样对心理健康有着一定程度的消极影响，学习是一项艰苦的综合性劳动，需要消耗大量的生理和心理能量。如果学习方法不正确，往往会事倍功半，从而影响学习积极性；学习带来的巨大压力也会导致身心不适，影响身心健康。这些伴随学校活动而带来的不利因素都会影响到人的心理健康。

（二）心理健康对于学习的影响

现在的大学生都是经过严格选拔进入大学的，学生个体之间的智力基础并没有明显的差别。但是学习结果却参差不齐，可以说学生的动机、兴趣、情绪、态度、自我意识等心理因素对于学习成绩的影响更大。因此，良好的心理健康状况对于学生的学习有着很大的促进作用；反之，如果学生心理状况不佳，甚至是心理疾病会严重妨碍学生的学习，抑制学生潜能的开发。

三、大学生学习的特点

(一) 大学生学习的特殊性

中学阶段，学习的过程主要是理解、记忆知识，其主要目标是升学。而大学阶段，学习目标就变得多元化，可以为了兴趣而学习、为了成长而学习、为了就业而学习。一项关于大学生学习现状的调查表明，当前大学生普遍感到学习压力大，有9.6%的学生表示有厌学心态，但大多数人还是能积极应对；考级考证、选修第二专业、在校外接受辅导和培训等情况在大学生中相当普遍。

大学生学习的特殊性表现在：其一，大学生的学习是一种特殊的认识活动，是掌握前人积累的文化、科学知识，即间接的知识，在学习中会有发现与创造，但其主要内容还是学习前人积累的知识与经验；二是学生的学习是在教师的指导下，有目的、有计划、有组织地进行的，是以掌握系统的科学知识为前提的；三是学生的学习是在较短时间内接受前人的知识与经验，重要的是间接经验的学习与掌握，学生的实践活动是服从学习目的的；四是学生的学习不但要掌握知识经验与技能，还要发展智能，培养品德及促进健康个性的发展，形成科学的世界观。

(二) 大学生学习过程的自主性

进入大学之后，学习上的强制性任务较少，教师的指导性降低，学习的自主性提高，在学习方式、学习内容以及专业等方面学生都有很大的自主空间。学习方式上，虽然也有老师讲课，但这种讲授只是提纲挈领式的，讲授之后的理解、消化、巩固等各个环节主要靠学生独立地去完成。学生需要自主确定学习目标，自行安排学习时间、地点等，这都要有较强的学习自觉性，而不能像中学生那样由老师布置、检查和督促。在学习内容上，大学生对学习的内容有较大的选择性，虽然仍有专业的限制，但学生选择的余地很大，教师对大学生的学习内容也不加限制，很多教师还鼓励学生广泛涉及各类知识。除必修课外，学校还开设了许多选修课，大学生可以根据自己的需要和兴趣有选择地听课、学习。此外，一些高校还为学生提供了调整专业的机会。进入大学对专业知识的了解有所增加，一段时间后，符合条件的学生可以根据自身的情况重新选择专业。

大学阶段的学习方式使大学生自由支配的时间增多，面对这些空余时间，有的人用来学习，有的人去打工挣钱，有的人从事自己喜爱的活动，也有的人不知如何利用这些时间。所以，在大学里你会发现，有的人忙得不可开交，有的人闲得难受。这就需要学生充分发挥主观能动性，统筹规划，合理安排自己的学习，选择适合自己的学习方法，以便在有限的时间内获得较高的学习效率，否则就会不得要领，忙乱不堪，或是虚度光阴，收效甚微。同时大学生需要具备一定的自制能力，能够克服惰性和现实中的困难，按照学习计划坚持下去。

(三) 大学生学习的专业性

和中学阶段的基础知识学习不同,大学阶段的学习是在确定了专业之后进行的,学习目标是为将来从事某种特定职业作准备。大学的学习实际上是一种高层次的专业学习,这种专业性是随着社会对本专业要求的变化和发展而不断深入的。社会分工越来越细,大学阶段专业的划分也越来越具体,通常一个学院要分几个专业,而每个专业又有很多不同的方向。某一专业知识结构主要包括基础知识、专业基础知识、专业知识等,对于专业的学习,既要掌握扎实的专业基础知识和专业技能,同时要了解本专业的前沿知识和发展方向。长远来看,这种专业性通常只能是一个大致的方向,而更具体、更细致的专业目标是在大学的学习过程中或是在将来走向社会后,才能最终确定下来。同时由于社会对于人才的要求越来越高,我们在进行专业学习同时,也要注意综合能力的培养。

(四) 大学生学习的探索性和研究性

大学阶段,除了掌握专业知识和技能,更重要的是掌握科学的研究方法和培养创新精神。在大学学习的重要环节:毕业设计、毕业论文、毕业实习等环节,就强调大家运用知识的能力和探索能力。学生不要局限于书本知识的学习,而是要通过各种方式了解本专业的前沿知识,对书本结论之外的新观点进行探索和钻研。

第二节 学习中常见心理案例

学习是一个非常复杂的过程,在大学的学习过程中,学生们不仅要有正确的学习动机、合理的学习目标,还要掌握科学的学习方法。更重要的是,学生们要不断地调节自己的学习心态,当学习疲劳时,学会自我放松;当紧张焦虑时,学会如何给自己减压。只要拥有了良好的学习心态,才能让大学的学习变得轻松而高效。

一、学习动机

学习动机是指激发个体进行学习活动,并使活动朝向一定学习目标的内在过程或内在心理状态。学习动机不当包括学习动机不足和学习动机过强两种情况,这二者都会影响大学生的学业效能感。学习动机不足的主要表现为:无明确的学习目标,为学习而学习甚至厌倦学习和逃避学习;学习动机过强的主要表现为:成就动机、奖励动机过强,学习强度过大。

情景再现1:面对学习,我觉得很迷茫

小明自述:我是一位来自山区、家庭经济困难的大学生,学业成绩一直非常优异。上大学后,忽然感到心中茫然,学习没有动力,生活没有目标,有时候想到辍学在家的妹妹和年迈的父母我也恨自己不争气,可我的确找不到奋斗的目标与学习的动力,学习上得过且过,生活上马马虎虎,漫无目的,上课打不起精神。

我不是因为喜欢上网而荒废了学业，而是因为实在没劲才去上网聊天、打游戏。我该如何才能摆脱这种状态？

【案例解析】 相信很多同学都有类似小明的经历。出现这种情况的问题主要是对学习缺乏明确的目的性。当没有外在的学习压力和严格的纪律约束，自己可以更加自由支配自己的生活时，反而陷入迷茫之中，同时，又受到其他人的不良影响，导致学习动机下降，丧失学习兴趣。这类同学属于学习动机缺乏，没有目标和方向，生活陷入了迷茫和漂泊之中。

情景再现 2：面对学习，我感觉很累

今年我已经大三了，一直优秀的我一向对自己要求很高，当然这也与家庭的期望有关。父母都是教师，在他们的言传身教下，我从小就知道努力与奋斗。在大学，我把每一天、每个小时都进行了细致的规划，像一只陀螺飞速运转着，珍惜大学的分分秒秒。我相信：付出总有回报。可是，一次数学建模竞赛，我却名落孙山，这让我备受打击。我发现离自己的目标越来越远，我忽然怀疑起自己的学习能力，感到自己在学习上的优势在减小，甚至多年积累的自信也受到挑战，对未来，我忽然担心起来，我该如何办？

【案例解析】 对学业期望过高，自尊心强，是学习动机过强的表现。该名同学非常渴望学业成功，受表面学业动机的驱使，渴望外在的奖励与肯定，特别是学业优秀带来的心理满足使他更看重自己的学习成绩。这就造成他学习强度过大、心理压力过重，而一旦受到挫折，就容易丧失信心，一蹶不振。如果学习的自尊心过强，脱离了现实，超越了自己能够承受的范围，某种程度上就成了一种虚荣心了。一旦成了虚荣心，就会害人不浅。

情景再现 3：天大的误会，进了不喜欢的专业

我是某著名高校的学生，我的专业是电子信息工程。我在学校学习了两年多了(我现在都大三了)，仍感觉对本专业丝毫没有兴趣，因为这个专业特别强调动手能力，而我每次做试验总是很吃力。虽然兴趣是可以培养的，但是我实在是发觉自己没有做硬件那个天赋，而我自己却偏爱软件和网络工程方向。最近在一本书上我看到“能够在这个世界上独领风骚的人，必定是专心致志于一事的人。伟大的人从不把精力浪费在自己不擅长的领域中，也不愚蠢地分散自己的专长。其实，这个伟大的秘密一直摆在我的眼前，只是我的眼睛看不到它。”这样的话后，越是发觉自己是不是应该对自己的专业只求能拿到学位证就行了，然后把自己的精力花在自己感兴趣的地方。但是自己又害怕朝自己感兴趣的方向如果学不好，而自己本专业也丢了。我并不想继续深造，我读了这么多年书了，觉得再读人都老了。我之所以放不下目前的本专业是因为这个专业的学生很好找工作，我的师兄师姐几乎都找到工作了。无限迷茫，请高手指教。

【案例解析】 对专业不感兴趣，也是导致学习动机下降的主要原因之一。“干一行，恨一行”，就像很多人不喜欢自己的工作一样，大多数学生对自己的专业是不满意的，但这并不影响他们在这个领域做出卓越的成就，因为人除了兴趣，责任和上进心也很重要。

情景再现4：大学期间，我到底学到了什么？

大学生活即将结束了，而我也荒废了整个大学的时间，马上就要面临就业了。在上学阶段我感到自己没有学到什么东西，对专业知识也都是一知半解，现在即将找工作了，各种焦虑，各种不自信都一一体现出来，我现在连在一家公司投上简历的勇气都没有，因为我的简历里实在没有什么可写的。我要怎么去面对这个社会？怎么面对我以后的生活？作为一个即将走出校园的人，我不断地在思考：几年的光阴，我到底学到了什么？

【案例解析】 本案例中的同学明显是缺乏学习动机，缺乏明确的学习目标，导致四年的时间在不断重复中虚度。学习分为内在动机和外在动机，内在动机指为了获得知识、提升自己能力等内在因素；外在动机是指为了获得奖励，为了得到别人的肯定等外在因素。内在动机下，学习持续时间最久，效果最好，所以大学生应该更多激发自己的内在动机。然而在大学阶段，很多学生的学习行为是受到外在动机的影响，他们认为学习只是为了考试，为了拿毕业证书，大部分知识在工作和生活中根本用不到，而且知识更新速度这么快，再怎么努力也无法掌握。存储过多的知识仿佛没有必要，有问题找"百度"，成了当下大学生最简单直接的解决问题的方式。但也有许多人并不后悔自己的大学经历，因为他们明白大学是培养思考问题方式、解决问题能力的地方，这些就是大学学习教给我们最重要的东西。"资讯多了就会缺乏知识，知识多了就缺乏智慧"，我们不仅要掌握扎实的基础知识，更重要的是通过这些知识学会独立思考、分析和解决问题。希望每个人能养成一种习惯，多去学习和思考，掌握整体观点，建立自己的价值取向，再努力把它应用于生活中。

二、学习焦虑

焦虑是大学生常见的心理问题。近年来，上学费用的增高、学业竞争增大、就业困难等给大学生带来了巨大的冲击和压力。大学生的学习焦虑主要表现为学习之前心神不宁、惶恐急躁，学习过程中注意力难以集中、记忆力减退，考试之前出现失眠、烦躁等症状。

情景再现5：我必须是最好的

小艺是一名在读大二的学生。高考时，她以优异的成绩考入这所全国重点大学，又以出色的表现进入了重点大学的强化班。强化班里可以说是高手如云，这让小艺不敢有丝毫的放松。功夫不负有心人，第一学期，她的成绩全班第一，迎来了大家无数羡慕的眼光，连班主任对自己也格外的照顾。这个成绩并没有让她感到松一口气，反而觉得压力更大了，如果下次不是第一，那就是后退。她每天所有的时间，除了吃饭、睡觉，都用来学习。可是最近，她越觉得焦虑不安，吃不下、睡不好，上课越想仔细听，越听不进去，脾气也变得越来越差。

【案例解析】 该同学在不合理的信念指导下，觉得如果自己不够完美，不是第一名，那是一件不能接受的事情，所以强迫自己高强度的学习，从而导致学习内容过多、学习时间过长，诱发了对学习的焦虑情绪。这类焦虑现象与个人的完美性格有关，多数表现为过分严谨、认真、自尊心过强、对别人评价过高等，因此，过于看重成绩所带来的荣誉，从而造成压力过大。当自尊心变成虚荣心时，第一或者最好就不是目标，而成为压垮自己的沉重包袱。

情景再现 6：从考场上落荒而逃

小丽，大学一年级学生，学习十分用功，但是考试成绩却不理想。她来自农村，从小学习刻苦，是村里为数不多的大学生之一，父母和家人对她寄予了极大的期望。可进入大学后，她却很难适应大学的学习方式。大一第一学期还有一门课不及格，这对她的打击很大，觉得对不起父母。大一下学期她更加希望自己能够顺利通过所有考试，还希望能够拿到奖学金，因为这关系到能否为家里减轻负担以及今后的就业。可是在考试之前，她发现自己越努力越学不好，而且经常的失眠、头痛、胃痛，无法集中注意力，学习效果也非常差，对考试极为担心。在英语的考场上，没开始放听力，自己就紧张起来，等到放听力的时候，自己注意力完全不集中，"紧张—听不进去—更紧张—更听不进"的不良循环，导致自己完全失去了信心，从考场落荒而逃。

【案例解析】 由于害怕考试失败以及考试失败带来的后果，导致这位同学压力增大，出现焦虑的情绪。把一次考试和未来的发展联系起来，高估了考试的价值和意义，同时迫切希望自己在考试中取得好成绩，自我期望水平过高，造成了内心的矛盾和冲突。这种冲突长期积压，引起焦虑情绪。而内心的这种焦虑又没有通过有效的途径宣泄，只会让学习事倍功半了。和上面的案例一样，这类考试焦虑也和学生自身的性格有关，过于要求完美的性格，造成对学习成绩和复习的效率太过看重，欲速则不达，带着沉重的包袱，当然举步维艰。

三、学习与记忆

情景再现 7：如何拥有超人的记忆力

小李，男，20 岁，大学二年级学生。自述：我好像一直处于亚健康状态，先是得了考前综合征，一到考试，繁忙复习，在电脑前赶写报告，时间长了，出现脖子痛的症状。后来，问题越来越严重，出现记忆力严重减退，健忘，看书时注意力很不集中，有时思维紊乱，说错话，写错字的情况。平时我的生活轻松，一切正常，就是生活没有激情、没情调！正处于年轻气盛时期，看着别人活蹦乱跳，而我总是很累的样子，我感觉身心俱疲，快要被生活压垮了！我到底是不是患有身心疾病？记忆力减退、注意力不集中的问题有救吗？

【案例解析】 每个人都曾经有这样的愿望，希望自己拥有超人的记忆力而且过目不忘，这样就可以在学习上轻轻松松的笑傲群雄。但是如果心理学家给你否定的答案，你一定会很失望吧！因为人类的记忆能力的差异不大，没有人能像电脑一样拥有强大的存储能力。成绩的差异主要是由于不同学习和记忆方法造成的。

四、考试作弊

学生作弊作为一种特定和普遍的现象，被称为“大学流行病”。考试作弊是作为影响大学生学业成绩进而影响学习积极性并带来学业不公平的行为。考试作弊一般包括以下形式：夹携带与考试课程内容相关的物品、运用电子工具或通讯工具、影响考场秩序、代考、协助他人作弊、私自交换考位等。

情景再现 8：侥幸的代价——作弊丢学位

小陈，大二学生，平时非常喜爱运动和网络游戏，能按时上课，但课后很少复习。在《经济法》课程考试前两天，小陈才临阵磨枪，突击复习，但该课程需要背诵的内容太多，两天时间根本来不及，因此，考试前，准备了小抄。考场上，小陈的作弊行为被监考老师发现。监考教师让其上交小抄时，由于恐惧和激动，他拒绝拿出，并与监考教师发生争吵，扰乱了考场秩序。后此情况被监考老师上报学校教务处，教务处根据学校相关规定给予其记过处分。受到记过处分，不但人生有了污点，而且学校将取消其学位证书获得资格，这将在很大程度上影响他的就业前景。小陈非常后悔和愧疚，感觉无颜面对父母和亲人，见到老师和同学，也不再积极主动。经过几个月的调整，他才慢慢走出这次失足造成的阴影。

【案例解析】 这次作弊被抓事件的发生，从直接原因看，既有小陈自身的原因，也有考试纪律松懈及不良社会风气影响等客观原因。个人方面常有以下因素：一是学位的压力，在作弊问题上，学位是一把双刃剑，是学生不作弊的主要原因，“担心被抓，丢掉学位”，也是作弊的主要原因。成绩较差的学生特别是当面临丢掉学位的现实压力时，可能铤而走险；而更多的无个人明确作弊动机的学生易受小团体氛围的影响，如果在一个都寻求考试捷径的环境中学习，如果个体不作弊，学生会认为，别人作弊对他自身不公平，也就随大流了。二是追求高分的愿望，成绩较好的学生希望在考试中获得成功，保持学业上的优势，而在时间紧迫的情况下可能会找到“捷径”；很多学生认为，分数仍然是学生的命根，凡与学生切身利益有关的都与成绩息息相关，在一定程度上助长了学生的投机心理与侥幸心理。与此同时，作弊也是两难的，如果自己作弊而其他同学不作弊对其他同学不公平，自己不作弊而别人作弊又对自己不公平，因此，作弊加剧了学生竞争的不公平。三是课程的重要程度，学生对那些自认为不重要或“学过以后没有什么大用或学了就忘”的课程易产生心理上的轻视，如体育课替考就是明显的例证。

可以肯定地说，这些因素都是外部原因，从学生心理因素看，存在侥幸心理和投机心理，个体心理不成熟与自信心不足的学生容易作弊；从道德教育的角度看，主要是内心道德观念的弱化，学生总在寻找作弊的“合理化解释”，如监考不严、课程太难、作弊的普遍存在等，很少有学生从自身找原因。

从社会环境看，大学的作弊也受到社会与教育环境的不良影响。大学生的许多欺骗行为并不仅仅发生在考试中，如作业的抄袭、笔记的拷贝、就业中隐瞒不良成绩等都不是个别现象，甚至发生在高等学校中的科学舞弊都对大学生产生不良的影响。在一直被教育如何鉴别真伪的环境下成长，必然对不诚实产生心理上的宽容，具有投机心理的学生在利益机制的驱动下可能会铤而走险。大学生自身的成才动机受市场机制的影响出现了学业的短期行为，学生更热衷于技能类知识的学习而对基础理论有所忽视。

通过认真细致、深入广泛的调查，我们认为，造成学生作弊的原因是多方面的，是多变量情形下形成的，对大学生群体受社会风气的影响，对个体而言，又各不相同的。这是一项关于在 2 300 名大学生中开展的关于考试作弊的研究，研究结果表明(表 3－1)：

表 3－1　大学生作弊的原因

原因类别	排序	人数	比例(%)
课程材料太难，无法掌握	1	269	71.5
恐丢掉学位或得不到奖学金	2	235	62.5
时间紧迫	3	190	50.5
担心失败	4	172	45.7
提高分数	5	165	43.9
环境的压力	6	148	39.4
同学之间的竞争	7	145	38.6
监考人员不注意	8	143	38.0
人人都这样做	9	121	32.2
教室里其他人看起来都在作弊	10	106	28.2
偷懒	10	106	28.2
朋友请他帮忙	10	106	28.2
作弊对其他同学并不构成伤害	11	100	26.6
邻座未看好自己的考卷	12	87	23.1
监考老师离开教室	13	81	21.5

第三节　学习心理健康自测

心理自测是了解自我的一种行之有效的科学手段。下面几个测试可以帮助你更加清晰地了解自己在学习方面的心理状况，请按照内心的真实情况作答。

心理健康自测(一)

大学生学习动机自测

你的学习动机情况怎么样？请仔细阅读问卷中的每一个题目，并与自己的实际情况相对照。若觉得相符，打“√”，若不符合打“×”。

1. 我已经不想学习，想去找份工作。　(　　)

2. 我把自己的时间平均分配在各科上。（　）
3. 除了老师指定的作业外，我不想多做。（　）
4. 如果没有人督促我，我很少主动学习。（　）
5. 我一读书就觉得疲劳和厌烦，只想睡觉。（　）
6. 如果有不懂的地方，我根本不想弄懂它。（　）
7. 我几乎毫不费力地就能实现自己的学习目标。（　）
8. 我常想不用花太多的时间，成绩也会超过别人。（　）
9. 为了应付每天的学习任务，我已经感到力不从心了。（　）
10. 我总是为了同时实现几个学习目标而忙得焦头烂额。（　）
11. 我给自己定下的学习目标，多数因做不到而不得不放弃。（　）
12. 我迫切希望在短时间内就大幅度提高自己的学习成绩。（　）
13. 为了实现一个大目标，我不再给自己制订循序渐进的小目标。（　）
14. 只在我喜欢的科目上狠下工夫，而对不喜欢的科目放任自流。（　）
15. 我认为课本上的基础知识没什么可学的，只有读大部头作品才有意思。（　）

评分与解释：

对问题给出“是”和“否”回答。选“是”得1分，选“否”得0分，将得分相加，算出总分。

(1) 11～15分：说明学习动机上有严重问题和困惑，需要调整。

(2) 5～10分：说明学习动机上有一定问题和困惑，可调整。

(3) 0～4分：说明学习动机上有少许问题，必要时可调整。

心理健康自测(二)

学习压力量表

请回想一下自己在“最近一周，包括今天”有否出现以下情况，将你所选择的答案用“√”选出。

心理状态	A	B	C
1. 觉得手上学习任务太多，无法完成。	□	□	□
2. 觉得时间不够用，所以要分秒必争。如过马路时闯红灯，走路说话的节奏很快。	□	□	□
3. 觉得没时间娱乐，终日记挂着学习。	□	□	□
4. 遇到挫败时很容易发脾气。	□	□	□
5. 担心别人对自己学习表现的评价。	□	□	□
6. 觉得老师和家人都不欣赏自己。	□	□	□
7. 担心自己的前途状况。	□	□	□
8. 总觉得自己有头痛、背痛、胃痛等毛病。	□	□	□
9. 需要借药物、游戏、嗜食、烟酒等抑制不安的情绪。	□	□	□

心理状态	A	B	C
10. 需要借助安眠药去协助入睡。	□	□	□
11. 与家人、朋友、同学相处会令你发脾气。	□	□	□
12. 有人向你倾诉时，你会打断对方的话题。	□	□	□
13. 上床时觉得思潮起伏，很多事情未做，难以入睡。	□	□	□
14. 太多作业，每次作业都做得不完美。	□	□	□
15. 当空闲时轻松一下也觉得内疚。	□	□	□
16. 做事急躁，任性行事后感到内疚。	□	□	□
17. 觉得自己不应该享乐。	□	□	□

注：A. 从未发生　　B. 偶尔发生　　C. 经常发生

评分与解释：

选A从未发生计0分，选B偶尔发生计1分，选C经常发生计2分。

(1) 得分0～10分：精神压力程度低，可能生活缺乏刺激，简单沉闷。

(2) 11～18分：精神压力程度中等，某些时候感到压力较大，仍可应付。

(3) 19分及以上：精神压力高，应反省一下压力的来源并寻求解决办法。

心理健康自测(三)

记忆能力测试

下面的测试可以帮助你了解你的记忆能力，请在10分钟之内完成测试，请根据实际情况选择。

1. 从以下四个选项中选择一个与你相符的：

A. 你很轻易地就能把以前看到的东西清晰地回忆起来

B. 你需要一些提示，但是还能比较清晰地辨别出以前看过的东西

C. 你有一些零碎的记忆片段，但大部分东西都忘记了

D. 你经常把以前的记忆与其他记忆混淆，把东西记错

2. 你平常用什么方式记东西？

A. 用整体来记忆，也就是把要记的东西综合归纳

B. 以部分来记忆，也就是把对象分开，然后逐一记忆

3. 在记忆一件东西后，你是否会很快再重温一遍，以便记得更牢？(是　否)

4. 你能在记忆时仔细观察对象，并考察与其相关联的事物，以便使记忆更加清楚吗？(是　否)

5. 你能不能在面对大量信息时，把最重要的部分找出来并单独记忆？(是　否)

6. 你会借助一些其他的方式，如听、说、写或亲身的经历，来加深你对记忆对象的认可，使你记得更牢吗？(是　否)

7. 当你所碰到的只是日常琐事或无关紧要的事时，你是否很快会忘记？(是　否)

8. 当你面对一些比较枯燥的东西，比如字母和数字，你是否能用理解或关联的方法

记下来？（是　否）

9. 你平时习惯用阅读，尤其是精读的方式来搜寻并储存信息到大脑中吗？（是　否）

10. 当碰到难题时，你是否能够不求助他人，单独解决？（是　否）

11. 你在面对一件比较重要的事时，是否能集中自己的注意力，告诉自己一定要记住？（是　否）

12. 你对所要记住的东西有兴趣，很想一探究竟吗？（是　否）

13. 你是否在面对众多信息时，也能把对自己有用的东西很快找到？（是　否）

14. 当你面对一个较为复杂的事物时，你能够找出其中的联系以及各个部分的相同点和不同点吗？（是　否）

15. 在记忆比较疲劳的时候，你会不会把要记忆的东西折换成另一种东西？（是　否）

16. 你是不是习惯将有关联或有相似点的事物归纳到一起记忆？（是　否）

17. 你能否利用其他辅助的方法，如表格、图样或总结等来帮助你记忆？（是　否）

18. 你平时是否会随身携带笔记本以便随时记录信息，你是否有写日记或感想的习惯？（是　否）

19. 你是不是一定要先理解了才能记住某件东西？（是　否）

20. 在记忆的过程中，你是否会用将对象与其他事物相关联的方法，来更好地记忆？（是　否）

评分与解释：

在第 1 题中选 A 的人记忆力较强；选 B 的人记忆力一般；选 C 的人记忆力不够好；选 D 的人记忆力比较混乱、模糊。在第 2 题中选择整体记忆方式的人拥有较强的记忆力。第 3～20 题中答“是”表示你懂得记忆的正确方法，记忆力较强；答“否”的人记忆方法欠妥，记忆力需要提高。

（量表来源：http://www.daifumd.com/_daifumd/blog/html/1808/article_111358.html）

第四节　学习心理调适

一、学习心理调适的基本原则

进入大学后，一些同学在学习上的自制力很差，经常迟到早退，上课睡觉或者开小差，作业不做不交，考试有多门功课亮红灯，自己明明清楚这样不好，却无法改变。这些都是自身不良的学习习惯造成的。顺利地完成大学学业并取得优秀的成绩，养成以下的学习习惯甚为重要：

（一）合理规划学习目标

大学学习单凭勤奋和刻苦是远远不够的，只有掌握了学习规律，相应地制订出学习规划和计划，才能有计划地逐步完成预定的学习目标。首先，要根据学校的教学大纲，从个人的实际出发，根据总目标的要求，制订出基本规划。如设想在大学自己要达到什么样的目标，构成什么样的知识结构，学完哪些科目，培养哪几种能力等。大学新生制订整体计划是困难的，最好请教本专业的老师和求教高年级同学。学生可先制订好一年级的整体计划，经过一年的实践，待熟悉了大学的特点之后，再完善大学期间整体规划。其次，要制订阶段性具体计划，如一个学期、一个月或一周的安排，这种计划主要是根据入学后自己学习情况、适应程度，主要是学习的重点、学习时间的分配、学习方法的调整、选择和使用什么教科书和参考书等进行制订。

（二）充分利用时间

大学期间，除了上课、睡觉和集体活动之外，其余的时间机动性很大，科学地安排好时间对成就学业是很重要的。首先，要安排好每日的作息时间表，哪段时间做什么，安排时要根据自己的身体和用脑习惯，在头脑最活跃时干什么，头脑疲惫时安排干什么，做到既能让大脑休息，又能丰富其他的文体活动。一旦安排好时间表，就要严格执行，切忌拖拉和随意改变，养成今日事今日毕的习惯，千万不要等明日。其次，要珍惜零星时间，大学生活越丰富多彩，时间切割得就越细，零星时间越多。无法合理规划时间的同学应该反省下列几个问题：① 是否很少在学习前确定明确的目标，比如要在多少时间里完成多少内容。② 学习是否常常没有固定的时间安排。③ 是否常拖延时间以至于作业都无法按时完成。④ 学习计划是否是从来都只能在开头的几天有效。⑤ 一周学习时间是否不满 10 小时。

在时间管理中，在优先顺序里，也有一个 PARETO 时间原则，也称 80/20 法则。假定工作项目是以某价值序列排定的，那么 80%的价值来自于 20%的项目，而 20%的价值则来自于 80%的项目。时间管理的重要意义在于能经常以 20%的付出取得 80%的成果，最后的结果占了 80%的大部分。因此，在你的工作或生活中，你应该把十分重要的项目挑选出来，专心致志地去完成，即把时间用在更有意义的事情上。在生活中，不管是工作、学习、人际关系等，你只做重要而且是必要的任务。

（三）要讲究读书的方法和艺术

大学学习不仅仅是完成课堂教学的任务，更重要的是如何发挥自学的能力，在有限的时间里去充实自己，选择与学业及自己的兴趣有关的书籍来读是最好的办法。首先是确定读什么书。其次对确定要读的书进行分类，一般来讲可分为三类：第一类是浏览性质，第二是通读，第三是精读。正如“知识就是力量”的提出者培根（Francis Bacon）所说：“有些书可供一赏，有些书可以吞下，不多的几部书应当咀嚼消化。”浏览可粗，通读要快，精读要精。这样就能在较短的时间里读很多书，既广泛地了解最新科学文化信息，又能深入研究重要理论知识，这是一种较好的读书方法。

二、处理好学习问题的具体策略

(一) 学习动机不当的心理策略

1. 学习动机不足的自我调整

一是正确认识学习的价值与大学的目标，重新规划学业与人生；二是调整心态，以积极的心态对待学习，特别是学习中遇到的挫折与困难，用自身的意志战胜惰性；三是改进学习方法，提高学习效率与学业自我效能感，提高学业的自我价值与社会价值。

2. 学习动机过强的自我调节

一是正确认识自己的潜质，制订恰当的学业目标与学业期望，调整成就动机，与此同时，脚踏实地，循序渐进，不好高骛远；二是转换表面的学习动机为深层学习动机，淡化外在奖励特别是学业成就的诱因，正确对待荣誉与学业成绩；三是端正学习态度，树立远大理想，保持旺盛的学习热情，坚持不懈，便会取得预期效果。

(二) 考试焦虑的心理策略

1. 注意力不集中的自我调节

首先，学会注意力转移，遇到生活应激事件与挫折，能够尽快从中解脱出来；第二，适当强化学习动机，保持适当的学习压力与学习焦虑，并进行积极的自我激励与自我暗示；第三，养成良好的学习习惯与生活习惯，保持旺盛的精力；四是选择理想的学习环境，减少与学习无关的活动，并进行适当的自我监控。如果注意力不集中由强迫思维等导致，则需要寻求心理咨询。

2. 考试焦虑的调节

(1) 充分的复习准备

80%的人考试焦虑是由复习准备不充分引起的，因此牢固掌握知识是克服考试焦虑的根本途径。

(2) 正确评价自我，确立恰当的学业期望，培养自信心

正确对待考试结果，不以一次成败论英雄；过于担心、焦虑不仅于事无补，而且还会影响水平的正常发挥。

(3) 学会放松

放松有许多方法，我们介绍两种：第一种，首先，以舒服的姿势坐好，保持身体两边的平衡，然后，用鼻子深深地、慢慢地吸气，再用嘴巴慢慢地吐出来，最后，想象身体各部位的放松，放松的先后顺序为脚、双腿、背部、颈、手心。第二种，是想象放松技术。可以放轻音乐，自己想象在轻柔的海滩上，暖暖的阳光照在身上，赤脚走在海滩上，海风轻轻吹拂，听海浪拍打海岸，将头脑放空，达到放松的目的。

(4) 开展考前心理辅导

对一些敏感、焦虑、抗挫折能力差、有心理障碍的学生在考试前进行有针对性地心理

辅导以缓解其心理压力；对考试高度焦虑的学生进行集体辅导，使学生客观地认识自己，提高心理素质，增强自我心理调整能力，提高考试技巧，有效地化解外来压力，发挥出应有的水平。

(三) 学习与记忆的心理策略

心理学的研究虽然不会告诉你如何拥有超人的记忆力，但是可以帮助你掌握记忆的一些规律和技巧，提高自己的学习效率。

1. 策略一：充分利用记忆规律

遗忘是记忆的天敌，克服遗忘是提高记忆力的有效途径。德国著名心理学家艾宾浩斯的研究发现了"先快后慢"的遗忘规律：在记忆后的最初阶段，遗忘的速度非常快，后来就逐渐减慢了，到了相当长的时间后，几乎就不再遗忘了。所以，在初次记忆后，及时的复习，可以大大减少遗忘的数量，使记忆更牢固。

2. 策略二：近因效应与首因效应

在识记一系列材料时，最初识记和最后识记材料的记忆效果最好，而中间材料的记忆效果最差。所以在复习时，把重要的知识放在最初或者最后复习，学习效果更好。

3. 策略三：学会过度学习

过度学习是指超过刚能背诵程度之后的重复学习，以达到最佳的记忆效果。当然也要清楚"过犹不及"的道理，过度学习也是要有一个限度的。研究表明，过度学习达到150%时效果最好，例如，识记某一材料六遍刚好记住时，那么最好再多读两三遍，但是，如果超过这个度，就会引起疲劳、注意力分散等不良效果。

4. 策略四：学会意义识记

面对大量的记忆信息，一味的机械记忆效果很差，如果赋予材料一定的意义，记忆效果会好。将材料自行组织，按门分类，加上合理的想象，有助于提高记忆力。

5. 策略五：学会巧记

巧记是在理解基础上的识记。巧记的方法有很多，有图表记忆法、概括记忆法、系统记忆法、提纲记忆法、规律记忆法、归类记忆法、比较记忆法、梗概记忆法等。

6. 策略六：学会强记

在记忆一些无意义的材料，如年代、人名、地名、数据、公式等材料时，需要强记。强记不等于死记硬背。强记往往是通过一定的联想或把识记材料与其他对象联系起来加以记忆，即人为地找出一些外部联系起来强化记忆，以加深对识记材料印象的方法。常用的强记方法有：特征记忆法、谐音记忆法、类似联想记忆法、形象记忆法、口诀记忆法、对比记忆法、等距记忆法、趣味记忆法等。

(四) 考试作弊的防治策略

(1) 从根本上杜绝作弊，从源头治理就是提高大学生内在学习动机。内在学习动机不足与匮乏是大学生考试作弊的深层动因。从心理健康的角度，提高大学生学习的积极性、主动性，激发其内在学习动机是防治作弊的核心手段。

(2) 切实转变教育体制与教育观念，逐步建立以教师为主导、学生为主体的教学模式，变传授知识为知识创新，强化教师的人格影响力。博学敬业、严谨求实的教师必然会对学生心灵产生巨大的震撼力；与此相关，教学方法的改革、教学手段的改进以及考试制度的相应变革势在必行，由单一的考试向考查学生综合运用知识与创造性运用知识转变，有的课程可以实行课程论文、单独考试、考查等。这也包括衡量学生个性教育的开展与完善，不用一种固定不变的“好学生”标准衡量学生，真正将学生从沉重的考试中解放出来。

(3) 加强学风建设，良好学风对学生成才起着潜移默化的作用；营造积极向上的良好氛围，帮助学生确立正确的学习观，正确对待考试与荣誉，增强学生的自信心；学风好的班级学生作弊的可能性较小，反之，则大。

“我们的考场，我们做主”——无人监考悄然兴起

本学期全校期末考试开始了，但南京中医药大学护理学院 2009 涉外护理班的考场内却没有监考老师，同学们都自觉地在埋头答题。当考试结束的铃声响起，60 名学生安静地离开座位，并且向放在讲台上的意见箱内投入一张纸条后从容地走出教室。这张纸条是每一位学生对刚刚结束的无人监考考试的意见，上面填写在本场考试中是否发现有人作弊，是否同意下一场考试继续实行无人监考等情况。其后，班主任向全班公布结果，根据学生填写的意见，决定下一场考试是否继续实行无人监考。尊重每一位学生，相互监督、共同决定集体行为的方式，充分展现了“我们的考场，我们做主”的理念，大大激发了学生自主学习的意识，培植大学生内心的价值需求，实现他律向自律的转变。

2009 涉外护理班继去年成功实行无人监考后，本学期全班同学再次自觉地向学校申请无人监考。无人监考使同学们感受到一种信任、一种尊重和一种荣誉，他们诚实地面对自己，守住了内心的一份坚持，用实际行动践行自己的诺言，向自己交出一份诚信满分的答卷。他们向全校同学发出倡议，倡议全校同学加入到“诚信考试、诚实做人”的行列中来。

(以上引自：http://www.39kf.com/education/college/njutcm/2012-06-29-821188.shtml)

三、成长体验活动

活动主题：头脑风暴

活动目标：培养学生创造性思维，激发学生的学习动机。

活动时间：30 分钟

活动人数：每组 8 人

活动要求：每组推选一位组长，就老师给出的题目，想出尽可能多的答案。

题目：

1. 有两个房间，其中一个房间有三盏灯，另外一个房间有控制这三盏灯的三个开关，但是这两个房间是分开的，毫无联系。现在要求你每个房间只能进一次，判断出这三盏灯

分别是由哪个开关控制的。许多人拿到题目，都想通过灯的明灭来判断开关，但是很少人想到其他的方法。

2. 五个海盗抢得100枚金币后，讨论如何进行公正分配。他们商定的分配原则是：

(1) 抽签确定各人的分配顺序号码(1,2,3,4,5)；

(2) 由抽到1号签的海盗提出分配方案，然后5人进行表决，如果方案得到超过半数的人同意，就按照他的方案进行分配，否则就将1号扔进大海喂鲨鱼；

(3) 如果1号被扔进大海，则由2号提出分配方案，然后由剩余的4人进行表决，当且仅当超过半数的人同意时，才会按照他的提案进行分配，否则也将被扔入大海；

(4) 依此类推。

这里假设每一个海盗都是绝顶聪明而理性，他们都能够进行严密的逻辑推理，并能很理智地判断自身的得失，即能够在保住性命的前提下得到最多的金币。同时还假设每一轮表决后的结果都能顺利得到执行，那么抽到1号的海盗应该提出怎样的分配方案才能使自己既不被扔进海里，又可以得到更多的金币呢？

3. 你是本公司的业务员。一天，你载着装有一箱过期面包的可口可乐车正要把面包送去郊外销毁，这时候遇到一群需要食物的饥民，而面包不会影响他们身体，这时候又恰好有记者，如果你是司机，应该怎么办？要保证饥民可以有食物，又不能让记者报道可口可乐给人吃过期面包。

延伸阅读

哈佛大学图书馆的二十条训言

1. 此刻打盹，你将做梦；而此刻学习，你将圆梦。(This moment will nap, you will have a dream; but this moment study, you will interpret a dream.)

2. 我荒废的今日，正是昨日殒身之人祈求的明日。(I leave uncultivated today, was precisely yesterday perishes tomorrow which person of the body implored.)

3. 觉得为时已晚的时候，恰恰是最早的时候。(Thought is already is late, exactly is the earliest time.)

4. 勿将今日之事拖到明日。(Not matter of the today will drag tomorrow.)

5. 学习时的苦痛是暂时的，未学到的痛苦是终生的。(Time the study pain is temporary, has not learned the pain is life-long.)

6. 学习这件事，不是缺乏时间，而是缺乏努力。(Studies this matter, lacks the time, but is lacks diligently.)

7. 幸福或许不排名次，但成功必排名次。(Perhaps happiness does not arrange the position, but succeeds must arrange the position.)

8. 学习并不是人生的全部。但既然连人生的一部分——学习也无法征服，还能做什么呢？(The study certainly is not the life complete. But, since continually life part of-studies also is unable to conquer, what but also can make?)

9. 请享受无法回避的痛苦。(Please enjoy the pain which is unable to avoid.)

10. 只有比别人更早、更勤奋地努力,才能尝到成功的滋味。(Only has compared to the others early, diligently, can feel the successful taste.)

11. 谁也不能随随便便成功,它来自彻底的自我管理和毅力。(Nobody can casually succeed, it comes from the thorough self-control and the will.)

12. 时间在流逝。(The time is passing.)

13. 现在流的口水,将成为明天的眼泪。(Now drips the saliva, will become tomorrow the tear.)

14. 狗一样地学,绅士一样地玩。(The dog equally study, the gentleman equally plays.)

15. 今天不走,明天要跑。(Today does not walk, will have to run tomorrow.)

16. 投资未来的人是忠于现实的人。(The investment future person will be, will be loyal to the reality person.)

17. 教育程度代表收入。(The education level represents the income.)

18. 一天过完,不会再来。(one day, has not been able again to come.)

19. 即使现在,对手也不停地翻动书页。(Even if the present, the match does not stop changes the page.)

20. 没有艰辛,便无所得。(Has not been difficult, then does not have attains.)

第四章　人际心理

——你好、我好、大家好

有个人遇到一位天使，天使说："来，我带你到天堂和地狱看看。"那个人高高兴兴随着天使去了。首先，他来到地狱参观，正好到了吃饭时间，中间是一排长长的桌子，两边坐满了人，拿的筷子都有一公尺长，才喊一声"开动"，两边的人争先恐后的夹起菜想要往自己的嘴里送，然而由于筷子太长了，到了中间，筷子就打起架来；大家互不相让，打得头破血流，菜掉满了一地，结果是谁也吃不成。那个人看得兴味索然，对天使说："我们还是到天堂看看吧"。他于是跟着天使来到天堂。此时也是开饭时间，奇怪的是，桌子还是那些桌子，筷子还是那些筷子，两边还是坐满了人。结果随着一声"开动"，大家都夹起菜往对方的口里送。有一个人缘好的，好几双筷子都夹到他的嘴边，他还在说："慢慢来、慢慢来。"那个人恍然大悟，原来天堂与地狱在自己一念之间，一念为己，是地狱；为别人，是天堂。

第一节　人际心理概述

有人曾思考过这样一个问题：人是生活在什么"中间"的？经过思考，他得出结论：人是生活在"三间"之中的。第一，人是生活在"时间"之中的，所以，人希望自己的生命尽可能长，"自信人生二百年"；第二，人是生活在"空间"之中的，所以人的活动范围应尽可能的广，"踏遍青山人未老"；第三，人是生活在"人间"之中的，如果按每人每天睡眠 8 小时计算，其余时间的 70%（约 10～11 小时）都处在相互交往中。而一个人事业的成功，只有 15%是由于他的专业技术，另外的 85%主要靠人际关系和处世的技巧。

一、人际交往的含义

所谓人际交往，是指人们在社会实践中形成的人与人之间相互发生作用的关系，即在一定的社会关系制约下，人与人在交流、联系、活动中形成的心理距离和心理关系。典型的人际关系包括亲属关系、朋友关系、同学关系、师生关系等。人际交往是人类社会特有的现象。

二、人际交往的功能

有人富有诗意地说，交往是“人类唯一的豪华”。从人类社会的最初开始，社会交往就发挥着协调人与人之间的行动和满足个体间心理接触需要的重要作用。良好的人际交往对于个体的健康成长和良好心理品质的形成有重要作用。人际交往具有如下功能：

（一）传递信息、交流信息

这是人际交往最基本的功能。爱尔兰作家萧伯纳曾讲过一段名言：“倘若你手中有一个苹果，我手中有一个苹果，彼此交换一下，你我手中还是一个苹果。倘若你有一种思想，我有一种思想，彼此交换一下，那么，你我就各有两种思想了。”人们在共同的交往活动中，彼此交流思想、知识、经验、情感等，这一切都是信息交流，而人际交往就是一个不断输出信息和接受信息的过程。很多有识之士都十分重视人际交往中的信息传递。著名物理学家杨振宁、李政道就是在一次午餐会闲聊时产生了灵感，打破了宇宙守恒定律，获得诺贝尔物理学奖。

（二）提高学习、工作效率

人际关系是在群体交往过程中实现的。群体内人际关系的好坏对学习、工作均有很大的影响。群体内各个成员之间如果能相互沟通、理解、体谅、信任、支持，就会形成一种相容的心理气氛，使各个成员不但会产生满意、愉快的情绪体验，而且会以最小的能量消耗，产生最大的成绩，更多地发挥各个成员的聪明才智，达到事半功倍的效果；相反人际关系紧张、冲突，既消耗了人们宝贵的时间又使人精神不愉快，处于苦恼之中，影响人们的工作、学习和生活。

（三）促进人的身心健康

我国医学心理学家丁瓒说过：“人类心理的适应，最主要的就是对人际关系的适应，所以人类心理的病态，主要是由于人与人之间关系的失调。”我们通过与同伴交往表露各自的喜怒哀乐，进行情感交流，使自己能为别人所接受、理解、关心和喜爱。尤其是亲密的交往，使人感到自己有朋友，有可以依恋的人，得到心灵上的慰藉；如果缺少人际交往，喜怒哀乐等情感无处宣泄，会导致心理上缺乏安全感和归属感。孤独、落落寡欢的人常常有更多的烦恼和难以排遣的苦闷。情感上的孤寂、惆怅、空虚，久而久之会成为各种疾病的催化剂，削弱人的抗病能力，使正常生理机能减退，并且削弱神经系统的工作能力，导致心理障碍。现代医学表明，胃病、高血压、头痛、消化道溃疡等疾病，往往与人的情绪有关。我们常常可见到刚从工作岗位退下来的老职工生活内容骤然变化，人际交往频率下降，缺乏信息刺激，容易罹患各种身心疾病。因此，正常的人际交往是身心两方面健康的基本保证。人际关系良好的人，能为别人所接受、理解，也能用信任、友爱、宽容的态度与人相处。

(四) 促进个人的社会化

每个人的社会化进程自出生就开始了。我们在接受父母提供的衣食、抚爱、关怀的同时，也接受父母及周围其他人的影响，使自己的行为适合周围环境的需要，所以人际交往是个人社会化的起点；到青春期以后，同伴的影响可能超过父母和教师的影响，因为同伴关系是一种地位平等的关系。如果说家庭是使人社会化的第一场所，那么可以说同伴交往是第二个场所。在与人的交往中，我们积累了社会生活经验，逐步摆脱了以自我为中心的倾向，意识到了他人和社会的存在，意识到了自我在社会中的地位和责任，学会了与人平等相处和进行竞争，养成了遵守法律和道德规范的习惯，从而自立于社会，取得社会认可，成为一个成熟的、社会化的人。

(五) 获得经验与知识

在与他人的交往中，随时可吸取对自己的工作、学习和生活有意义、有价值的知识经验，取长补短。以学习为正业的大学生尤其需要借助各种直接与间接的交往，来增长知识，开阔视野。各高校的大学生通常来自不同社区，具有不同的家庭背景和不同的个人经历，在交往中大家可以沟通信息，实现相互之间经验与知识的互补。

(六) 促进事业成功

随着社会的发展，知识和信息变得日益重要。是否善于同他人交往与合作，已经越来越成为影响个人事业成败的重要因素。那些习惯独来独往，自我封闭，自我孤立的人，注定是缺乏力量的。一个人的能力是有限的，这就需要把各人的知识、专长和经验融合在一起，通过分工协作，取得成功。同时，在交往合作中，一个人的能力、才华、品格得以充分表现，从而获得社会的承认，并达成在社会和群体中实现自我的价值。

三、人际交往中的心理效应

社会心理学的研究发现，人际知觉中的习惯性表现对我们的人际交往有很多影响。

(一) 首因效应

在人际交往活动中，人们一般会很重视开始接触到的信息(包括容貌、语言、神态等)，至于后面的信息就显得不是那么重要了，这种心理称之为首因效应。首因效应启迪我们一方面要给他人留下良好的第一印象，另一方面又要在以后的交往中纠正对他人第一印象的不全面的认识。

(二) 近因效应

近因效应是指最近一次交往的印象对我们的认识所产生的影响。最近一次交往留下的印象，往往是最深刻的印象。一般而言，熟人之间的交往受近因效应的影响较大，因此我们平时应该注意给人留下良好的最近印象。

（三）光环效应

光环效应又称晕轮效应，是指在交往的过程中，我们往往会从对方的某个优点而泛化到其他有关方面，由不全面的信息而形成完整的印象。光环效应往往对恋爱的双方起更明显的作用，正所谓“情人眼里出西施”。

（四）投射效应

投射效应是指在交往的过程中，我们总是假设他人和自己有相同的倾向，即把自己的特性投射到他人身上，从而形成对他人的印象。有时候，我们对他人的猜测，无形中透露的正是自己。所以，我们应该以大度之心来看待别人，不要以小人之心度君子之腹。

（五）刻板效应

刻板效应是社会上对于某一类事物或人物的一种比较固定、概括而笼统的看法。在人际交往中，我们有时会把对某一类人物的整体看法强加到该类的每一个个体上而忽视了个体特征。刻板效应有利于总体评价，但对个体评价会产生偏差。比如，农村籍同学认为城市籍同学见识广，而城市来的同学认为农村来的同学见识狭隘。

四、大学生人际交往的特点

从交往心理看，大学生的交往呈现多元和开放的格局。青年大学生思想活跃、精力充沛、兴趣广泛、活泼好动，与其他年龄段的人相比，人际交往表现出独有的特征。

（一）交往的迫切性

群体的生活环境、积极乐观的年龄特征使大学生特别渴望和别人建立良好的人际关系。而他们对人际关系的追求往往带有理想的色彩，无论对于同学还是师长，经常以理想的标准要求对方，希望交往不带任何杂质，而一旦发现对方某些不好的品质时，就会感到失望而结束彼此的关系。同时，大学生的人际挫折感较强，担心在交往中受到拒绝和伤害，因此会更怀念中学阶段的挚友，表现出自我封闭而不愿意建立新的人际关系。

（二）异性交往增多

大学生处于生理成熟期，也是性成熟期，随着性意识的形成，有着强烈的与异性间交往的愿望。异性交往对大学生而言是一个很敏感的话题，大学生时常无法分清楚友情和爱情的界限，会把人际交往中的好感和喜欢误认为爱情，给自己带来很多苦恼。在现实交往中，大学生由于经验不足，且对婚姻恋爱问题认识不够深刻，会凭一时感情冲动，导致异性间交往的失败，甚至给交往双方带来伤害。

（三）交往范围扩大

人际交往的范围从同寝室、同班级，发展到同校、外校等可能认识的同学，而学生社团在人际交往中的影响力在逐渐增大。社团中举办的各种多姿多彩的校园活动和社会活动，让大学生们在活动中既扩大了交往范围，同时也增加了交往的密度，有助于他们交往能力的提高。

(四) 交往途径多样

近几年来，随着社会发展，互联网成为大学生人际交往的途径之一。大学宽松自由的时间比较多，网络不仅是他们的学习工具之一，更是他们娱乐休息时与人交往的重要手段。他们通过网络上的QQ、MSN、微博等方式实现一对一或一对多等方式交流。除了互联网，手机、固定电话、传真等也成了交往的手段。这种交往途径的多样性，为大学生创造了更多相互接触的机会，增加了社会交往的可能性。

五、大学生人际交往的影响因素

(一) 时空邻近性

邻近性是指如果其他条件相同，人们在时空上越接近，双方交往和接触的机会就越多，彼此间就越易形成密切的人际关系。俗语说，远亲不如近邻。这说明时空距离是形成密切的人际关系的一个重要条件。

(二) 态度相似性

所谓相似性，包括年龄、学历、兴趣、爱好、态度、地域等方面的类似性或者共同性。具有上述某方面相似性的人容易成为朋友，建立密切关系，其中特别是态度的相似性。俗语说"物以类聚，人以群分"。人与人若有共同的态度与价值观，不但容易获得对方的支持与共鸣，同时也容易预测对方的感情与反应倾向，在交往过程中彼此容易适应，从而建立良好的人际关系。

(三) 需求互补性

所谓互补是指人的个性表面的差异，由内在的共同的观点或看法来弥补。互补实际上是一种主观的需要或动机。有时两个性格不相同的人相处很好，并成为好朋友，这就是由于双方都知道自己的长处和短处，都想利用对方的长处来弥补自己的短处，这是一种心理上的需要。

(四) 个人因素

大学生的个体能力、性格、品德等个性特征，是构成人际吸引的重要因素。心理学家奥尔波特经过研究发现，人际吸引力最重要的成分是人的内在属性，如涵养、幽默、礼貌等；其次是形体的特点；爱美之心，人皆有之。一个人的长相、穿着、仪表、容貌、体态，往往是构成人际吸引力的重要因素，特别是在初次交往第一印象中。大学生比较崇拜和羡慕有真才实学的人。一般说来，一个人的才能出众或有某方面的特长，对别人就有一种吸引力。

第二节　人际交往中常见心理案例

让你一个人待在一个空荡荡的房间，没有任何人和你交往，也没有电话和网络等联系工具，你能够待多长时间？心理学有实验表明，一个人最多待不到10天，最短的只有几分钟。人际交往构成了人生的主要内容，个人是在复杂的人际交往中不断成长与发展的；事业成功、生活幸福也是以人际交往的成功为前提的，人际交往的成败对人的影响超出了人们的想象。对于处于自我意识形成关键期的大学生而言，人际交往有更加重要的意义。在人际交往当中可以获得安全感的满足，情感的需要，让我们更加适应生活和社会。

人际交往是大学生人生发展课堂上的一门必修课。通过这节的学习，我们将要学会如何与人相处。

一、宿舍关系

大学时代你了解最深的、关系最融洽的或最令人头疼的、最丰富而又难以忘怀的——总之，各种最繁复的人际交往，莫过于室友相处。

情景再现1：生活习惯要规范

我们宿舍的同学相处得挺好，可是大家的生活习惯不太一样。有的同学睡得比较晚，她们或者上网，或者与同学闲聊，而自己是个特别喜欢安静的人，别人发出一点点声响都会吵得自己睡不着。很多时候我都会躺着半天而不能入睡，每天一直要等到她们也睡觉了才行，但我又习惯早起。这样我每天都是昏沉沉的，影响了自己学习的效率。

【案例解析】　个体的一切在时空充分接近的宿舍里显现出来，从而使宿舍成员之间不可避免地产生矛盾和紧张。例如，迟睡或早睡的学生与入睡困难的学生之间；乱放杂物的学生与很爱整洁的学生之间；要午休与不午休的学生之间；住上下铺的学生之间等。宿舍成员由于时空的接近，自觉或不自觉的显露出自己真实的思想和个性。所以，室友相处往往是初进大学时非常友好，随着时间的延续，一些大大小小的冲突乃至同室操戈的事情也时有发生。

在共同的生活空间内，宿舍成员之间提前制定宿舍礼仪规范很重要，否则可能会因为生活习惯中的小差异引发人际关系的大矛盾。例如：在没有熄灯制度的寝室经常是晚睡的一方动静太大，影响了正常休息的同学；而为了报复自己头天晚上受到的“不公平待遇”，有些同学第二天起床时会故意将脸盆、凳子弄得乒乓响。宿舍集体生活伊始，成员们可共同制定统一的宿舍礼仪规范。只有大家协调一致、共同遵守，才能减少争执，消除摩擦，维持正常的生活秩序。

1. 协商作息时间

(1) 宿舍的全体成员应当尽量统一起居时间，减小作息差距。

(2) 如果宿舍的某些人爱彻夜卧谈,影响了大家的休息,直接提意见制止他们难以奏效,那么相应地调节自己的作息,如可以推迟上床的时间或听听音乐等。

(3) 给他/她直接提意见,但注意不可当着众人的面,以免使对方难堪。

(4) 如果你是"夜猫子",可以和舍友一起提前洗漱,待他们休息后,尽量减少声音和灯光对舍友的影响。

(5) 如果有人违反了作息制度,可以安排他/她打扫宿舍卫生3天。

2. 规范卫生值日制度及奖惩制度

只有提前规范宿舍卫生值日制度,才能营造干净整洁的宿舍环境。对于没有履行值日义务的舍友,我们可以进行如下适当的"惩罚"。

(1) 罚扫地一个星期。

(2) 交一定数额的罚款,作为寝室费,以备买公共物品之需。

(3) 在宿舍讨论会上,对这一星期的卫生情况进行总结,大家公开说出不满和需要改进的地方并进行自我教育和反省。

(4) 交流的时候一定要注意方式方法,在彼此尊重的前提下给对方一点时间,毕竟坏习惯的养成不是一天两天的,同样习惯的改变也不是一朝一夕的事情。

3. 提前约定有关金钱的事项

一个宿舍里面相处,免不了要买一些公用的东西,如扫帚、拖把等,也免不了会有一些集体的活动,这个时候就会涉及金钱。也许有些同学家庭条件不错,对于金钱上的事情不是很在意,但是这会无形之中给某些同学造成心理上的压力,于是,就很有必要提前做出约定。对于宿舍的公用事项,大家约定好每人上交多少钱作为公用基金,由谁来管理,又由谁来监督。这样也就避免了每次要花钱的时候,再临时筹钱,出现一些混乱和不平均的现象。

宿舍里面的水电一般都是公用的,大家平摊,这个时候,又会涉及谁用得多,谁用得少的问题。原则上,自然是多用的人多交钱,少用的少交钱。但是在实际生活中,经常会有同学多用了而少交,这往往会引起其他同学的不满,所以,也很有必要提前做出约定,以防止出现不公平的现象。

情景再现2:这是我的小秘密

小戴性格大大咧咧,平常说话做事比较随便,需要借室友的东西也经常是不管对方在不在,自己直接拿了。有一天,小戴看到室友新买的书籍,正是自己想买的,所以未征得室友同意,随手拿来阅读起来。哪知道这书中夹着一封情书,因为好奇心,小戴翻看起来。结果这一幕正好被刚从外面回来的室友撞见,两人因此闹起了矛盾。

【案例解析】 彼此相互尊重,是良好人际交往的重要因素。尊重不仅仅要尊重交往对象的人格、爱好与习惯,尤其要尊重他人的个人隐私,无论人与人之间的关系多么亲密,都有不愿意暴露的领域,因此绝不可以因为关系亲密而任意侵犯对方的个人隐私。中国社会长期人际之间没有心理疆界,并某种程度上把毫无保留地公开当作是良好关系的表现,有些同学习惯与用隐私暴露的多少来衡量两人关系的亲密程度。但随着社会的进步,越来越多的人更注重个人隐私的保护,而是否尊重别人的隐私也成为衡量一个人社会公德的重要标准。

因此，与室友的相处中要注意：① 未经同意，不可擅自乱翻其物品，不要随随便便，以为是熟人就忽略了细节。② 同住一个宿舍，难免会知道舍友的某些隐私，我们要守口如瓶，告诉他人不仅是对舍友的不尊重，也是不道德的。每个人都有自己的秘密，对于舍友不愿公开的事情，不要去打探。

二、朋友关系

朋友关系是大学生除宿舍交往以外，面对最多的人际关系。朋友关系超越了同学关系或者宿舍关系。朋友可以是同性朋友，也可以是异性朋友。大学生的朋友关系是那些有共同志向、兴趣、爱好，关键时候可以提供更大更切实帮助的个体之间的关系。朋友关系是一种比较密切的人际关系，对个体的影响可以超过家长或教师的作用。

情景再现 3：好想有个知心朋友

小飞是个成绩优秀的学生，平时表现也很积极，还是班里的学生干部，工作也做得比较好。自己认为认识的人挺多的，但就是没有交心的好朋友。尤其是到了节假日或者周末，发现别人都有好朋友可以一起出去旅游、逛街、玩游戏什么的，但是却没有人会叫上他或者他可以找到人陪，这让他觉得很难过。

【案例解析】 培根曾经说过："没有真挚朋友的人，是真正孤独的人。"的确，拥有一个知心朋友，你将拥有两份快乐，免去一半的忧愁。在大学里，找不到知心朋友的学生不在少数。其实，没有知心朋友很可能是自己造成的，如瞧不起别人，认为别人达不到做知心好友的要求，放不下架子，不愿意与人深交；有的同学则因为自卑，本来别人对他很好，他的心理感受却觉得别人不可能对他好，所以不敢敞开心扉，把心交给别人，也拒绝了别人的真心。

情景再现 4：适当的人际距离

小雨和小珊住同一个宿舍，关系好，常形影不离。一段时间后，小珊找到了男朋友，尽管小珊很注意地处理好朋友和恋人之间的关系，但因为和男友约会，与小雨相处的时间较以前减少了。依赖心理比较强的小雨没有男友，常常渴望好友的陪伴，希望俩人一如既往地形影不离，对小珊的"重色轻友"很烦恼。小珊也因为需要一些个人空间，对小雨的黏人行为，也感到苦恼。因此两人之间的距离开始拉远。

【案例解析】 心理学家霍尔研究发现，人际关系中恰当的人际距离可以分为四类：亲密距离（如父母、子女，恋人、夫妻）为 0.5 米以内；朋友距离为 0.5～1.2 米；社会距离为 1.2～3.7 米；公众距离为 3.7 米以上。而在大学里，一个寝室住 4～8 个人，睡的是上下床，相互间的距离大多在 1 米以内——客观环境使人非得密切交往不可，这使大学人际关系带上了一定的特殊性。从相伴上课到生活互助及至心灵交流，彼此之间很容易产生深厚的友情。然而，每个人对个人空间的需求不同，在人际交往对人际距离的要求也不一样。

当我们远离父母的时候，往往会迫切的希望能同某个或者某些同学建立起亲密的、安全的关系，因为时空的接近性，我们往往会跟宿舍的同学交往比较多。但是，如果我们与同宿舍的同学过于亲近，无论干什么都在一起，并不利于建立和谐的宿舍关系。

“距离产生美”。两只刺猬由于寒冷拥在一起，可由于身上的刺不能“亲密接触”，只好离开些距离，但由于寒冷禁不住又凑到一起，因为满身的刺又分开。这样反复多次，最终双方选择了一个合适的距离：既可以不刺到对方，又可以互相取暖。像刺猬一样保持合适距离，我们才能相互“取暖”而不刺伤对方。

那么，我们应该怎样设立朋友的边界呢？

(1) 信任——相信友谊的积极价值。对多数人而言，友谊带来的安全感会支撑自己面对更大的社会风险。

(2) 预期——行为表现与心理期待之间的距离不能过大。不要对朋友做出过高期待的表示，也不要因为面子而附和别人高期待的表示。

(3) 距离——如果不了解对方的期待，就要保持行为上善意的距离。

(4) 真实——自我的表达要真实、连贯，以便于别人期待和回应。

(5) 调整——友谊的边界可以是发展变化的，要勇于相互调整，修正原来的自我。

三、师生关系

师生关系是大学生人际交往的主要关系之一，是学校人际关系的重要内容。大学教师着重培养学生的系统学习能力、自立能力和独立思考能力，双方交往主要发生在课堂上，课下也多与专业学习有关。相对于同学交往来说，师生交往显得比较淡薄，相互沟通少。所以，尽管师生关系比较重要，但在大学生的人际关系中并不占有很突出的位置。

> 情景再现5：不一样的师生关系
>
> 在跟父母的电话里，小磊告诉父母：“大学里的老师不容易见到呢，一个辅导员管着好几百号人，开学这么长时间了，我也只在新生的集体大会上见过我们的辅导员。班主任也就开学给我们开了一次班会，就再也不管我们了。专业课老师，都是上课了来，下课就夹着书走了，上课也很少点名；老师只管自己讲自己的，也不管下面的学生听不听。这都两个月过去了，他恐怕根本就不认识我们中的任何一个人。我们现在是谁都不管，像被放养的一群羊了。”

【案例解析】 在我国，大学生与任课教师常常是一种保持相当距离的“尊师”或保留“平等”的一种关系。许多大学生与教师的主动交往常常是有限的。大学里的师生关系除班主任、辅导员和少数专业教师外，一般只是单纯的教学关系。教师上课来，下课走，其余时间很少与学生见面。一门课学完了许多学生叫不出教师的名字，教师也叫不出学生的名字，这样的现象可以说是司空见惯了。我们会感到这里远不如中小学师生关系那么亲密。一方面，由于教师面对的学生数量多，时间短，有时半年上完了一门课，就很少有机会再接触了；另一方面，是双方都不够主动地去促进交往。其实，如果我们更主动一些，会发现老师们往往比想象的容易接近，多数教师愿意同学生讨论自己所教的课程，并会使我们从中受益。

大学阶段，大学老师以成人的标准看待学生，让学生独立自主，着重培养学生的自学能力，对学生较少管制，大部分时间都是靠学生的自觉性；同时，大学老师不可能每天和学生待在一起，因此他们与学生的心理距离可能没有中学老师与学生的心理距离那么近，师生关系相对显得松散。但师生之间相容程度高，很容易建立一种良师益友的人际关系，因此大学生可以主动和教师交往。在大学里，学生要开始学习自我管理、自我教育，为将来进入社会，独立承担社会责任打下基础。因此，学生要摒弃中学时候养成的对教师的依赖心理，学会自我管理、自我教育。教师是大学生成长过程中的引导者，而不是主导者，主动权还是握在大学生手里。

四、亲子关系

亲子之间的交往带有浓厚的感情色彩。大学生已进入青春发育晚期，这是心理断乳的关键期。心理断乳意味着个人离开父母的监护，摆脱对成人的依赖，成为一个独立的人。当大学生的心理断乳尚未完成时，仍与父母有着千丝万缕的联系。尽管多数大学生已离开父母赴异地上大学，或同城住校，都较少与父母接触，但这只是表面上的自立，父母的教养方式仍旧时时影响着大学生的发展。

情景再现 6：爸爸妈妈，我已经长大了

小蕾问小菲："你好像有两个星期没有和你爸妈通电话了吧，你不想他们吗？"小菲不屑地看着小蕾："我才不像你呢，每天抱着电话，早汇报，晚请示的，连买个鞋子都要咨询下你妈，你都多大的人了。我的青春我做主，知道么？"小蕾不可思议地看着小菲："从小到大，都是我爸妈给我打理的，连我考这个学校，将来的工作，他们也都给安排好了。他们要是不管我，我都不知道该怎么办？"小菲摇摇头："我爸妈一直不怎么管我，他们一直都很忙，就负责给我学费生活费，我想干什么，我自己能决定，我也不喜欢他们干涉我，等我缺钱了，我再给他们打电话。"

【案例解析】 大学生离开父母独自生活后，亲子交往的内容多局限在生活和经济方面，在学习和思想等方面则缺少交往的主动性。当代大学生与父母的交往呈现多种特点，一方面，现在绝大部分大学生都是独生子女，部分学生长期生活在父母的宠爱之下，养成了处处依赖父母的习惯，就是上了大学，成年了，依然没有心理断乳；另一方面，有部分学生因为父母忙于工作，与父母情感交流较少，更多的是经济上的联系。实际上，大学生正处在成才的过程中，更需要父母在政治思想、道德品质、人生观及学习等方面的关心和指导，在感情生活方面渴望不断得到家庭的温暖。

从家庭中走出，尝试独立，经历心理上断乳的我们，与同龄人的交往上升到了主要地位，但一般在经济上仍依赖父母。一些大学生"情书长，家书短"的现象是这一矛盾心态的极端表现，如有的大学生的家书干脆就是一张"催款单"。事实上，真正的成熟与独立绝不意味着对父母和家庭的冷漠，而是在摆脱心理上依赖的同时，懂得对父母报以理解、尊重和关切，并懂得以适当的方式处理两代人之间可能存在的矛盾。

1. 策略一：理性处理代沟问题

据抽样调查，占总数96.4%的大学生承认在两代人之间存在矛盾，其中96.78%认为属于一般矛盾，3.22%认为属于尖锐矛盾；84.9%认为可以缓和，15.1%认为不能缓和。科技的飞速发展，大学生掌握着最新的科技文化资讯，生活习惯、价值理念与父辈有了较大的差异，这些都造成了代际之间交流的障碍。"树欲静而风不止，子欲养而亲不待"，学生应珍惜与父母相处的每一时刻。这需要大学生理解父母在其成长过程所形成的各种价值理念，尊重理解他们的生活习惯、行为表现，要寻找到与父母有效沟通的最佳方式。事实上，在相互尊重、信任的基础上而形成的亲子关系，可以使子女从家长丰富的阅历，深厚的知识功底，沉稳练达的处事方法中汲取营养。

2. 策略二：增强独立能力，顺利渡过心理断乳期

"家永远是我们最温暖的港湾"，亲人关系是永远无法割舍的关系，即使在代际交流存在越来越多障碍的今天，父母依然会是我们遇到困难后最有力的支持力量。因此，在大学生不断成熟的过程中，我们把父母当作可以依靠的坚强后盾，要勇敢地走出去，闯荡自己的天下，增强独立自主的能力，承担自己的一份社会责任感，顺利渡过心理断乳期，也为将来反哺父母的养育之恩做好准备。

第三节　人际交往心理自测

各种各样的心理测试是了解自我的一种行之有效的科学手段。下面几个测试可以帮助你更加清晰地了解自己的心理状况，请按照内心的真实情况作答。

心理健康自测(一)

宿舍人际关系测试

指导语：宿舍是我家，和谐靠大家。和谐的宿舍人际，可以帮助我们顺利地完成大学的学业，让我们在大学时代有更大的进步。下面是一个测试，可以检验出你的宿舍人际关系，请在符合你宿舍的情况后面打"√"。

1. 宿舍里常常发生联手排斥一个人的现象。（　）
2. 即使舍友们都在宿舍，也经常处于一种鸦雀无声的状态。（　）
3. 经常有作息时间争论战，比如何时关灯等。（　）
4. 有舍友的做法经常引起大家不满。（　）
5. 为了明哲保身，大家通常都不会指出某个舍友的错误做法。（　）
6. 宿舍分为三两小集团，集团之间互不理睬甚至有较大冲突。（　）
7. 有恃强凌弱现象，而且比较严重。（　）
8. 通常大家的做法都是"各家自扫门前雪"。（　）

评分与解释：

如果这 8 个选项你命中了 3 个，那么你的宿舍人际关系可能是有问题的，会对大家造成不良的影响，需要寻求改变。

（量表来源：宿舍里的酸涩情节 http://www.bisu.edu.cn/Item/31813.aspx）

心理健康自测(二)

你是哪种类型的朋友？

指导语：有些朋友能带来激情四射的谈话，而另一些朋友却忽略并轻视我们。我们与朋友的关系，取决于我们期待从友谊中得到什么。你是哪种类型的朋友？这里有 10 个题目帮助你找到答案。

1. 你在学校把大多数的午餐时间用于：

● 协助他人工作　■ 与朋友逛廉价商店

▲ 与伙伴一起谈笑　◆ 与最好的朋友深谈

2. 你常与朋友谈论：

◆ 哲学　■ 你的爱情生活　▲ 个人事件　● 工作

3. 你最好的朋友移民了，你将失去：

▲ 让你平静踏实的人　● 你社会生活的重心

◆ 你信赖的人　■ 你的右臂

4. 你的朋友做了让你不喜欢的事情，你会：

◆ 要求他们解释原因　▲ 告诉他们，你因此不开心

■ 不介意　● 停止与他们联系

5. 你将与朋友度周末：

■ 去最酷的酒吧

▲ 在朋友家聚会，烹饪美餐

● 去剧院或者参加其他活动

◆ 彻夜畅谈

6. 你与一位朋友两个月没见面了，你会：

◆ 他/她有自己的原因，相信你们最终会联系的

▲ 打电话给他/她，看发生了什么事情

● 不会很担心

■ 这不可能发生，你和你的朋友每天都在联系

7. 朋友与别人外出，你们很久没见面了，你会：

● 认为这可以理解，他们去做更有趣的事情了

◆ 不介意，很高兴你的朋友过得还不错

■ 感到失望，你希望他们也与你共度一些时光

▲ 为朋友高兴，但你也想念他/她

8. 你和朋友有哪些共同之处：

■ 几乎任何方面　● 你们的爱好　▲ 你们的幽默感　◆ 你们的世界观

9. 你最喜欢与下列哪一位做朋友：

▲ 有生活情趣的人　■ 幽默的人　◆ 激情的人　● 智慧、深刻的人

10. 如果你的朋友认为你有缺点,那会是:

● 怀疑朋友的真诚

■ 有点儿爱管闲事

▲ 总是期望朋友情绪很好

◆ 当朋友需要你时,你并不总是在他身边

评分与解释:

计算你的总分:(累加你所选的每个标志的次数)

●________　■________　◆________　▲________

你的得分说明了什么?

对于朋友,你能给予了什么?为什么他们寻求你的帮助,而不是找他人帮忙?看看你的测试结果,了解一下你自己是哪一种类型的朋友。

(1) 选●最多:你跟朋友保持一定的距离。

在友情上,你谨慎而保守,但是在你生活的不同方面有不同的好友。你通常是在诸如运动、艺术方面的活动中认识朋友。你们相处不错,并有相同的喜好(如参观展览、看电影、旅游……)

你与朋友的交流更多是在知识层面。事实上,你的朋友更像是你的熟人,你们定期见面,谈话却几乎不涉及个人隐私。如果你身处困境、担心某事或遇到难题,你不想对朋友吐露真情,或者需要很长一段时间来适应这么做。

你并不愿意与朋友关系太密切,害怕熟人成为朋友。这也可能因为你不敢轻信他人,会对别人设防。你竭力表现出友善,同时也保护自己不被别人伤害,也许是因为以前曾有朋友辜负了你,又也许因为曾经有人并非真心待你,而只是在利用你。

如果你觉得想跟某人进一步交往,就要学着去信任对方,并且告诉自己:他们对你好并非居心叵测。

(2) 选▲最多:你是团体的一部分,友谊使生活如此享受。

你交的朋友常认识很久,而且不管遭遇什么,始终跟随你。你们形成一个真诚的小团体,彼此保护、彼此关心。你们知道如何团结起来一起渡过困难时期。

你的朋友能使你平静踏实,你从不为朋友总在你左右而烦恼,他们有影响力、有乐趣,你们相处时有积极的力量,你们都理解共同相处时重要的是质量而不是数量。

你很喜欢和朋友碰面,也期盼有这样的机会出现。你近乎虔诚地等待这样的机会出现。每个朋友在你的生命中扮演着不同的角色,他们都很重要。大家相处融洽,因为你们对“第二家庭”互相尊重,并且感觉温馨。

朋友对你弥足珍贵,是你生命旅途中至关重要的一部分。你清楚友情是要分享的,自己必须用爱来浇灌友谊之树。

(3) 选◆最多:你会有所选择地交友。

真正的友谊罕见而独特。你对结交的对象精挑细选,因为你觉得宁可只拥有一位真正的朋友,也不想有一帮不能称其为朋友的熟人。

你觉得在与他们成为朋友之前,应当尊重对方。如果你尊重他们,你会希望更多了解

他们，了解他们在意什么，了解他们做事的动机。一旦与之确立友谊，关系将密切而历久不衰。

同时，你不喜欢给友谊太多束缚，从而限制其发展。相反，距离和时间的隔离不会改变你对朋友的感觉，或许这意味着你盼望他们更多的陪伴。

你很骄傲，这也使你的自我开放变得困难，你宁愿只向一个好朋友吐露心事。对你而言，两人之间既是好朋友，又按照自己的道路生活，是最完美的状态。

(4) 选■最多：你的朋友就像你的“第二家庭”。

朋友对你非常重要，你身边整天朋友云集，你跟大家分享几乎任何事情。就算是发生了一件极小的事，你也会在处理之前咨询他们的意见。对你来说，朋友就像是一条不可缺少的舒适的毛毯；重要的是有一群朋友，而不是其中的某个人。你希望大家一起交换最新的流言蜚语，整个团体一起行动，不想单独行事。

朋友为你提供了一个重要的人际网络。你有朋友数量的优势。一旦需要，他们便能提供帮助。他们稳定你的情绪，使你免于落单。因为落单正是你所恐惧的。

虽然跟朋友整天在一起有诸多好处，但是也存在风险。你可能丢掉自己的个性，或者因交往过密难以保持合理的距离。其危险性在于，你会成为朋友的附属品，不能从属于自己的时间里寻求乐趣。

所以，即使你是关系紧密的小集团中的一分子，也应尽力保持个性独立，并且谨记，你未必要事事与朋友分享，因为你以后可能会后悔自己曾经这么做。

（量表来源：中国社会科学院社会心理学　徐冰）

心理健康自测(三)

你和家庭的关系？

指导语：这个问卷是有关你对家庭生活的看法和感受的，答案无所谓对错，关键是要反映自己的真实状况。请仔细阅读每个题目，并且根据自己的实际情况来做出选择。每题有5个选项，其中1表示“从来没有”；2表示“很少有”；3表示“有时有”；4表示“经常有”；5表示“常常有”。选1计“1分”，选2计“2分”，以此类推。

1. 我的家人彼此之间都很关心对方。（　）
2. 我和家里的人相处得很好。（　）
3. 我真的很喜欢我家里的人。（　）
4. 我认为我的家人都是很好的。（　）
5. 我的家人彼此也相处得很好。（　）
6. 我的家人都感到幸福。（　）
7. 凡是认识我们的人都很尊重我的家人。（　）
8. 我的家庭带给我极大的关爱。（　）
9. 我以我的家庭为荣。（　）
10. 我的家庭充满了笑声。（　）
11. 家庭对我是快乐的源泉之一。（　）
12. 我很信赖我家里的人。（　）

13. 我一般不在乎是否和家里的人在一起。（ ）
14. 我希望我不属于我的家庭。（ ）
15. 我家里的人常常和我过不去。（ ）
16. 在我的家庭中，争吵得太多。（ ）
17. 在我的家庭中没有亲近感。（ ）
18. 我感觉在家里像陌生人。（ ）
19. 我的家人不了解我。（ ）
20. 在我的家里存在着太多的怨恨。（ ）
21. 我的家庭似乎存在着很多的冲突与裂痕。（ ）
22. 我在家庭中通常是不愉快的。（ ）
23. 别人的家庭似乎比我自己的家庭要愉快。（ ）
24. 我感觉被家庭所忽视。（ ）
25. 我的家庭是不和谐的。（ ）

评分与解释：

第1～11题：

得分在11～22分之间的为家庭亲子关系“较差”；得分在23～43分之间的为家庭亲子关系“一般”；得分在44～45分之间的为家庭亲子关系“优良”。

第12～25题：

得分在14～28分之间的亲子关系为“优良”；得分在29～42分之间的亲子关系为“一般”；得分在56～70分之间的亲子关系为“较差”。

（量表来源：百度空间—NLP亲子工作坊 http://a7535.asktang.com/ynw.php）

第四节　人际交往心理调适

人际交往的能力欠缺也是影响人际交往的原因之一。有的人在日常生活中已经体会到，往往想关心别人都不知从何做起；想赞美别人却不知从何开口；想协调人际关系却越协调越复杂；想与人为善却控制不住自己的冲动而语言生硬。人际交往能力是一个人的知识、人品、修养以及各种心理能力的综合，反映了一个人的综合素质，在培养和提高自己人际交往能力的同时也要注意自己综合素质的培养和提高。

一、建立良好人际关系的原则

人际交往是人类社会中不可缺少的组成部分，人的许多需要都是在人际交往中得到满足的。如果人际关系不顺利，就意味着心理需要被剥夺，或满足需要的愿望受挫折，因而会产生孤立无援或被社会抛弃的感觉；反之则会因有良好的人际关系而得到心理上的满足。要想成功地建立良好的人际关系，就要在社会生活中了解、遵循和掌握以下所述的人际交往的一般原则：

1. 平等原则

在社会交往方面，虽然每个人的才智、文化、容貌、教育水平、成长环境有着各种差异，但是每个人在人格上都是平等的。没有人喜欢和那些趾高气扬的人做朋友。即使做了朋友，如果发现没有在平等地位上交流时，彼此之间的友谊也会中断。平等是依靠相互尊重来实现的。当一个人得到别人的尊重时，他就会对尊重自己的人产生亲和感和认同感。无论对于比自己优秀的人，还是不如自己的人，我们都应当尊重他们。

2. 相容原则

人际交往需要心理上的相容，即人与人之间保持融洽的关系。追求关系的融洽是人际交往的普遍规律。人际交往形成的关系就像连接在两个人中间的弹簧，过松会缺乏联结的力量，过紧则容易断裂。在实际生活中，我们不但需要与自己相似的人交往，更多的时候还要与自己性格相反、价值观不同的人交往。当我们在与人相处时表现出更多的宽容、忍让时，更容易得到周围人的认可和接纳。

3. 交互原则

在实际生活中，我们不难发现人们之间的喜欢和厌恶、接近与疏远是相互的。换言之，我们喜欢那些喜欢我们的人，厌烦那些厌烦我们的人，正所谓“爱人者，人恒爱之；敬人者，人恒敬之”。心理学家阿伦森发现，人际关系的基础是人与人之间的相互重视，相互支持。人们都希望在人际交往的过程中，自我价值得到认可。人们都希望人际交往是值得的，如在人际交往中获得知识，得到关心、支持、帮助或是感情有所依托等。对于那些对自己来说是值得的，或是得大于失的人际关系，人们就倾向于建立和维持；而对于那些对自己来说不值得，或是失大于得的人际关系，人们就倾向于逃避、疏远或终止。

4. 信用原则

信任感是一种有生命的感觉，也是一种高尚的情感，更是一种人与人之间的连接纽带。在现代社会，每个人都有可能面临信任危机。一些大学生对相互信任感到恐惧，时时防备，处处小心，生怕对方背叛自己。信任感只有在双方真诚相待的前提下才能获得。诗人海涅曾说过，生命不可能从谎言中开出灿烂的鲜花。每当人们问到你喜欢与具有什么品质的人交往时，真诚名列前茅。真诚意味着我们愿意放下自己的心理防御，与之真心相对。相互信任本身就意味着一种责任、一种力量、一种生命的托付。缺乏信任只能使交流终止或流于表面。

5. 自我价值保护原则

自我价值指个人对自身价值的意识与评判。自我价值保护是指人为了保持自我价值，在心理活动的各个方面有一种防止自我价值遭到否定的自我支持倾向。在人际交往中，一旦对方威胁到我们的自我价值，我们的警觉性就会迅速升高，而自我保护的心理会引导我们开始采取诸如拒绝、防范、贬损等方式与对方进行交流。从某种意义上来说，我们接纳并喜欢那些支持我们的人，排斥那些反对我们的人，也是源于自我价值保护倾向。但当我们过于保护自我价值时，自己就会处于一种封闭的状态，听不到其他人的声音，无法真正理解别人的行为和意图。过分的自我价值保护表明我们内心的不自信和没有安全感,也使得我们看不到自己的不足,阻碍自我探索,无法充分发挥自我潜能。

上述这些人际交往的基本原则,是处理人际关系不可分割的几个方面。运用和掌握这些原则,是处理好人际关系的基本条件。

二、人际交往的途径和方法

人际关系的形成和发展与个人的努力息息相关。营造和谐健康的人际关系,可以从以下几个方面入手:

1. 塑造良好形象

在人际交往的最初阶段,人的外在形象起到很大的作用,而这种第一印象在之后的交往中很难改变。很多同学追求个性和新潮,经常穿着奇装异服去上课,而这会拉大自己和其他同学间的距离。干净、得体、大方的外在形象,会增加人际吸引。人际魅力是一个人的综合素质在社交生活中的体现。这要求同学们丰富自己的内心世界,从仪表到谈吐,从形象到学识,全方位地提高自己。

2. 与人平等相处

平等就意味着相互尊重。寻求尊重是人们的一种需要。同学间交往的目的主要是在于共同完成大学的学习任务,这就规定了彼此应在人格上平等和学习上互助,并且主动了解、关心同学。

尊重他人是重视他人的人格、习惯与价值,尤其是对隐私的尊重。苏霍姆林斯曾经说过,不要去挫伤别人心中最敏感的东西——自尊心。无论自己的同学是来自哪个地方,家庭条件如何,都不能因为自己家庭条件好而表现出优越感;也无需因为自己家里条件不好而自卑。对于那些身体存在缺陷或者某方面条件不如自己的同学,在交往的过程中,无需带着可怜和帮助的心情,否则增大对方的心理压力。学会以平等的态度去对待他人,人际关系会更和谐。

3. 待人真诚热情

一般情况下,交往双方总是先接受说话的人,然后才会接受对方陈述的内容。因此,对人讲话时,态度应该诚恳,要避免油腔滑调、高谈阔论、哗众取宠、垄断话题,否则会使人感到不愉快。实事求是、态度热情,往往给人一种信赖感、亲近感,这有利于交往的继续深入;反之,如果言不由衷转弯抹角、态度冷淡,则给人一种虚假、冷淡的感觉,交往很难再深入下去。

做一个忠实的听众,每个人都需要有自我表现的机会。在初次交往中,有效地表现自己固然重要,但做一个耐心的听众,鼓励别人多谈他们自己,同样是必不可少的。

4. 学会换位思考

善于交往的人,往往会善于理解他人,懂得信任他人,经常站在他人的角度考虑问题。从“如果我是他,我会怎么处理”这个角度考虑问题,就会能够容忍他人有不同的观点和行为,不斤斤计较他人的过失,在可能的范围内帮助他人而不是指责他人。

5. 学会理解和包容

大学生往往来自于全国各地，同学们在不同的家庭环境下成长，有着不同的成长背景，因而形成了自己独特的行为习惯和思维模式，有着自己所坚持的人生观、价值观等。这就要求我们的同学在交往的过程中，要遵守理解和包容的原则，理性客观地看待别人和我们的不同。包容表现在对交往对象的理解、关怀和喜爱上，要能够理解别人和自己不一样的观点，要包容别人的脾气秉性，习惯爱好等。大家如果能以包容的态度对待别人，就可以避免很多冲突。

三、成长体验活动

体验活动一：

活动主题：宿舍矛盾情景剧

活动目标：引导学生正确处理宿舍人际冲突。

活动时间：30 分钟

活动人数：每组 10 人左右

活动步骤：

(1) 每组同学选取一个宿舍人际冲突的场景，请两三位同学来表演。比如，舍友总是私自用你的东西；某人喜欢熬夜，影响了大家的休息；一个同学很不讲卫生，搞得宿舍同学都很不满……

(2) 其他小组成员讨论解决这个人际矛盾的各种方法，并用小品的形式表演出来。

(3) 所有成员一起讨论以上各种解决方案的可取之处和不合理之处。

(4) 讨论与分享：怎样改变对人际冲突的消极看法？人际冲突的时候，有什么办法来沟通和解决。

活动总结：

教师总结建设性管理人际冲突的基本方法，例如，改变对人际冲突的消极看法；以合作代替竞争，实现双赢；学会换位思考，宽以待人；积极地进行沟通，真诚地表达自己的意见和需求等。

体验活动二：回旋沟通

活动主题：回旋沟通

活动目标：引导就不同主题进行交流，促进亲密感建立。

活动时间：10～20 分钟

活动人数：10～20 人

活动步骤：

(1) 所有学生围成一个大圈，面向圈内，报数。

(2) 让所有报双数的学生向前一步，然后向后转，面向圈外，并移动一下以面对一个外圈的学生；所有报单数的学生站在原地不动，依次面向内圈一个学生。

(3) 面对的两个同学就一个针对性的主题进行讨论，约 3 分钟。

(4) 此时，内圈(或外圈)的自动向左或右移一个人的位置，更换题目，进行方式同前，直至所有题目全部讨论完毕。

题目可以从自我介绍开始，然后不断增加信息，比如年级、爱好兴趣、最好的朋友、性格特点、最不喜欢的人、家庭状况、价值观等；总体原则是由浅入深，由社交层面向个人化层面分享。

活动总结：

每个人都有自己对待事物的方法和理念。在跟别人交流的过程中，根据熟悉程度的不同，会分享不同的内容。彼此关系越深，分享的内容会越个人化。

体验活动三：我的人际年轮圈

活动主题：人际关系资源圈

活动目标：引导学生发现自己的人际关系资源圈。

活动时间：30 分钟

活动人数：每组 10 人左右

活动步骤：

(1) 首先在白纸的中央画一个实心圆点代表自己。

(2) 然后以这个实心圆点为中心，画三个半径不等的同心圆，代表三种人际财富或者人际圈。同心圆内任意一点到中心的距离表示心理距离。将亲朋好友的名字写在图上，名字越靠近中心圆点，表明他与你的关系越亲密。

(3) 写在最小同心圆内的属于你的“一级人际财富”。你们彼此相爱，你愿意让对方走进自己心灵的最深处，分享你内心的秘密、痛苦和快乐。这样的人际财富不多，却是你最大的心灵慰藉，也是你生命中最重要的成长力量。

(4) 写在第二大同心圆内的是你的“二级人际财富”。你们彼此关心，时常聚在一起聊天戏耍，一起分享快乐，一起努力奋斗。虽然你们之间有些秘密是无法分享的，但这类朋友让你时常感到人生的温馨。

(5) 写在最大一个同心圆内的属于你的“三级人际财富”。这些朋友，可以是平时见面打个招呼，但是需要帮助时也愿意尽力帮忙的朋友；可以是曾经比较亲密但渐渐疏远，却仍然在你心中占有一席之地的朋友；也可以是平时难得见面，却不会忘记在逢年过节问候一声的朋友。

(6) 同心圆外的空白处代表你的“潜在人际财富”。尽量搜索你的记忆系统，把那些虽然比较疏远但仍属于你的人际财富的人的名字写下来。

学生思考和分享：

(1) 你的人际交往现状如何？自己满意吗？

(2) 你认为自己身上的什么特点使自己拥有这样的人际财富？

活动总结：

一般而言，一个成年人需要与大约 120 人维持不同程度的人际关系，其中包括 2～50 人心理关系比较密切的人。如果人际关系过疏或过密，容易引发个体的心理问题，或孤独无助，或自我迷失。试着一边整理自己的人际财富，一边反思自己在人际交往中所体现出来的特点。

体验活动四：

活动主题：信任之旅（盲人游戏）

活动目标：体会朋友之间信任的重要性。

活动时间：50 分钟

活动人数：30 人左右

活动步骤：

(1) 将团体成员报数分成两组，两组平行面对面站立，一组扮演盲人，一组扮演搀扶者。

(2) 活动规则：两人不可以讲话，在整个行走过程中只能用非言语动作与对方沟通，留意活动过程中自己的体验感受，以便"分享环节"交流分享。

(3) 交换角色，过程同上。

(4) 分享：这一环节很重要，结合团体主题及活动目的分享，因为这个活动可以用于盲人主题、人际关系主题，也可用于团体领导者培训等。通常可以结合以下问题进行分享，但又不要机械。对于"盲人"：你看不见时是什么感觉；使你想起什么；你对你的伙伴的帮助是否满意，为什么；你对自己和他人有什么新发现。对于助人者：你怎样理解你的伙伴；你是怎样想方设法帮助他的；这使你想起什么。

注意事项：

(1) 活动过程中不可说话。

(2) 道路需要选择曲折多样的地形，室内室外都要有。

活动总结：

信任别人，是一种能力；被别人信任，也会带来力量和责任。

延伸阅读

投射效应

投射效应是指将自己的特点归因到其他人身上的倾向，是指以己度人，认为自己具有某种特性，他人也一定会有与自己相同的特性，把自己的感情、意志、特性投射到他人身上并强加于人的一种认知障碍。比如，一个心地善良的人会以为别人都是善良的，一个经常算计别人的人就会觉得别人也在算计他等。

它能使我们对其他人的知觉产生失真。人们在对他人形成印象时，有一种强烈的倾向就是假定对方与自己有相同之处，通俗地说就是"以己推人"，"以己之心，度人之腹"。比如心地善良的人总也不相信有人会加害于他；而敏感多疑的人，则往往会认为别人不怀好意。

投射使人们倾向于按照自己是什么样的人来知觉他人，而不是按照被观察者的真实情况进行知觉。当观察者与观察对象十分相像时，观察者会很准确，但这并不是因为他们的知觉准确，而是因为此时的被观察者与自己相似。因此，导致了他们的发现是正确的。投射效应是一种严重的认知心理偏差，辩证地、一分为二地去对待别人和对待自己，是克服投射效应的良方。

表现形式

一般来说，投射效应的表现形式主要有两种：

一是感情投射，即认为别人的好恶与自己相同，把他人的特性硬纳入自己既定的框框中，按照自己的思维方式加以理解。比如，自己喜欢某一事物，跟他人谈论的话题总是离不开这件事，不管别人是不是感兴趣、能不能听进去。引不起别人共鸣，就认为是别人不给面子，或不理解自己。

二是认知缺乏客观性，比如，有的人对自己喜欢的人或事越来越喜欢，越看优点越多；对自己不喜欢的人或事越来越讨厌，越看缺点越多，因而表现出过分地赞扬和吹捧自己喜欢的人或事，过分地指责甚至中伤自己所厌恶的人或事。这种认为自己喜欢的人或事是美好的，自己讨厌的人或事是丑恶的，并且把自己的感情投射到这些人或事上进行美化或丑化的心理倾向，失去了人际沟通中认知的客观性，从而导致主观臆断并陷入偏见的泥潭。

心理实验

心理学家罗斯做过这样的实验来研究投射效应，在80名参加实验的大学生中征求意见，问他们是否愿意背着一块大牌子在校园里走动。结果，48名大学生同意背牌子在校园内走动，并且认为大部分学生都会乐意背，而拒绝背牌的学生则普遍认为，只有少数学生愿意背。可见，这些学生将自己的态度投射到其他学生身上。

“以小人之心度君子之腹”就是一种典型的投射效应。当别人的行为与我们不同时，我们习惯用自己的标准去衡量别人的行为，认为别人的行为违反常规；喜欢嫉妒的人常常将别人行为的动机归纳为嫉妒，如果别人对他稍不恭敬，他便觉得别人在嫉妒自己。

相关启示

由于投射效应的存在，我们常常可以从一个人对别人的看法中推测这个人的真正意图或心理特征。由于人有一定的共同性，有相同的欲望和要求，所以，在很多情况下，我们对别人做出的推测都是比较正确的，但是，“人心不同，各如其面”，人与人之间毕竟有差异，不考虑个体差异，胡乱地投射一番，就会出现错误。

在日常生活中，我们常常错误地将自己的想法和意愿投射到别人身上：自己喜欢的人，以为别人也喜欢；父母总喜欢为子女设计前途，选择学校和职业，丝毫不顾忌孩子的兴趣爱好与特长，把自己的喜好强加到子女身上……我们要记住，人与人之间既有共性又有个性，如果投射效应过于严重，总是以己度人，那么我们将无法真正了解别人，也无法真正了解自己。

评价他人

投射效应是在人际认知过程中，人们常常假设他人与自己具有相同的属性、爱好、情感、倾向等，常常认为别人理所当然地知道自己心中的想法。事实上它也是一种心理定势的表现，它以评价人自己的心理特征作为认知他人的准备，作为认知他人的标准。

由于评价人往往把自己的某种品质、性格、爱好投射到甚至可以说是强加到被评价者身上，以自己为标准去衡量被评价者，从而使评价的客观性打了折扣，最终使评价结果产生误差。这种类型的误差，一般称为相似误差。

（来源：百度百科 http://baike.baidu.com/view/388011.htm）

第五章　大学生情绪心理

——让心情像花儿一样绽放

小红觉得最近自己心情差到了极点，所有倒霉的事一起出现，没有一件让自己觉得开心的事情。周日的时候和同学约好了去郊游，谁知道在等公交车的时候人特别多，自己的钱包不知什么时候被小偷偷走了，里面还有银行卡、身份证、校园卡等重要的证件。郊游不成，小红只好返回学校。给家里打电话，本希望能得到一点安慰，谁知妈妈知道了这件事情，一直埋怨自己粗心大意，弄得自己特别不开心。小红心情不好，感觉很烦躁，所以做什么事情都没有耐心。今天在打扫卫生的时候，不小心把室友心爱的杯子打碎了，室友很心疼，说了自己几句，小红觉得实在接受不了，就和她吵了起来，吵完后觉得特别委屈，一个人跑到操场上大哭了一场。是什么让小红的心情如此之差呢？她又该如何找回快乐的自己呢？就如月有阴晴圆缺，人的情绪也是起伏不定、不断变化的，此刻，你会因为一件事情而兴高采烈，而下一刻就会因为另一件小事而愁眉苦脸。

第一节　情绪概述

人有悲欢离合，月有阴晴圆缺。如果把大学生活比喻成一幅五彩画，那么情绪就是这幅画中最鲜亮的色彩，有快乐、喜悦，也有痛苦、烦恼，这些情绪时刻影响着我们的学习和生活。

一、什么是情绪

情绪是对客观现实是否满足人的需要而产生的一种主观体验以及所产生的身心激动状态，即人们对外界刺激所引起的生理和心理变化的一种主观感受。根据情绪的定义，我们可以从三个方面来理解情绪。首先，情绪伴随着生理唤醒，在情绪状态下，人的呼吸、心跳、血压等都会发生相应的变化，这是情绪的生理基础。其次，情绪是一种主观的体验，如人们常说“人逢喜事精神爽”，心情好时觉得一切都是美好的。人的情绪受人的观念、个性、经验的影响，相同的外界刺激，不同的人感受是不同的。例如同样是下雨，有的人感觉很高兴，雨中漫步是非常惬意的；而有的人却到悲伤难过，哀叹世事无常。最后，情绪总是通过特定的方式来表达，这种情绪的外在表现被称为表情，如欢喜时会手舞足蹈、愤怒时会咬牙切齿、忧虑时会茶饭不思、悲伤时会是痛心疾首等。

人类基本情绪包括喜、怒、哀、惧四种。由这四种基本情绪可以组合成各种各样复杂的情绪。根据情绪不同作用，把情绪分为积极的情绪和消极的情绪；而根据情绪的强度和持续时间的长短，把情绪分为心境、激情、应激三种。心境是一种比较微弱、平静而持久的情绪状态；激情是一种猛烈的、迅速爆发而时间短暂的情绪状态；应激是突然出现紧张情况时而产生的情绪状态。心境可以说是一种生活的常态，人们每天总是在一定的心境中学习、工作和交往，积极良好的心境可以提高学习和工作的效率，帮助人们克服困难，保持身心健康；消极不良的心境则会使人意志消沉、悲观绝望，无法正常工作和交往，甚至导致一些身心疾病。所以保持一种积极向上、乐观健康的心境对每个人都有重要意义。激情同样对人的影响也有积极和消极两方面。积极的激情状态可以激发人的潜能，如奥运场上，运动员为国争光、勇夺金牌，这是激情时刻的体现，它具有正向的动力。相反，激情状态下也容易让人失去理智，这是消极方面，具有一定的破坏性和危害性，如青少年犯罪，就是在激情控制下，一时冲动、酿成大祸。所以，在日常生活中应该适当控制激情，多发挥其积极作用。人在应激状态下常伴随着明显的生理变化，这是因为个体在外界刺激作用下必须调动体内全部的能量以应付紧急事件和重大变故。应激的生理反应大致相同，但外部表现可能有很大差异。积极的应激反应表现为沉着冷静、急中生智、全力以赴地去排除危险、克服困难；消极的应激反应表现为惊慌失措、一筹莫展，或者出现错误的行为，加剧了事态的严重性。这两种截然不同的行为反应，既同个人能力和素质有关，也同平时的训练和经验积累有关。

心理学上把管理自身情绪的能力称为情商。以往认为，一个人能否在一生中取得成就，智力水平是第一重要的，即智商越高取得成就的可能性就越大。但现在心理学家们普遍认为，情商水平的高低对一个人能否取得成功也有着重大的影响作用，有时其作用甚至要超过智力水平。心理学家把情商智力分为以下几个方面的能力：了解自身情绪的能力；管理情绪的能力；自我激励，能够走出情绪低潮的能力；认识他人情绪的能力；人际关系管理的能力等。由此可见，情商的内涵分为内在和外在两个方面：内在的情商指了解自己的天赋、才能，观察自己情绪的能力；外在的情商指敏锐的观察和判断他人情绪反应的能力。心理学广泛而深入的研究表明：人在一生中能否成功快乐，关键取决于情商的高低。

二、情绪与身心健康

情绪对人的生理和心理都产生影响。情绪会对人的生理健康有影响，当你感到愉快时，你的心跳节律正常、呼吸顺畅；而当你感到恐惧或者暴怒时，就会心跳加速，血压升高，呼吸频率增加。长期情绪不良会使人的免疫力下降，甚至会诱发心脏病、消化性溃疡、头痛等疾病。一位资深的心脏病医生发现，来就诊的病人有一个共同的特征：脾气火爆、急躁、不善克制等，后来心理学上把这种类型的人称为 A 性格。这种性格的人情绪上特别容易焦虑，而这种不良情绪是心脏病的诱因。

同时，情绪会影响人的心理健康。积极的情绪让人精力充沛、注意力集中，有助于顺利完成任务。在人际交往中，良好的情绪有助于与他人和谐融洽的相处。而消极的情绪对心理健康带来不良影响。过度的情绪体验，会阻碍人们的感知、记忆、思维，缩小人们的意识范围，影响人们的正常判断。持续的消极情绪，例如焦虑、抑郁、愤怒等，会使人烦躁不安、兴趣丧失、思维受阻、经常失眠等。大学生常见的各种心理疾病的产生都和不良的情绪有关。消极情绪同时会影响我们的学习、破坏我们的人际关系，极端的情况下还会让人做出伤害自己和他人的事情。所以，学会调节自己的情绪，不仅可以降低生理疾病的产生，还会帮助人们形成良好的心态，有助于大学生取得成功。

三、大学生情绪的特点

大学生处在由学校向社会的过渡时期，他们受教育和自尊水平较高，但由于社会经验不足、年轻气盛，遇事特别爱打抱不平、钻牛角尖，使大学生的情绪表现出如下鲜明的特征。

（一）情绪体验丰富

在人的一生中，大学阶段的经历丰富而多变，学习、交友、恋爱、就业等问题都在这一阶段完成，而人类所有的情绪都会在这一阶段有所表现。例如，自我意识的增强，使他们非常在意外界的评价，容易产生自卑、自负等情绪体验；自尊水平和竞争的意识，使他们产生焦虑、害怕、恐惧、嫉妒等情绪；交际范围日益扩大，在和同学、老师、朋友之间的交往更加的细腻，伴随着快乐、喜欢、悲伤、难过等各种情绪；有的同学经历了具有深刻情绪体验的过程——恋爱。这些情绪像一幅色彩斑斓的图画，点缀着大学生活的每一天。

（二）情绪起伏大

尽管大学生的认识水平有了一定的提高，对自己的情绪有了一定的控制能力，但是和成年人相比，会表现得更敏感，情绪的起伏更大。一件很小的事情就能够诱发大学生的情绪；一个感人的故事，一句温暖的话语，一个关心的眼神，都会感染他们的情绪。情绪反应摇摆不定、跌宕起伏。成绩的好坏、入党问题、奖学金问题、人际关系问题、恋爱问题、就业问题等都会诱发大学生的情绪波动。此外，大学生的情绪转变也比较快，此刻因为小小的胜利而得意忘形，下一刻就会因为一点点挫折而垂头丧气。

南京某大学对近五年大学生情绪变化的追踪表明，大学生情绪起伏最大的时间是 11 月份和 5 月份。每年 11 月份，情绪波动最明显的是大一新生。他们经过两个月磨合，还不适应大学生活，例如同宿舍的睡得晚，吃饭不对胃口，这些小事情都能让他们纠结，但这个时期情绪波动一般不会带来很严重的后果。通过疏导后，大部分同学能慢慢适应起来。而春夏之交的 5 月份是大学生情绪波动的一个“敏感期”。毕业、深造、就业对于毕业生来说各项关系未来的事情一个个有了结果；对于大二、大三学生来说，临近的期末考试也是一次考验。在这种烦躁期，积压已久的负面情绪会爆发出来。

（三）易冲动，极端情绪明显

大学生有着丰富、强烈而又复杂的内心世界，情绪体验快而强烈，喜怒哀乐一触即发，表现出热情奔放的冲动性特点。大学生的冲突和矛盾都是因为一些小事引起的，特别是男生，往往会因为这些小事而大打出手。甚至一些想象中的情境或者新闻中看到的事件，都有可能诱发负性情绪，使他们特别的气愤。自尊心强和爱面子的心理，让他们特别在意公平、尊重等因素，只要感觉受到了不公平的待遇，就容易情绪失控，出现过激行为。

（四）情绪表达的内隐性

随着年龄和社会经验的增加，大学生逐渐学会抑制和隐藏自己的情绪，情绪的外在表现和内在的真实体验不一致。男女同学之间，明明是有好感的，但却因为自尊心或者其他原因，在行为上表现出冷淡回避的态度；特别想拿到奖学金或者当班干部，但是却担心失败而遭别人耻笑，特意表现得满不在乎甚至讨厌的样子。

四、如何创造保持良好的情绪

（一）积极乐观的人生态度

有的同学长久沉溺于某种消极情绪而无力自拔，长时间地表现出情绪低落、心情苦闷，这是因为他们总是从悲观的角度看待问题。积极乐观的心态会让你看到生活的阳光面，让你心情愉快、朝气蓬勃。当然，盲目的乐观并不能够帮助你解决问题。心理健康的人，不但能体验到喜怒哀乐，真实地感受到各种情绪，而且能恰当地调控自己的情绪，心胸开阔、热爱生活、积极乐观。

（二）学会控制情绪，做情绪的主人

心理健康的人往往对自己的情绪有较强的控制力，既有适度的情绪表现，又不为情绪所左右。不论遇到何事，总能适度表达自己的喜怒哀乐，既不会悲极轻生，也不会得意忘形；既不会"狂喜"，也不会"暴怒"。一个人如果一会儿喜上天堂，一会儿又跌落低谷，这样急剧的情绪变化是不利于身心健康的，是心理健康的大忌。

（三）创设愉快心境、培养健康情绪

人的情绪往往是在一定情境中产生的。大学生的情绪很容易受具体情境的影响，一首旋律动人的歌曲，一次感人肺腑的谈话、一个打动人心的故事……都可以激发大学生的情绪。所以大学生要主动地给自己创设愉快的心境，例如在书籍和电影的选择上，忧郁伤感的书籍、恐怖的电影等，都会感染我们相应的情绪，长时间沉浸其中，就会变得消极或者暴力，这些对大学生的成长很不利。培养积极健康的情绪，就要积极地参加各种实践活动，在体育、科技、文艺活动中感受美好的事物。多选择一些乐观向上的书籍或者电影，听听相声、小品等，带给自己更多的欢乐。

（四）充实精神生活

做到充实精神生活有以下两点。

1. 树立远大理想抱负

有理想的人精神有寄托，工作学习有动力，生活得充实，而且为了实现理想会自觉调整情绪，情绪就自然处于积极、稳定、乐观、向上的状态。

2. 提高思想文化修养

有思想文化修养的人胸襟开阔，少猜疑，不嫉妒，不斤斤计较，情绪也就能够保持在健康、良性状态。

（五）积极参与社会交往

良好的人际关系对于保持良好的情绪意义重大。良好的人际关系能够满足人的安全感和归属感的需要，使人情绪稳定、精神愉快。研究表明，社会交往能使人产生积极的情绪体验，积极的情绪体验又会使人们更积极地与人交往，更好地适应环境与应对应激事件，从而形成一个良性循环。

（六）增强自信心

自信是保持情绪健康的必备品质。自信的人会表现出活泼的生气、乐观的情绪、轻松自如的神态。无论在什么境遇，只要保持自信就不会陷入沉重的抑郁和强烈的焦虑之中。

怎样保持自信呢？一是要善于发现自己的优点，不要过分关注自己无法改变的先天条件，如身高、出身等；二是要用发展的眼光评价自己，要看到自己的进步和变化；三是积极悦纳自己，凡是自身现实的一切都应该积极地接受，无论是好是坏，不回避、不哀怨，不厌恶自己，在自我悦纳的基础上，积极地发展自我，更新自我；四是注意自我激励，要经常对自己说“别人能行我也能行”、“我能够做得比别人更好”之类的话。

第二节 案例分析

由于大学生正处于生理、心理及思想变化时期，心理状态及情绪动荡不安，且缺乏社会生活的磨炼，心理承受能力相对薄弱，在各种冲击面前缺乏恰当的适应能力，极易导致自卑、焦虑、抑郁等情绪问题的产生。下面通过一些案例，对大学生常见情绪问题进行解析。

一、自卑

情景再现1：悦纳和欣赏自己——克服自卑

李某，某高职院校毕业班学生，大学期间多次获得校内奖学金。她不但品学兼优，而且和老师同学关系相处得都很不错，在校心协担任副会长一职，并兼任班级心理委员，还没正式毕业已经被一家国有大型企业聘用。回顾自己的大学生涯，她觉得自己并不是最优秀的，智力也一般，但是她努力锻炼自我情绪调节能力。她说自己当年高考落榜进了高职院校，高中同学大多都进入本科，因此一度封闭自我。社团活动让她学会了打开自我，性格也随之变得开朗，不再因为自己的学历而自卑。在校期间，她考取了会计从业资格证，并且参加了会计专业的自考，均以优秀的成绩通过考试，还剩下三门功课就能获得本科学历。自信的她说："过去容易让人迷失双眼，唯有抓住今天才能拥抱未来。"

【案例解析】

自卑是个体由于某种生理或心理上的缺陷或其他原因所产生的对自我认识的态度体验，表现为对自己的能力或品质评价过低，轻视自己或看不起自己，担心失去他人尊重的心理状态。案例中的李某曾经因高考的失利产生严重心理落差，自我评价失调，造成自卑心理；但她没有因此而沉沦，而是积极参加社团活动，通过转移自己的注意力逐渐消除了自卑情绪；另一方面也锻炼了自我的能力，使自己变得更加自信。自信是成功的第一步，要善于发掘自身的优点，学会欣赏自己，悦纳自己的一切。

二、焦虑

情景再现 2：快乐来敲门——战胜焦虑

强子现读专科二年级，近来都提不起兴趣做任何事情，觉得生活、学习均没有乐趣，毫无意义。强子觉得上大学没有意义，想回到小时候无忧无虑的快乐时光；不愿与周围同学交流，觉得周围同学上网玩是在浪费时间，自认为和他们不是一类人；觉得自己太依赖家人，不够自信，中学时一直依赖父母和哥哥，哥哥各方面都比自己要出色，自己很有压力，现在离开家人觉得很孤单；专业方面的学习觉得也只是略知皮毛，对就业没有多大帮助，情绪低落，焦虑地担忧自己的就业问题。

【案例解析】

焦虑是一种伴随着某种不祥预感而产生的令人不愉快的情绪，是一种复杂的情绪状态。它包含紧张、不安、惧怕、愤怒、烦躁、压抑等情绪体验。大学生常见的焦虑有考试焦虑、社交焦虑、就业焦虑等。

案例中的强子从小就很依赖家人，当置身于一个新的环境，尤其是与周围人没有共同话题、生活习惯不一样时，心里难免会有失落感，愈加怀念过去的美好时光，这样无济于事，只会加重内心的孤单感。回到现实生活，强子发现自己专业学得不好，即将面临找工作，开始产生焦虑，这样的负面情绪得不到及时合理的宣泄，会越积越严重。

情景再现 3：考试焦虑何时了？

小丽从小学习成绩就好，父母期望较高，但在高考快临近的时候频繁出现考试失误。小丽自述考前压力过大，经常整晚睡不好觉，不管自己准备有多充分，临考前，总为能否睡好觉而焦虑。而这以后每遇到重大考试时，失眠问题就像幽灵一样捆缚着小丽，总是挥之不去。

【案例解析】

案例中的小丽因为过度焦虑造成了失眠，影响了考试的发挥。每个人在面临一些重要事件的时候都会有不同程度的焦虑出现。适度的焦虑可以激发你的潜能，并能带给你动力，有利于在关键时候发挥较佳水平，所以不要一味拒绝焦虑，你越是拒绝它越是容易被其缠住。

情景再现4：不敢在同学面前表现自己

小王现在是一名大三的学生，来自农村的他在上大学之前有一个非常清晰的目标：考上名牌大学。为了实现这个目标他只重视学习，其他方面则一无所长。小王唱歌五音不全，动作协调能力又差，打球动作笨拙，在很多人或交往较少的同学面前讲话容易紧张脸红。因此，他特怕参加集体活动，怕在众人面前出丑露怯，怕别人嘲笑、贬低自己。小王表示很焦虑。

【案例解析】

这是典型的社交焦虑表现：小王内心非常希望能在集体活动中有很好的表现，但一方面自己过去很少参加集体活动，一心只读圣贤书，缺少实践锻炼的机会；另一方面来自农村的他与同学们在一起时相形见绌，造成内心的自卑，怕在众人面前出丑露怯，所以深深陷入了挫败感之中，导致焦虑。

三、抑郁

情景再现5：不妄自忧伤——走出抑郁

林同学今年刚上大一，上学期觉得一切都还好。这学期小林不知道怎么了，过完寒假回到学校，心情总是不好，觉得做什么都没有意思，莫名其妙地想哭，看着别人总是那么快乐，而觉得自己生活在乌云密布的世界里。其实这种感受小林以前也有，那个时候一直认为上了大学就好了，高中苦点、累点、心情压抑点都是正常的，可为什么到了大学学习压力没有那么大了，自己还是提不起精神来。小林该如何才能走出去呢？

【案例解析】

抑郁是大学生中常见的情绪困扰，是一种感到无力应付外界压力而产生的消极情绪，常常伴有厌恶、羞愧、自卑等情绪体验。林同学刚上大一，第一学期对于大多数同学来讲，或多或少会觉得环境新鲜又有机会认识很多新同学，他顺利地适应了新环境。但是到了第二学期，陌生的环境逐渐熟悉，会有些倦怠感，再加上寒假后正值季节交替、气候变暖，会导致内分泌旺盛，处于青春期的大学生情绪很容易产生波动，尤其是一些敏感、多疑，有焦虑特质的大学生更是容易心生抑郁。抑郁是感到无力应对外界的压力而产生的消极情绪，表现为情绪低落、冷漠消沉、兴趣丧失、意志消沉、反应迟钝，觉得做什么都没有意义，不参加任何活动，不想付出努力，非常的痛苦而无法自拔。

情景再现6：黯然神伤

小星今年上大三。前两天计算机二级考试结果出来了，又是离通过线差了

10分，这已经是第三次考了。小星心里有深深的沮丧和挫败感。他开始责怪自己的基础太差，虽然很努力了，可是自己真不是学计算机的料啊，自己真的是太笨了，或者根本就不是读书的料。小星很是灰心！他开始垂头丧气，故意远离人群，一个人躲在角落，心情很沮丧。

【案例解析】

因为考试挫败而产生抑郁情绪，抑郁者通常都是在不愉快的事件发生之后，沉湎于对痛苦往事的记忆，并据此在想象中把未来描绘成毫无希望、毫无乐趣的样子，于是一切的愿望、行动都因为必将落空而统统被放弃。案例中的小星在面对消极情绪时，完全被情绪所控制，任由情绪牵制他的一切思想、感受和行为，甚至自暴自弃。既然事件已经发生，那么与其哀叹自身的遭遇，不如改变使自己抑郁的想法和信念，采取实际行动走出困境。

四、冷漠

情景再现7：打开心窗会有温暖的阳光——消除冷漠

小静是一名理工类院校的大二学生，学校男生多、女生少。平时和男生相处，小静总是刻意保持距离，她坚持工作之后再恋爱。在女生本来就少的环境中，小静的内心其实非常渴望和她们打成一片，成为非常好的朋友，但是她有很多担心，害怕别人拒绝、害怕别人不喜欢自己……所以对于别人总是表现得有些冷漠。同学们都说小静非常难相处，她自己感觉很孤独，也很痛苦。

【案例解析】

冷漠是一种内心压抑而外在冷淡的情绪表现。这种情绪让人对外界表现得漠不关心，对所有的事情都无动于衷，拒人千里之外，很难与他们很好的相处。表面的漠然会带来内心的孤独和痛苦，想表露自己又担心受到伤害，所以把自己用冷漠的外衣包裹起来，这是心理防御机制的一种。长期的冷漠会削弱人际关系，减少社会支持，降低生活幸福感。作为一名女生，在与异性交往时确实需要把握好分寸，大学期间就恋爱也不是绝对的，这部分内容在大学生恋爱章节会有介绍。案例中的小静一方面想和同学处好，另一方面却有各种担心顾虑，结果小静表现出来的是冷漠。

五、愤怒

情景再现8：心静自然凉——控制愤怒

奋奋觉得自己是一个非常有正义感的人，但是由于无法控制自己的情绪，常常给自己带来麻烦。一次同寝室的两个人闹矛盾，本来自己是好心去调节的，可是这个过程中一位同学居然把矛头指向了自己。奋奋当时真是气急了，先是和他大吵，后来居然动了手，最后因为这件事受到了处分。可是面对一些“令人气愤”的事情时，我们该如何理智地去对待呢？

【案例解析】

愤怒是大学生常见的情绪之一，是遇到与愿望相违背的事情，或愿望不能实现并一再受到挫折，致使紧张状态并逐渐积累而产生的敌对情绪。大学阶段年轻气盛，当受到不公正的待遇或目标受阻时，很容易产生愤怒情绪。愤怒会给自己的身体造成伤害，导致心脏病、高血压、胃溃疡等疾病的出现。而人在愤怒时，很容易丧失理智，做出极端的行为。一些大学生认为发怒可以帮助自己解决问题，如可以威慑他人，可以挽回面子，可以推卸责任等。但是结果却恰恰相反，发怒得来的不是自尊和威信，而是他人的厌恶、紧张的人际关系。

六、嫉妒

情景再现 9：都是虚荣惹的祸

华阳一座无人居住的房屋，凌晨突发一起离奇大火！消防、警方介入调查后发现，这是一起故意纵火的案件。让人难以相信的是，嫌疑人是房主的闺蜜，一个年仅 20 岁的女大学生。至于放火的原因，竟与 LV 挎包、香奈儿香水有关……而后，涉嫌放火罪、盗窃罪的吴丽（化名）被双流县检察院批准逮捕，她将面临 3 年以上有期徒刑。

据了解，吴丽与小刘都来自同一个地方，是中学同学，关系非常好，算是闺蜜。2011 年，她们分别考上了成都两所不同的大学。在川音读书的小刘，家里经济条件较好，为了读书方便，家里为她在当地买了一套房子，而吴丽每个周末都会“投奔”小刘。家境殷实的小刘用钱很大方，提的是 LV 挎包，用的是香奈儿香水。相比较而言，成长于单亲家庭的吴丽家庭条件就差了很多，家里每个月仅给她 1 000 元生活费。经常跟着闺蜜一起的吴丽因为强烈的虚荣心，心理慢慢失衡。

【案例解析】

嫉妒是一种因他人在某些方面优于自己而产生的带有忧虑、愤怒和怨恨体验的复合情绪。引发案例中悲剧的根源是——“嫉妒”二字，嫉妒心理是大学生常见的心理问题。嫉妒源于攀比，是自尊心的一种异常表现，其实质是自信心或能力缺乏的表现。具体表现为当看到他人学识能力、品行荣誉甚至穿着打扮超过自己时内心产生的不平、痛苦、愤怒等感觉；当别人深陷不幸或处于困境时则幸灾乐祸，甚至落井下石；或寻找对方不足将其贬低，或在人后恶语中伤、诽谤和诋毁对方名誉。案例中的吴丽因为严重的嫉妒心理而触犯了法律，损人又害己。

第三节　情绪自测

各种各样的心理测试是了解自我的一种行之有效的科学手段。下面几个测试可以帮助你更加清晰地了解自己的心理状况，请按照内心的真实情况作答。

心理健康自测

健康情绪自我心理测试

指导语：情绪稳定一般被看作是一个人心理成熟的重要标志，如果现在你已经能够积极地调节和控制自己的情绪，那么将有助于你以平稳的心态从容面对人生的挑战。你的情绪是稳定的吗？如果你希望知道结果，不妨完成下面的题目。

1. 我有能力克服各种困难。

A. 是的　　B. 不一定　　C. 不是的

2. 猛兽即使是关在铁笼里，我见了也会惴惴不安。

A. 是的　　B. 不一定　　C. 不是的

3. 如果我能到一个新环境，我要：

A. 把生活安排得和从前不一样

B. 不确定

C. 和从前相仿

4. 整个一生中，我一直觉得我能达到所预期的目标。

A. 是的　　B. 不一定　　C. 不是的

5. 我在小学时敬佩的老师，到现在仍然令我敬佩。

A. 是的　　B. 不一定　　C. 不是的

6. 不知为什么，有些人总是回避我或冷淡我。

A. 是的　　B. 不一定　　C. 不是的

7. 我虽善意待人，却常常得不到好报。

A. 是的　　B. 不一定　　C. 不是的

8. 在大街上，我常常避开我所不愿意打招呼的人。

A. 极少如此　　B. 偶尔如此　　C. 有时如此

9. 当我聚精会神地欣赏音乐时，如果有人在旁高谈阔论我会：

A. 我仍能专心听音乐　　B. 介于AC之间　　C. 不能专心并感到恼怒

10. 我不论到什么地方，都能清楚地辨别方向。

A. 是的　　B. 不一定　　C. 不是的

11. 我热爱我所学的知识。

A. 是的　　B. 不一定　　C. 不是的

12. 生动的梦境常常干扰我的睡眠。

A. 经常如此　　B. 偶尔如此　　C. 从不如此

13. 季节气候的变化一般不影响我的情绪。

A. 是的　　B. 介于AC之间　　C. 不是的

评分与解释：

	得分	得分	得分		得分	得分	得分
1	A—2分	B—1分	C—0分	8	A—2分	B—1分	C—0分

2	A—0 分 B—1 分 C—2 分		9	A—2 分 B—1 分 C—0 分
3	A—0 分 B—1 分 C—2 分		10	A—2 分 B—1 分 C—0 分
4	A—2 分 B—1 分 C—0 分		11	A—2 分 B—1 分 C—0 分
5	A—2 分 B—1 分 C—0 分		12	A—0 分 B—1 分 C—2 分
6	A—0 分 B—1 分 C—2 分		13	A—2 分 B—1 分 C—0 分
7	A—0 分 B—1 分 C—2 分			

(1) 17～26 分:情绪稳定。你的情绪稳定,性格成熟,能面对现实;通常能以沉着的态度应付现实中出现的各种问题;行动充满魅力,有勇气,有维护脱节的精神。

(2) 13～16 分:情绪基本稳定。你的情绪有变化,但不大,能沉着应付现实中出现的一般性问题。然而在大事面前,有时会急躁不安,不免受环境影响。

(3) 0～12 分:情绪激动。较易激动,容易产生烦恼;不容易应付生活中遇到的各种阻挠和挫折;容易受环境支配而心神动摇;不能面对现实,常常急躁不安,身心疲乏,甚至失眠等。要注意控制和调节自己的心境,使自己的情绪保持稳定。

(量表来源:http://wenku.baidu.com/view/8bc18f0190c69ec3d5bb7585.html)

第四节　情绪问题调适

大学生正处于易感性向稳定性过渡的心理发展特殊时期。而能否管理好情绪,关系到我们能否更好地适应社会、发挥自我潜能,更关系到我们的身心健康。所以我们要合理调节自己的情绪,自觉地抵制不良情绪的影响,可以从以下几个方面来进行情绪调适。

一、情绪问题的管理与调节

(一) 提高情绪的认知能力

情绪认知是情绪管理的第一步。情绪认知能力包括两个方面。

1. 提高对自己情绪的察觉能力

(1) 情绪时时伴随着我们,我们应能及时察觉自己处于何种情绪状态,尤其是当发觉自己处于负面情绪状态时,要学会暂停、中断目前的情绪,学会跳出来观察自己。例如在宿舍里,同学影响了你休息,这时候你确认自己冷言冷语背后的是愤怒。只有认清了自己的情绪,才能很好的控制情绪,不被其左右。

(2) 要学会辨识表面情绪背后的真实情绪。比如,当你看到某件事物时,觉得不舒服,而不舒服是一种笼统、模糊的情绪体验,你需要慢慢探索发掘不舒服背后到底是恐惧、嫉妒、紧张还是不满? 只有明确了情绪状态,才好应对。

(3) 复杂情绪需要澄清,所谓的复杂情绪就是夹杂着两种以上的情绪。情绪是复杂的，人的心理也是复杂的，面对自己的心烦意乱，你需要慢慢理清，将混合的情绪抽丝剥茧，辨识出隐藏的真实情绪。只有对症下药才能解决问题，另外理清的过程也是一个自我反省的过程，能安定情绪。

(4) 通过自我分析认清导致情绪的真正原因。根据埃利斯的情绪 ABC 理论，情绪产生的原因并非外在的诱发事件，而应该归因于个体对这件事情的观念和看法。

2. 提高对他人情绪的识别能力

提高对他人情绪的识别能力，能够帮助提高自己的情绪认知能力，更好地管理自己的情绪，建立良好的人际关键，有益身心健康。

要学会通过表情进行识别。表情是情绪的外在表现，它包括面部表情、言语表情和身段表情。孟昭兰等(1998)的研究表明人类的面部表情具有泛文化性，同一种面部表情会被不同文化背景下的人们共同使用表达相同的情绪。研究表明，快乐、厌恶、生气、惊讶、害怕、悲伤和轻视七种表情是世界上各民族的人都能辨认的。但是，文化的不同制约着我们在某些情绪表现方面的明显和强烈。身段表情不具有跨文化性，相同的手势可能在不同国家含义不一样。

(二) 有效地表达情绪

当我们察觉到自己情绪的时候，首先要接纳自己的情绪反应，再通过合适有效的方式表达出来。

1. 平静接纳自我情绪

心理健康的人并不是否定和拒绝自己的负面情绪，更不是一味的压抑，而是能够去了解、接纳自己的情绪，学会和它友好相处。情绪是为人类服务的，不要被情绪左右。只有接纳了自己的内心情绪，才能有效管理情绪。

2. 用恰当方式表达自我情绪

恰当的表达不仅能为我们内心的感受找到发泄口，而且可以让别人多了解自己。有效的情绪表达是平静地叙述出真实的情绪体验，而不是发泄，所以，情绪表达方式很重要。在表达情绪时，要清楚地告诉对方你产生这一情绪的理由和当时的情景，这样别人才可能真正了解自己。情绪表达要坚持对事不对人的原则，不能因为情绪表达不当伤了别人的心，要明确告诉对方你为什么事情而生气，而不是针对某个人，如“我看到你就生气”是种错误的表达方式，可以尝试说“当我看到你这样做的时候我心里面会不舒服”。

(三) 积极地调控情绪

情绪对人的发展影响极大，情绪的调适不仅与身心健康密切相关，而且与一个人能否适应社会、获得事业成功和更好地享受生活有密切联系。要维护和保持心理健康，就必须学会对情绪的调控和疏导，保持稳定而良好的情绪状态。

情绪不易控制，但并不是不可控制的。在情绪变化所依赖的主观因素与客观因素、先天因素与后天因素、内部变化和外在表现等各种因素中，有些事不易改变的，而有相当部分是可以通过努力改变的。比如，我们可以通过改变自我主观认知和理念来进行积极调控情绪，有些时候可以通过气功、体育锻炼、深呼吸、放松训练等方法调控情绪。总而言之，对情绪的自我调控是需要学习、需要锻炼的。

二、处理情绪问题的具体策略

（一）自卑情绪的处理策略

自卑是在社会比较过程中由于认知歪曲所形成的对自己消极的评价。自卑的形成一方面与自我评价过低有关，经常对自己说“我不行”、“我做不到”，害怕去尝试。另一方面是不当的社会比较，用自己的缺点和别人的优点比较，导致自卑的情绪。走出自卑，你需要从以下五个方面努力：

1. 接纳自己的不完美

没有人是十全十美的，要能够坦然地面对自身的不足。我虽然个子不高，但是我很聪明；我虽然不够聪明，但是我肯努力；虽然成绩不如其他同学，但是我在文艺方面很突出……承认和接受自身的缺点，这个缺点就不会对你造成伤害。

2. 善于发现自身的长处

对自己的优点和成绩要及时的肯定。对于自己所取得的成绩要及时的自我表扬，可以帮助自己树立自信心。

3. 积极的自我暗示

在做任何事情前，学会给自己信心，经常对自己说“我能行”、“一定可以的”。这些鼓励的话语会对自己形成良好的暗示，帮助自己顺利完成任务。

4. 失败后学会正确的归因

一些同学会因为一件事情的失败，而否定自己，例如考试失利或者恋爱失败，就觉得自己是一个一无是处的人，再也没有信心去努力争取。失败的原因有很多，这次的失败，可能是由于任务难度、运气等外在因素，也可能是努力程度、能力等内在因素，认真分析失败的原因，就能避免下次的失败。

5. 多多表现自己

与他人交往过程中，不要过于担心自己给别人的印象如何，把注意力放在具体的事情上，鼓励自己多在公共场合表达观点。

（二）焦虑情绪的处理策略

焦虑情绪在每个人身上都会出现，就像飘在我们心头的一片乌云，是淡淡的一闪而过，还是会阴云密布呢？学会自我调节才能驱走心头的这片云。

1. 自我放松

紧张焦虑的时候，可以通过自我放松的方法来调节。自我放松包括肌肉放松和想象放松。肌肉放松可以先用力握紧自己的双手，然后尽力放开，通过肌肉的放松来达到精神的放松。想象放松是通过语言暗示，想象自己在一个非常舒适的环境中，例如，你可以想象自己置身在温暖的海边，周围没有其他人，清风轻轻地吹着，你静静聆听着风吹过草地和自己的耳旁，全身感到无比的舒适，微风带来一丝丝海腥味（清新的味道），海涛在有节奏地唱着自己的歌，自己静静地、静静地聆听着这永恒的波涛声。

2. 建立自己的社会支持系统

这个社会支持系统可以是自己家人、同学、老师。当你觉得忧虑、无所适从的时候，有人能够倾听你的感受，此时他人的一句话、一个温暖的眼神，都是莫大的安慰。

3. 丰富自己的业余生活，转移注意力

平时参加一些文艺或者体育活动，例如唱歌、跑步、打球等，或者多听听音乐、看电影、写日记等，这些活动可以使我们的身心放松，降低情绪上的焦虑。

4. 寻求专业人士的帮助

现在高校都设有专门的心理咨询室，那里有专业的心理咨询老师，可以提供帮助。

（三）抑郁情绪的处理策略

抑郁的产生与个体的认知和心理防御机制有关。总是从悲观的角度想问题，当遇到困难或者受到挫折时，采用逃避、否定等消极的心理防御机制，就会产生抑郁情绪。走出抑郁，你需要从以下五个方面做努力：

1. 从多个角度看问题，培养积极乐观的态度

没有人能把所有的事情都做得很完美，不能因为某些方面的失败，而否定自己、怨恨他人。把乐观当成是一种习惯，积极的人生态度可以帮助你走出困境。

2. 多回忆自己成功或者快乐的体验，树立自信心

这种回忆可以让你觉得生活充满乐趣，提高你对生活的热情。你可以尝试在每天睡前想想今天让你开心的事，或者将令你开心的事情记录下来；当不愉快的时候可以将其拿出来翻看，可以起到调节的作用。

3. 转移自己的不良情绪

歌德是一个失恋专家，有过很多次被女人抛弃的经历，感情的不顺让他痛不欲生。这种情绪下他写下了《少年维特之烦恼》一书，小说中的主人公和他有着共同的经历和烦恼，最后自杀而终。而现实中的作者却活下来了，因为在写小说的过程中，他的情绪已经得到了转移。

4. 装笑也管用

心理学家艾克曼的最新实验表明，一个人老是想象自己进入了某种情境并感受某种情绪时，结果这种情绪十之八九果真会到来。装着有某种心情，模仿着某种心情，往往能帮助我们真的获得这种心情。

5. 积极的自我暗示

自我暗示是运用内部语言或书面语言以隐含的方式来调节和控制情绪的方法。语言

暗示对人的心理乃至行为都有着奇妙的作用。当不良情绪要爆发或感到心中十分压抑的时候,可以通过语言的暗示作用来调整和放松心理上的紧张,使不良情绪得到缓解。如"请放松"、"我是独一无二的我,我很棒"、"我喜欢结交朋友,和他们在一起我很开心"等,都是与某些不良情绪相对应的内部语言。

(四) 冷漠情绪的处理策略

性格内向、心胸狭窄、孤僻骄傲的人很容易产生冷漠的情绪。而经历过父母离异、伤害、多次挫折的人由于非理性观念也会对外界表现得很冷漠。

表面的漠然会带来内心的孤独和痛苦,想表露自己又担心受到伤害,所以把自己用冷漠的外衣包裹起来,这是心理防御机制的一种。长期的冷漠会削弱人际关系,减少社会支持,降低生活幸福感,所以我们要尝试着做到:

1. 学会自我悦纳,珍惜自己,体验自我幸福

大学生要学会自我悦纳,正确地分析自己的优势与不足,能够合理地接受自己的优点与缺点。也就是说,对自己身上的先天特点和客观属性,如相貌、身材、家庭背景等,不管是喜欢还是不喜欢的,都要怀着愉快的心情予以接受,而不要排斥和嫌弃。只有内心悦纳了自己,才会产生对自己的认同感和自信心,才会在人际交往中表现自然、不刻意掩饰,才会待人热情、适度开放自我,打开自己的心窗,阳光才能照进来。

2. 学会幽默

幽默感是沟通的润滑剂,当你觉得尴尬或者无法表达时,一句幽默的话可以很好缓冲情绪,带动气氛。当面对自己某方面的缺点时,无需刻意回避,适当的自我解嘲,会让你的缺点变得很可爱。

3. 酸葡萄与甜柠檬心理

自己得不到的就是不好的,而自己拥有的就是最好的。我的父母虽然不是有钱人,但是他们给了我最无私的关爱;我的专业虽然不是最热的,但是有很好的发展前景;我的恋人虽然不是最漂亮的,但是我们在一起很开心。人无法拥有完美,那还是给自己一个酸酸甜甜的安慰吧。

4. 学会分享

学会与他人分享彼此的快乐和忧伤,经常微笑面对他人。学会关心身边的人,当他们难过的时候,学会倾听、关注,送人玫瑰也会手留余香。

5. 多参加活动

多参加集体活动和公益活动,在帮助别人的过程中感受到更多的快乐。

(五) 愤怒情绪的处理策略

愤怒是燃烧在心头的一把火,伤害自己也伤害了他人,聪明的人会恰当地处理自己的怒火。

1. 理智地表达自己的愤怒

疯狂的愤怒,只能让别人觉得你是虚张声势、不成熟、不稳重。需要表达自己情绪的

时候，做到目光正视，声音平静，表情温和但有力。

2. 后果预想

发怒之前，考虑一下后果，想清楚对方会做出怎样的反应，不要最后自己都无法收场。

3. 移情换位

站在对方的角度想一想，他这么做一定是有他自己的原因，如果是我也许也会这么做的，这件事情就能够理解和接受了。

4. 延迟发怒

当你想发怒的时候，心里默数几个数，也许就没那么生气了。俄国大文豪屠格涅夫曾告诫人们：当你暴怒的时候，在开口前把舌头在嘴里转上十圈，怒气也就减了一半。

5. 转移注意

离开使你发怒的场所，通过其他事情转移注意力，例如可以看电影、听音乐、看书、写日记或者运动。上海有位百岁老人的长寿经验是：一把烦恼的事坚决丢开，不去想它；而是最好和孩子们一块玩一玩，他们的童真会给人带来快乐、消除烦恼；三是照一照镜子，看看自己暴怒的脸有多丑，不如笑笑，我笑，镜中也笑，苦中作它几次乐，怨恨、愁苦、恼怒也就没有了。

（六）嫉妒情绪的处理策略

嫉妒心理是一种损人不利己的病态心理，严重影响自己的身心健康，那么如何克服呢？

1. 认清嫉妒的危害

嫉妒的危害：一是打击了别人；二也伤害了自己、贻误自己。遭到别人嫉妒的人自然是痛苦的；嫉妒别人的人一方面影响了自己的身心健康，另一方面由于整日沉溺于对别人的嫉妒之中，没有充沛的精力去思考如何提高自己，恰恰又延误了自己的前途，一举多害。认清这些是走出嫉妒误区的第一步。

2. 克服自私心理

嫉妒是个人心理结构中“我”的位置过于膨胀的具体表现。总怕别人比自己强，对自己不利。因此，要根除嫉妒心理，首先根除这种心态的“营养基”——自私。只有驱除私心杂念，拓宽自己的心胸，才能正确地看待别人、悦纳自己。

3. 正确认知

客观公正地评价别人，也要客观公正地评价自己。别人取得了成绩并不等于自己的失败。人贵有自知之明。强烈的进取心是人们成功的巨大动力，但冠军只有一个，尺有所短、寸有所长；一个人不可能事事都走在人前，并非争强好胜就一定能超越别人。一个人只要客观地认识自己的优势和劣势，现实地衡量自己的才能，为自己找到一个恰当的位置，就可以避免嫉妒心理的产生。

4. 将心比心

将心比心是老百姓常说的一句俗语，在心理学上叫“移情”。当嫉妒之火燃烧时不妨设身处地地为对方着想，扪心自问，假如我是对方又该如何呢？运用心理移位法，可以让自己体验对方的情感，有利于理解别人，有利于抑制不良心理状态的蔓延，这是避免嫉妒心理行为之有效的办法之一。

5. 提高自己嫉妒的起因

嫉妒的起因就是看不惯别人比自己强。如果我们能集中精力，不断地学习、探索，使自己的知识、技能、身心素质不断得到提高，那么，也就可以减少嫉妒的诱因。而且，丰富多彩的课余生活将自己的闲暇时间填得满满的，自然也就减少了"无事生非"的机会，这是克服嫉妒心理最根本的方法之一。

6. 完善个性因素

凡是嫉妒心理极强的人，都是心胸狭窄、多疑多虑、自卑、内向、心理失衡、个性心理素质不良的人。努力完善自己的个性因素，提高自己的心理素质，以健康的心态面对生活。

7. 树立正确的竞争意识

以公平、合理为基础的竞争是向上的动力，对手之间可以互相取之所长、共同进步。我们还必须建立正确的竞争意识。嫉妒是人类心灵的一大误区，祝愿所有的大学生朋友自觉克服嫉妒心理，走出心灵误区，成为身心健康的栋梁之才。

三、成长体验活动

体验活动一

活动主题：负面情绪的表达

活动目标：让学生掌握与人分享负面情绪的表达方式，避免采取责备、抱怨的方式表达自己的情绪。

活动准备：安排学生排演一个因为不能恰当表达负面情绪而造成人际冲突的情景剧。

活动步骤：

(1) 情景剧表演

(2) 讨论

① 为什么会发生冲突？冲突的结果对双方造成怎样的影响？

② 是否需要向对方表达自己的负面情绪？怎样表达？

体验活动二

活动主题：正面情绪的表达

活动目标：让学生掌握与人分享正面情绪的表达方式，与他人进行情感交流，增进良好关系。

活动步骤：

(1) 小组练习(6～8 人一组)

每个同学分别赞美其他的小组成员，赞美内容提示如下：

① 特别漂亮的身体部位。

② 特别迷人的个性特征。

③ 出众的才能或本领。

(2) 小组分享

接受别人赞美时内心的感受。

小组讨论：

(1) 别人怎么赞美自己会比较乐于接受。

(2) 虚伪的谄媚与真诚的赞美有什么不同。

赞美练习：

全班同学在教室里随意走动，分别找五位同学表达真诚的赞美。

建议：当你情绪低落时，想想别人赞美你的这些话。

活动目的：通过角色扮演，能辨认各种情绪并了解它发生的原因，知道各种情绪反应对身心行为的影响，并学习控制情绪、发泄情绪的正确方法。

体验活动三

活动主题：镜子活动

活动步骤：

1. 学生两人一组，甲学生做出各种愉快的表情，乙学生作为镜子模仿甲的各种表情。时间为两分钟左右。

2. 双方互换角色。

3. 学生围绕刚才的活动讨论分享。

(1) 看到"镜子"的表情，你有什么感受？

(2) 在努力做各种愉快表情时，你的情绪有变化吗？

4. 教师小结：心理学研究表明，当我们装作某种心情，模仿着某种心情，往往能帮助我们真的获得这种心情。因此，每天早上起床后我们对着镜子笑一笑，告诉自己"今天会有个好心情"，往往会为你带来一天的好心情。

体验活动四

活动主题：控制情绪的角色扮演

活动目的：通过角色扮演，能辨认各种情绪并了解它发生的原因，知道各种情绪反应对身心行为的影响，并学习控制情绪、发泄情绪的正确方法。

活动准备：准备好角色扮演用的题目、个案和誓词；桌椅安排成几个小组讨论的形式。

活动步骤：

(1) 创设情景：

① 有人弄坏了你的自行车；

② 有个同学告诉你，放学后他要找几个人一起来揍你一顿；

③ 当你正在看你喜欢的电视节目时，有人把它调到了别的节目；

④ 你把妈妈省吃俭用给你买书的100元钱弄丢了；

⑤ 你在公共汽车上被人踩了一脚；

⑥ 同学们喊你的绰号；

⑦ 在某次竞赛或考试中你获得了第一。

(2) 讨论：在碰到以上各情景时，你会有何种情绪产生？你如果有不适当的情绪反应，会有什么结果？每组讨论一个情绪。

（3）能就自己在日常生活中因不适当的情绪反应造成不良后果的情形举例吗？

（4）根据各组讨论的情景进行角色扮演表演。

（5）大家逐个观看并进行评论。

（6）指导者结束语：

同学们，当你碰到困难时，可能会一时情绪低落，但我相信大家一定能尽快适应并调整好。请大家和我一起满怀激情地朗读一段誓词：

我有明确的奋斗目标，决不放弃！
我将百折不挠，主动迎战困难！
我必须勤奋学习，提高效率，珍惜时间！
我要积极行动，勇敢实践！
我乐观、自信、自强！
我将不断超越自我，走向辉煌！

指导者领一遍，团体成员读两遍，达到暗示作用。

延伸阅读

埃利斯情绪 ABC 理论

合理情绪治疗（Rational-Emotive Therapy，简称 RET）是 20 世纪 50 年代由埃利斯（A. Ellis）在美国创立的。合理情绪治疗是认知心理治疗中的一种疗法，因为它也是采用行为治疗的一种方法，故被称之为一种认知行为治疗的方法。

合理情绪治疗的基本理论主要为 ABC 理论，但要了解这一理论，首先要了解埃利斯及合理情绪治疗对人的基本看法。

1. 对人本性的看法

埃利斯的 ABC 理论是建立在他对人本性的看法之上，他的这种看法可归结如下：

（1）人既可以是有理性的、合理的，也可以是无理性的、不合理的。当人们按照理性去思维、去行动时，他们就会是愉快的以及行有成效的人。

（2）情绪是伴随着人们的思维而产生的，情绪上或心理上的困扰是由于不合理的、不合逻辑的思维所造成的。

（3）任何人都不可避免地具有或多或少不合理的思维与信念。

（4）人是有语言的动物，思维借助语言而进行。不断地用内化语言重复某种不合理的信念就会导致无法排解的情绪困扰。

（5）情绪困扰的持续是由于那些内化语言持续的结果。埃利斯曾指出“那些我们持续不断地对我们自己所说的话，就是或者就会变成我们的思想和情绪”。

2. ABC 理论

RET 的理论要点是：情绪不是由某一诱发性事件本身所引起的，而是由经历了这一事件的个体对这一事件的解释和评价所引起的。这一理论又被称作 ABC 理论。

ABC来自三个英文字的字首。在ABC理论的模型中，A是指诱发性事件（Activating events）；B是指个体在遇到诱发事件之后相应而生的信念（Beliefs），即他对这一事件的看法、解释和评价；C是指在特定情景下，个体的情绪及行为的结果（Consequences）。

通常，人们会认为人的情绪及行为反应是直接由诱发性事件A引起的，即是A引起。RET的ABC理论指出，诱发性事件A只是引起情绪及行为反应的间接原因；而B——人们对诱发性事件所持的信念、看法、解释才是引起人的情绪及行为反应的更直接的起因。

人们的情绪及行为反应与人们对事物的想法、看法有关。在这些想法和看法背后，有着人们对一类事物的共同看法，这就是信念。合理的信念会引起人们对事物适当的、适度的情绪反应；而不合理的信念则相反，会导致不适当的情绪和行为反应。当人们坚持某些不合理的信念，长期处于不良的情绪状态之中时，最终将会导致情绪障碍的产生。

因为情绪是由人的思维、人的信念所引起的，所以埃利斯认为每个人都要对自己的情绪负责。他认为当人们陷入情绪障碍之中时，是他们自己使自己感到不快的，是他们自己选择了这样的情绪取向。不过有一点要强调的是，合理情绪治疗并非一般性地反对人们具有负性的情绪。比如一件事失败了，感到懊恼，有受挫感是适当的情绪反应；而抑郁不堪、一蹶不振则是所谓不适当的情绪反应了。

3. 不合理信念的特征

对于人们所持有的不合理的信念，韦斯勒（Wessler）等曾总结出下列三个特征，这就是：绝对化的要求（demandingness），过分概括化（overgeneralization）和糟糕至极（awflizing）。

（1）绝对化的要求这一特征在各种不合理的信念中是最常见到的。对事物的绝对化的要求是指人们以自己的意愿为出发点对某一事物怀有认为其必定会发生或不会发生这样的信念。这种信念通常是与“必须”（must）和“应该”（should）这类字眼联系在一起的，比如“我必须获得成功”，“别人必须很好地对待我”，“生活应该是很容易的”等。怀有这样信念的人极易陷入情绪困扰。因为客观事物的发生、发展都是有一定规律的，不可能按某一个人的意志去运转。对于某个具体的人来说，他不可能在每一件事情上都获得成功；而对于某个个体来说，他周围的人和事物的表现和发展也不会以他的意志为转移。因此，当某些事物的发生与其对事物的绝对化要求相悖时，他们就会感到难以接受、难以适应并陷入情绪困扰。

合理情绪治疗就是要帮助他们改变这种极端的思维方式，而代之以合理的思维方式，以减少他们陷入情绪障碍的可能性。这种治疗要帮助他们认识这些绝对化要求的不合理之处、不现实之处，并帮助他们学会以合理的方式去看待自己和周围的人与事物。

（2）过分概括化是一种以偏概全，以一概十的不合理思维方式的表现。埃利斯曾说过，过分概括化是不合逻辑的，就好像以一本书的封面来判定一本书的好坏一样。过分概括化的一个方面是人们对其自身的不合理评价。一些人当面对失败或是极坏的结果时，往往会认为自己“一无是处”、“一钱不值”等。以自己做的某一件事或某几件事的结果来评价自己整个人，评价自己作为人的价值，其结果常常会导致自责自罪、自卑自弃心理的产生以及焦虑和抑郁的情绪。过分概括化的另一个方面是对他人的不合理评价，即别人稍有差错就认为他很坏，一无可取等，这会导致一味地责备他人以及产生敌意和愤怒等情绪。

按照埃利斯的观点来看，以一件事的成败来评价整个人是一种理智上的法西斯主义。他认为一个人的价值是不能以他是否聪明，是否取得了成就等来评价的，他指出人的价值就在于他具有人性。因此他主张不要去评价整体的人，而应代之以评价人的行为、行动和表现。这也正是合理情绪治疗所强调的要点之一。这一治疗的一句名言就是“评价一个人的行为而不是去评价一个人。因为在这个世界上，没有一个人可以达到完美无缺的境地”，所以埃利斯指出，每一个人都应接受自己和他人是有可能犯错误的人类一员。

(3) 糟糕至极是一种认为如果一件不好的事发生将是非常可怕、非常糟糕，是一场灾难的想法。这种想法会导致个体陷入极端不良的情绪体验如耻辱、自责自罪、焦虑、悲观、抑郁的恶性循环之中而难以自拔。糟糕的本意就是不好，坏事了的意思。但当一个人讲什么事情糟透了、糟极了的时候，这往往意味着对他来说这是最最坏的事情，是百分之百地坏，或是百分之一百二十地糟透了，是一种灭顶之灾。

埃利斯指出这是一种不合理的信念，因为对任何一件事情来说，都可能有比之更坏的情形发生，没有任何一件事情可以定义是百分之百地糟透了的。当一个人沿着这种思路想下去时，当他认为遇到了百分之百糟糕的事情或比百分之百还糟的事情时，他就是自己把自己引向了极端负的不良情绪状态之中了。糟糕至极常常是与人们对自己、对他人及对自己周围环境的绝对化要求相联系而出现的，即在人们的绝对化要求中认为的“必须”和“应该”的事物并未像他们所想的那样发生时，他们就会感到无法接受这种现实，无法忍受这样的情景，他们的想法就会走向极端，就会认为事情已经糟到极点了。RET 认为非常不好的事情确实有可能发生，尽管有很多原因使我们希望不要发生这种事情，但没有任何理由说这些事情绝对不该发生。我们将努力去接受现实，在可能的情况下去改变这种状况，在不可能时则学会在这种状况下生活下去。

在人们不合理的信念中，往往都可以找到上述三种特征。每一个人都或多或少地会具有不合理的思维与信念，而那些具有严重情绪障碍的人，具有这种不合理思维的倾向更为明显。情绪障碍一旦形成，他们自己是难以自拔的，就需进行治疗了。

第六章　恋爱心理

——羞答答的花儿总要开

在欧洲，有一个有趣的神话。相传最早的人类，不是今天这个样子，而是长着四条胳膊、四条腿、两张脸、四只眼睛，其中两只眼睛在前、两只眼睛在后，四只耳朵分布在脑袋四周，整个人好像一个大圆球。那时候的人力大无比，行走迅速，真正做到了“眼观六路耳听八方”，能耐非常大。人的能力大了，就目空一切，连奥林匹斯山上的众神都不放在眼里。众神受不了，一起到首领宙斯那里去告状。宙斯想了一个办法，就像用一根头发切开鸡蛋那样，把人从中间分成了两半，一半为男，一半为女。从此，用两条腿走路的男人和女人不再自高自大，反而得了一个后遗症，每个人都觉得自己的一半被丢掉了，急不可耐地去寻找本来属于自己的那一半，这样便产生了尘世的爱情。

第一节　恋爱心理概述

爱情是人类永恒的话题，也是大学校园里的热门话题，她是校园里一道亮丽的风景线。正值青春期的大学生，没有了父母的管束，少了老师的叮咛，就如同打开鸟笼的小鸟，在蔚蓝洁白的天空中自由飞翔。随着生理的成熟和心理的发展，渴望爱情，想谈恋爱已成为大学生中较为普遍的心理状态。但是，由于大学这个特殊的社会环境，以及大学生自身的一些因素，许多人在承受学习压力的同时也承受着恋爱等问题带来的困扰。

一、大学生恋爱的含义

对恋爱的定义有很多，一般是指异性之间在生理、心理和环境因素交互作用下互相倾慕和培植爱情的过程。恋爱虽然是追求爱情的行为，但并不是生来就有的，一个人对爱情的追求，只有当他/她的生理和心理发展到一定阶段时才会产生。也就是说，恋爱是大学生生理成熟和心理发展的结果。

（一）生理的成熟

生理发育水平决定心理和行为的发展水平。在校大学生的平均年龄在20岁左右，处于生理发育的成熟期。绝大多数大学生在中学时代就完成了成熟的关键一步，生理的成熟为大学生恋爱提供了生理基础。

（二）心理的发展

在两性交往方面，心理上一般来讲会经历四个阶段：

1. 异性疏远期

青少年在第二性特征出现后的1～2年内，朦胧地意识到两性差别，开始有了不安和羞涩的心理，很怕异性注意自己的变化，于是男女彼此疏远，即使是一起玩大的童年伙伴也较少交往，有的孩子在家里还会不由自主地疏远异性长辈。与此同时，这个阶段的孩子又开始对异性充满了好奇心，很想知道被成人世界掩饰的秘密是什么。

2. 异性吸引期

对异性产生好感与爱慕，一般发生在女孩11～13岁，男孩12～14岁以后。这时的少男少女开始喜欢表现自己，男孩乐于在女孩面前展示自己的能力与才华，以赢得女孩的好感与赞许；女孩开始注意修饰打扮，以引起男孩的注意和喜欢。男女相互接近的渴望使他们乐于参加与异性在一起的集体活动，喜欢结伴外出郊游、唱歌、跳舞或参加体育活动等，并对异性表示关心、体贴，乐于帮助以博得异性的好感。但是，少男少女毕竟还不懂得应当怎样与异性相处，接触和交往多半没有专一性和排他性。

3. 异性向往期

15～16岁之后的青少年向成人过渡加快，在对异性产生好感的基础上各自形成一个或几个异性的“理想模型”，并在众多的男女生交往中，逐渐由对群体异性的好感转向对个别异性的依恋；有的还形成一对一的“专情”行动，萌生恋情。

4. 择偶尝试期

高中毕业进入大学的青少年，对异性的爱慕和向往有了比较严肃的选择性和排他性，自然而然地进入了恋爱择偶尝试期。男女双方从内心深处都感到异性存在的美好，并渴望用各种方式接近异性，引起特定异性的注意与好感。

（三）客观环境的影响

大学生入学后生活、学习环境的变化，对大学生恋爱有着特别的影响。入学前，男女虽有对异性的向往，但由于学业的压力和学校、家庭的干涉，青春的激情被压抑着，不能也不敢释放。入学后，学校没有禁令，家长无法直接干涉，处在自由状态下的异性，在共同的学习生活中频繁交往、相互了解，这为大学生的恋爱提供了客观环境。

二、大学生恋爱的类型

大学生因为年龄很相近，而且很多大学生又都住校，彼此了解更多，产生感情也是特别自然的事情。这种情感确实与社会上的一些恋爱不同，它是在特定的时间、特定的阶段，彼此在一起学习时产生的。这种情感是很单纯的情感，他们不带有功利色彩，不在乎对方挣多少钱，也不在乎对方有没有房子，更不在乎对方的家庭状况如何。但是恋爱是难以驾驭的人生艺术，渴望谈恋爱是一回事，会不会恋爱则是另一回事。许多人疯狂地投入进去,惨痛地退出来。有的成功,有的失败,有的因恋爱引发犯罪甚至轻生,闹出人命。大学生中因恋爱动机不同而显现多样化的趋势。

(一) 共同成长型

这类学生基本上具备成熟的人格,有正确的恋爱观,能够以理性引导爱情,正确处理恋爱与学习、友情与爱情、情爱与性爱的关系。双方都有较强的进取心和自控能力,有共同的理想抱负、价值观念,把学业的成功作为爱情持久的目标,不仅仅把恋爱看作人生的快乐,而且能把幸福的爱情转化为学习和工作的动力。他们认为,恋爱不仅应该满足双方的感情需要,而且应该促进双方的成长。

(二) 理智目标型

进入大学后,毕业去向是大学生最为关注的主题。恋爱在有些人那里不可避免地揉进了毕业动向的条件,同时家庭条件和对方的发展前途也是各自关注的必不可少的条件。一些大学生彼此间的爱慕与向往也许并不强烈,但是有确定的生活目标。大三是这类学生谈恋爱的高潮期,他们认为这时处朋友,谈恋爱,相互了解,信任程度高。这种爱情是理智的、现实的,确定恋爱关系引起的争议也比较少。

(三) 盲目攀比型

有一些人,将恋爱看成是一种时尚。当周围的许多同学有了异性朋友时,一些男同学为了不使自己显得无能,一些女同学为了证明自己的魅力,也学别人的样子匆匆地谈起了"恋爱"。由于目的性不强,缺乏认真的态度,常常是跟着感觉走,把谈恋爱看作是一种精神上的补偿,最后也常以"因为没想那么多"为借口而各奔东西。这种恋爱带有很大的随意性。

(四) 感情空虚型

这类学生在精神上不太充实,同性朋友较少,和家人关系也不是很好,他们时常感到孤独、烦闷,为了弥补精神上的空虚,急着想与异性朋友交往,"恋爱"成为一种应急性的精神需求。尤其是节假日、周末,当寝室的室友成双成对地走出校园,自己一人在寝室时,有一些同学会有一种空虚得想谈恋爱的感觉。女生的这种心理体验尤为明显。据报道,有一所大学的一个班的全部女生在大二时就都有了"相恋对象",用她们自己的话说,"我其实不是真的在谈恋爱,只是生活太乏味了,又没有知己,想找个人聊聊天。"

(五) 追求浪漫型

这类学生情感比较丰富,罗曼蒂克的爱情对他们有着强烈的吸引力,对爱情浪漫色彩的追逐和窥探心理日趋强烈。他们并非不尊重爱情,而是觉得出没于花前月下的刺激比爱情的责任和义务更富有色彩和韵味。与这种色彩和韵味相比较,对方自身的品质被淡化了。他们追求和接受爱情时,对爱情的缠绵悱恻有较深的体验并乐在其中,时时沉浸在两人的世界里,忘却了集体,甚至荒废了学业。

(六) 功利世俗型

这类大学生以对方的门第、家产、地位、名誉、处所、职业、社交能力、驯服度等为恋爱的前提条件。有人会为了金钱、享受、地位、未来的工作等，通过恋爱搭桥攀关系，有些人为了达到这个目的甚至可以和原来的恋人分手而另觅新欢。

三、大学生谈恋爱常见的问题

(一) 恋爱缺乏责任感

当代大学生的恋爱是简单的、快速的。现在的社会都是快节奏的生活，大学生的恋爱也开始简单化，从思想上没有了以前固有的“审时度势”，女孩子们也没有了以前的“矜持”，当感觉还可以不怎么讨厌的时候，便开始了恋情，根本不考虑未来。

(二) 恋爱中片面化

当代大学生谈恋爱时，往往考虑的问题都比较片面，只考虑两个人在一起时的事情，如何让彼此的感情得到升华，而没有考虑到家庭、社会、周围事物的影响。大学生往往在乎爱情的过程而不考虑结果，把爱情与婚姻相脱离，在一时的冲动下，不顾及后果和影响。

(三) 恋爱中浪漫化

当代大学生恋爱更多注重的是感情上的愉悦，追求现实的快乐感，在两个人交往期间，往往把每个节日排成了时刻表，互相送礼物是稀疏平常的事情。在校园里，经常看到男生跪拜在女友的前边，红色的鲜花数量及求爱的方式让人触目惊心，在情人节及恋人生日的时候则是劳师动众大摆宴席，精心准备让对方感觉到惊喜。但在浪漫的同时，恋人对爱情的成功却并不看重，甚至认为恋爱和结婚是两码事。

(四)“不求天长地久，但求曾经拥有”

大学生谈恋爱时出现跟着感觉走的现象，不太注重恋爱的最后结果，非常强调恋爱时的感觉，看重恋爱的过程。有部分同学恋爱是为了摆脱精神空虚，消磨时光；有些同学更换恋人的速度很快，他们崇尚“主观学业第一，客观爱情至上”的理念，从理性上都知道学业是第一位的，感情是第二位的，但在实际行动中，一些大学生用于恋爱的时间远远大于学业的时间。由于大量的时间沉溺于花前月下，卿卿我我，部分大学生的学习成绩一落千丈。这些大学生强调爱的权利，缺乏爱的能力。大学生中的恋爱大多是激情碰撞下的初恋，在激情平息之后，却不懂得如何培养爱情，在爱与被爱的磨合期显得笨手笨脚，往往造成对彼此的伤害，轻易地恋爱，轻易地分手，强调爱的体验，负不起爱的责任。

(五) 网络游戏式的恋爱

随着高校校园网络的广泛建设以及手机移动网络的流行，大学生中上网的人数越来越多,有些人随时随地都可以上网。但是,相当数量的大学生偏离了上网正确的方向,把网上谈恋爱作为上网的主要目的。有些学生同网友聊过一次天,发过一次 E-mail 后,便一见钟情,甚至出现相见恨晚的感觉。有些学生第一次"接触"便敢说"我要娶你"、"我要爱你到天明"等之类的话,并迅速与对方在网上确立恋爱关系。大学生网恋一般很容易上瘾,而一旦上瘾就会沉湎于网上不能自拔,把网上爱情视为生活的唯一追求。有一些大学生中午、晚上不休息,加班加点在网上谈恋爱,上课时却无精打采,甚至有的大学生为了上网谈恋爱而逃课。

恋爱在很大程度上改变着一个人的思想、心理和行为。恋爱越健康,积极的改变就越多,反之,这种改变也可能是消极的。正如有的学者指出:"对青年来说,恋爱更多的是一种涉及生活全貌和人格整体的事情。如果说一个人进入青年期以后,在人格、生活态度以及人生观上发生了很大变化,那么导致这种变化的最大因素,大概莫过于恋爱的影响。"

四、大学生恋爱的利弊

恋爱现象在大学校园里已十分普遍。尤其是修改后的《婚姻法》中,明确规定大学生可以结婚,虽然就结婚后的学业和生育问题仍在讨论之中,但已经为大学生的恋爱提供了法律依据。虽然有部分人在大学里不谈恋爱,但他们对别人的恋爱大都持默认态度。

(1) 从个体发展的角度来看,恋爱对青年心理的成熟健全起一定的促进作用。

首先,恋爱是青年释放日益强烈的性冲动的重要途径。通过恋爱接触异性,使青年不再感觉到性的压抑紧张。

其次,人格的发展必须经过恋爱阶段才能完善,因为恋爱是两个人人格的深层接触,在此过程中,青年的自我概念受到对方的影响而发展,真正懂得了如何在保持自身独立性的前提下调整自身缺陷以适应对方。因此恋爱对一些个性因素和社会情感的发展有重大意义。难怪有些心理学家认为,恋爱是青春晚期和成年早期最重要的事件,只有经过了恋爱,人才会真正成熟起来。

(2) 不过,恋爱的意义虽有积极的一面,有时也会危害青年的心理健康。

首先,过度的兴奋和悲痛都会加剧心理紧张。处在热恋中的青年会为一些小事而高兴或烦恼,这就会带来高度的心理紧张。恋爱的进一步发展还会带来社会问题,这也是产生心理失调的重要因素。当然热恋中的男女虽然感觉到强烈的心理紧张,但双方的共处和抚慰、爱情的甜蜜又会降低他们的焦虑感。而那些遭受恋爱挫折的人就没这么幸运了,有人出现失魂落魄的精神状态,出现觉得人生没意义、活着不如死掉的想法,认为生活下去只有苦难和折磨,为此走向了绝路。如果没有恰当的心理辅导或较强的自我调控能力,失恋对青年的心理打击是很大的。

其次,大学生谈恋爱如果不能用理性控制自己,处理好各种问题,弊端更甚。第一,谈恋爱必然会占用时间、牵扯精力。大学时代正是学习知识、锻炼能力为未来打基础的黄金时期,如果大学生过多地将时间用于谈恋爱,必将对自身的学业乃至整个人生的发展有所影响。第二,经济基础决定上层建筑,大学生谈恋爱离不开父母金钱的"赞助"。恋爱时期情侣之间送礼送花、看电影玩游戏,哪一样不需要经济的支援?若再加上虚荣攀比之风,这无疑会给一些不太富裕的家庭带来压力。第三，虽说《婚姻法》已规定大学生可以结婚，可事实上大学生结婚的个案寥寥无几。大学生都是20岁左右的年轻人，个个血气方刚，对性充满了好奇，而由于社会传统的隐晦，对性知识了解又明显不足。大学生相对于生理的成熟，心理上的成熟程度远远不足，缺乏责任感和承受能力，一旦发生性行为，如果处理不好，对其身心和未来的发展都会造成巨大的伤害和不良的影响。第四，大学时期也是大学生锻炼自己的社交能力，为将来走向社会打基础的时期。谈恋爱之后，大学生必将社交范围缩小，部分人甚至只有二人世界而忽视家人和朋友，造成自己情感上的孤立，一旦爱情失败，就会变得一无所有。

可见，恋爱对青年来说是一把双刃剑，一方面它帮助青年心理发展走向成熟，另一方面它又带来各种各样的问题和不良影响。这绽放在圣殿里的爱情之花虽然美丽，但是却极其脆弱。没有爱情的学业固然有点枯燥乏味，但离开了学业的爱情，如同在沙漠中播种，缺少坚实根茎的花朵，迟早会枯萎。

第二节　恋爱中常见心理案例

随着大学生活的丰富，接触群体的增加以及心理、生理的不断成熟，青春的萌动使学生们开始涉足爱情这个领域。而随着人们观念的转变，恋爱让为数不少的大学生认为是大学生活不可或缺的一部分。伴随着青春的脚步，爱情会悄悄降临到青年人身边；随着生理的成熟，对爱情的欲望与追求，自然会在大学生的内心萌动。大学时代是人生的黄金时代，在这个季节里，青春的萌动使我们开始涉足另一个领域——爱情。然而什么是真正的爱情，大学生又应如何对待爱情、追求爱情，这将是每个大学生所面临的问题。

恋爱问题如果处理不好可能会影响大学生活、学习的质量，通过这节的学习，我们将学会如何处理两性关系。

一、暗恋阶段

我们每个人都曾暗恋过一个或者多个人。暗恋过程中不会有表白，暗恋通常是一种没有回报的爱，自己心甘情愿为他/她付出。这也等同于单相思，单方面默默存在心中的爱。暗恋是一种纯净古典的情感，这种爱可以在寂寞中无声地生长，而洁净的爱可能会有盲目犹豫和创伤，但一定不会有任何的功利性和目的性，它无私心，仿佛为了信仰存在。暗恋在开始的时候可能以为只是好感，等到在心中生根发芽才发现它已渐渐占据了胸膛。当无法抑制时就可能有伤害自己或者大胆向对方表达的冲动。暗恋是一种单纯、无私、深刻的爱，应了周杰伦那句歌词“用一生，去等待”，无论何时想起，都会是心底最温柔的记忆。这是一种最纯真的爱，因为埋藏于心中，简简单单。对于每个人来说，这都是一份难得的回忆。这份感情通常是因为自身条件或者有不愿说出口的原因，所以就搁置在心里。这是很矛盾的事，虽然痛苦，却又甘愿因此而痛苦。

暗恋他/她，我该怎么办？暗恋是每个人都会有的，所以暗恋是正常的，在一定条件下甚至会转化为你成功的动力。

情景再现1:爱一个人真的很难——单恋一枝花

许某一直是一名很乖的学生,上大学之前在家听父母的话,在学校听老师的话,成绩也一直很好。中学时为了不影响自己的成绩,虽然自己有喜欢的女孩,但他一直埋藏在心里。上了大学后,自己感觉学习的压力小了很多,看到身边一对对情侣,十分羡慕。后来自己也动了谈恋爱的心思,很快就喜欢上了本班的一名女同学,可是该女生对他没什么感觉。许同学感到很痛苦,觉着生活没什么意思,经常感慨如果不能和心爱的人在一起就没有了学习、生活意义。这样的心境严重影响了他的学习,一学年下来几门功课亮起了红灯。

【案例解析】 "哪个少男不钟情,哪个少女不怀春",爱情是人生理活动和心理活动的统一。一个正常的人到了大学这个年龄想去谈一场轰轰烈烈的爱情,这是人之常情,谁也不能剥夺。许同学喜欢班上的一名女同学想和她谈恋爱这无可厚非,但是爱情是双方的,必须要你情我愿才行,如果因此影响学习那就更不应该了。

情景再现2:爱情是什么? 真让人难以捉摸

张同学从小到大成绩都很好,因此在中小学有很多女同学对他有好感,因其年龄小,没有往恋爱这方面想,但是自我感觉特别好。上了重点大学后,随着年龄的增加以及周围有些同学的影响,自己对班上的一个女同学产生了好感。有一次他鼓起勇气约对方去打球,人家爽快地答应了,因为这点自己想当然地认为对方对自己也有好感,所以在宿舍高调地宣布自己恋爱了,还很大方地请宿舍同学吃饭。过了一段时间自己又约对方打球,这次人家没有答应。被拒绝后自己很难过,回到宿舍垂头丧气地说自己失恋了,还一连好几天没去好好上课。

【案例解析】 人的年龄有两个,一个是生理年龄,一个是心理年龄。作为大学生的我们生理年龄趋向成熟,差异也不大。而大家心理年龄的差异却很大,有些同学在言行举止方面表现很得体很成熟;有些同学却由于种种原因,待人接物的方式还停留在中学甚至小学阶段。上面讲到的这个同学明显心理年龄不成熟,他会不成熟地以暗恋的对方答不答应自己打球的邀请来断定其是否对自己有好感,在事情面前表现的大喜大悲,情绪不稳。

情景再现3:男女之间有纯洁的友情吗?

小李在高中的时候学的是理科,班级女生很少,自己和女生说话的机会就更少。到了大学后学校里课外活动很多,他报名参加了几个感兴趣的社团。社团里有很多女同学,其中有些同学很热情,经常主动和小李说说笑笑;路上遇见的时候女同学也会主动和他打招呼,小李心里感觉美美的,觉着自己特别有魅力,认为自己被很多女同学喜欢。可当他主动和对方进一步联系时,他发现对方的反应又出乎他的意料,那些曾经对他很热情的女孩没有了以往的热情。这让小李很痛苦,觉着女孩的心思真是难以捉摸。

【案例解析】 大学里,男女生之间的交往比中学阶段多了很多,学校也鼓励学生有针对性地进行交往。很多学生对于两性的好奇与探索,是从团体活动中去认识与了解男生与女生在生理、心理和行为上的异同，因此在男女生交往时首先是尊重对方，在互相尊重中学会爱人与被爱，这样才能享受到爱的真谛。男女之情亦是建立在一般友谊之上，男女之间有良好的友谊可能是将来进一步交往的坚固基石，但是我们不要错误的将友情当作爱情。

情景再现4：虚拟世界中有真正的爱情吗？

李某性格内向，平时不爱说话也不爱参加集体活动，但其内心又渴望与人交往，只是每次和别人交流时都很紧张，有强烈的失败感。渐渐地，他就不愿意和现实生活中的人打交道，有事无事就喜欢上网和别人聊天，并在网上找到了自己所谓的“白雪公主”。交往一段时间在没有和对方见过面的情况下，小李就毫无保留地将自己所有的信息告诉了对方，从此一有时间就上网与其聊天，当对方不在线的时候就魂不守舍，当对方在线的时候就兴高采烈。之后，从未见过对方面的小李就轻信对方将自己一学期的学费与生活费借给了她，而对方从此消失得无影无踪，再也没和李某联系。

【案例解析】 网络给人们带来了许多的便利，对于人际的交往更像是一场革命。我们透过网络与不曾谋面、不相熟识的人，彼此可能建立一份互为依赖和相系的情感。网络上的感情世界令许多人着迷的原因是，可以不用过度地暴露自己，又可以在不失神秘感中能在某些程度上保护自己与开放自己，并且透过比较大的想象空间以及可以自主加入与抽离，更让许多人在网络的世界中沉迷。然而在网络里的人际边界无边无际，各式各样的人皆有，每个人与人接触的动机不同。虽然网络发展的爱情并非都是不可靠的，但是对于网络人际的好处以及它的限制每个人都应该有所了解，学习尊重对方和保护自己才是最重要的。

二、恋爱阶段

恋爱中的人们之间会产生强烈的依恋、亲近、向往，以及无私、专一并且无所不尽其心的情感。这时的爱就是要网住对方的心，它具有亲密、情欲和承诺的属性，并且对这种关系的长久性自己持有信心，也能够与对方分享隐私。此时的我们会有下面的情况：如果我不能同他/她永远在一起，我会感到苦恼；对于任何事情我都会原谅他/她；遇到高兴或者不高兴的事，第一时间我都想和他/她讲；和他/她在一起，干什么都好……

恋爱时的我们容易失去自我，看问题做事情会出现片面化、情绪化的情况，作为学生的我们如果处理不好还会严重地影响学习以及生活质量。

情景再现5：大学生债台高筑，因为谈恋爱

一场爱情，24张北京往返南京的火车票，3个月花了2万元。大力是某高校即将毕业的学生，去年春节后北上进京找工作，工作找得还挺顺利，很快就赢得了一份实习工作的机会。而工作的同时他心里还惦念着刚谈恋爱不久的女朋友。3个月的实习期，他整整回了南京12趟。朋友们都戏称，铁道部该给他办张月票！“在北京就打电话，一张50元的电话卡一个晚上就没了，也不知道怎么就有那么多话说。越聊越想，就有了第一次回去，之后就一发不可收拾了。有时候火车上人多，买不上硬座，就只能一直站到南京，可一见到她，所有的辛苦都烟消云散了！”盲目的爱情背后最直接的付出是金钱。车费、电话卡、礼物，3个月下来，大力花了2万元。对于一个还没有独立经济来源的大学生，这无疑是很大的一笔数目。大力借口找工作分批向家里要了1万元，剩下的找朋友借，到现在借的钱还没有补上。

【案例解析】 在人们的印象中，大学里的爱情是美好的、单纯的，没有太多的杂质，是大学生活中最值得回忆和充满温馨甜蜜的美好时光。有人在分析大学生恋爱高成本时说：“大学生作为还没有独立经济来源的个体，在消费方面应尽量有所节制，不要受现实消费潮流的影响。物质投入和感情回报是两回事！”然而很多同学为了爱情不顾一切，生活中缺乏必要的自控和自律能力，这样发展下去自己承受不了，对爱情的维护也不一定有利。

情景再现6：大学生活情爱小调——同居

在某高校上学的小美大二时和同班的阿蔡坠入了爱河。没过多久，两人在校外租了间小屋，开始了真正的二人世界。在两人的精心布置下，一个温馨的家诞生了，书柜、电视、灶具一应俱全。幸福的日子在风平浪静中度过，偶尔有些小拌嘴，也成为两人甜蜜生活的调味剂。“那天，小美告诉我，她怀孕了，我整个人就像被人打了一棍，一下子懵了！”阿蔡这样形容当时的心情。大学生的身份和他们的经济状况，根本无法去迎接一个新生命的到来。人流虽然很残忍，但对他们来说，是最好的解决办法。几经斟酌，两个人来到一家医院做了无痛人流，手术费、住院费，加上一些营养品，总共花了3 700元。小美每个月有1 000元的生活费，家里宽裕的时候，会多寄给她一些，但3 700元可真不是个小数目。他俩用了5天的时间，向身边的朋友、同学，筹到了2 200元。其余是小美以考资格证为名向家里要的，到现在还有500元没有还清。

【案例解析】 传统的恋爱道德规范正逐渐地在大学生人群中消失，后现代主义所崇尚的恋爱自由、浪漫、性开放在当今的大学校园里正逐渐蔓延开来。大学生恋爱由羞涩与含蓄转向公开化，恋人们在众目睽睽之下做出搂腰、拥抱、抚摸、亲吻等亲昵的动作，同居的现象日趋增多，婚前性行为也被有些大学生接受，并对此采取一种默然、宽容的态度。

情景再现7：分分合合十几次，这也叫谈恋爱

小张和他的男朋友是在同乡会上认识的，两个人一见钟情，很快就确定了恋爱关系。可是好景不长，两个人因为很小的事情就会相互争吵互不相让，吵到最后的结果就是分手。可是每次分手后没过多久又会很难受，双方都因受不了分开的痛苦而联系对方，再在一起后两个人都会信誓旦旦讲以后再也不吵架了。可是过不了多久两个人又会因为小事争吵而分手，分手后没过多久又复合。就这样两个人在一起恋爱一年多前前后后分手了十几次，小张很痛苦，不知道该怎么办。

【案例解析】 像小张这样的情侣在学校里还有很多,有些同学9月份才入学,10月份就确定了恋爱关系,可是11月份又分了手,谈恋爱对很多同学有点像小时候玩的"过家家"游戏。其实这些同学当中有很大一部分也很痛苦,他们真的不知道如何谈恋爱。为什么会出现这种情况,其实道理很简单,一个人连自己都不太了解,遇到事情处理的一团糟的人,你指望他/她能谈好恋爱真是比登天还难。

情景再现8:异地恋能有好的结局吗?

李同学和他的女朋友是高中时确立恋爱关系的,毕业后,他进入了一所高职院校,女朋友则出国念大学。他们感情很好,一年来,两人利用网络、电话互诉衷肠,虽然因时差关系,比较辛苦,但感情始终甜蜜如初。可到了大二,李某除去专业学习外,还需要面临专转本复习及考试、各种专业证书的学习及考证,时间仿佛一下子缩水了,继续和女友维持以往的沟通方式和时间,对他的身心造成了极大的耗竭,他常常觉得疲惫不堪,觉得这样下去离自己的目标越来越远了,开始考虑要不要放弃这段感情。

【案例解析】 大学阶段,大学生的主要目标是追求自己的理想、完成自己的学业。所以,绝大多数的学生期待更多的是全面提升自身素养、提高专业能力,为未来走向社会做准备。他们更注重的是在各方面提升自己,以面对日趋激烈的竞争。所以,当此主要矛盾无法充分解决的时候,放弃爱情以期保全主要目标的顺利进行与完成似乎就显得顺理成章了。

情景再现9:爱情像雨、像雾又像风

王某是在校的大二学生,学习成绩优秀,长像高大帅气,身边不乏追求者,而他总是以已经有女朋友为借口来拒绝别人。其实谁也没见过他所谓的女朋友。当同学们问起他女朋友的情况时,他总是无奈地笑笑。王某所说的女朋友是他从小在一起长的小伙伴,家离得很近,由于两家是世交,父母双方已经默认两人之间的关系。对于王某来讲,他也很喜欢这个与他青梅竹马的妹妹。但是,该女生对于王某的感情,用王某自己的话来讲就是在写一条自己不会的选择题,答案像雨、像雾又像风。该女生很少主动联系他,两个人在同一座城市的不同学校上学,都是王某主动去看她。两个人在一起时,关系很好。但是该女生从来没有主动给王某打电话,或者哪怕是主动要求王某来看她。这让深爱着她的王某痛苦不已。

【案例解析】 爱情,多么美丽的字眼。泰戈尔说:眼睛为她下着雨,心却为她打着伞,这就是爱情。爱情是甜蜜的,没有爱情的人是何等期待属于自己的那份爱情。但是,爱情是两个人的事情,单方面的付出并不是真正的爱情。

情景再现10:认真对待自己的感情

赵某由于高中没有好好学习,高考成绩不理想,进入南京某一民办高职院校学习。赵某家境富裕,为人慷慨大方,从不斤斤计较,因而朋友很多,在学校里面有很多哥们。赵某除了成绩不好之外,其他各方面都很优秀,他是学院团委的工作积极分子、系学生会主席、校篮球队骨干成员，因此，身边有很多追求者。目前大三的他，谈过的女朋友已经不下10个，最短的一段感情才一个星期就草草结束了，最长的一段感情也没有超过一个学期。赵某有时甚至同时和两三个女生谈恋爱，刚开始觉得自己很厉害，可是时间长了，赵同学觉得自己是在做一件永远没有意义的事情。赵同学觉得谈了这么多女朋友，却始终没有找到心动的感觉，认为自己永远找不到真爱，为此他很苦恼。

【案例解析】 几乎所有的大学生都能背诵《大话西游》中那段经典的台词："曾经有一份真实的爱情放在我的面前，我没有珍惜，等它失去时我才后悔莫及，人世间最痛苦的事莫过于此。如果上天再给我一次机会，我一定会对她说我爱你！如果非要在这份爱情上加一个期限，我希望是一万年"。爱情是美好的，世界上任何美丽的事物都无法与其媲美。在爱情的世界里，没有贫富等级之分。每个人对待爱情的态度应该是认真的，否则，将得不到爱情和一生的幸福。

三、失恋阶段

两性交往中最痛苦、最不愿意发生、最不想面对的事情就是分手，尤其分手是对方提出来的时候。但这样的事情每天都会发生，当发生后绝大多数人的痛苦持续的时间会比较短，过段时间就能从失恋的阴影中走出来，但也有一部分人会长期地沉浸在负面情绪中久久不能恢复。

情景再现11：我到底做错了什么？我喜欢的人喜欢上了别人

小王和小丽是高中同学，彼此早有好感，可是高中那个环境不允许他们谈情说爱，两个人暗下决心一定要考上同一所大学，到大学后再公开恋情，这样父母、老师就不会反对。可是小王高考考得很理想而小丽没有考好，在现实面前两人只能分开；小王去上大学，小丽参加高考复读班。在接下来的一年里，小王和小丽很频繁地联系，小王更是一有空就回去看望和鼓励小丽。很快一年过去了，小丽在自己的努力和小王的鼓励下终于考上了同一所大学，两个有情人终成眷属，让人非常羡慕。可是好景不长，小王发现小丽总是躲着自己，发过去的短消息半天不回，约她出去玩她也不愿意……很快小王发现小丽正在和另外一个男生谈恋爱。这让小王很受伤，不知道怎样去面对这个现实，整天魂不守舍，不停地问自己到底做错了什么。

【案例解析】 爱情为什么从古至今有那么多伟大的人、伟大的作品去描写讴歌它，其中有个很重要的原因，因为它是两个人之间的事情，它不像学习和工作只要个人努力、方法得当就可以有个好的结果。爱情需要两个人共同努力一起经营。上面例子中小王和小丽的爱情，只有小王一方在努力，结果可想而知。

情景再现12：爱情的基石——自信与他信

周同学和他的女朋友是在大学里认识的，一切发生的似乎都很合理并完美。可是，随着关系的日益加深，周同学却越来越担心和焦虑了。原因在于当他偶尔翻看女友的手机或登录其QQ空间时，总会看到某个男同学对其女友嘘寒问暖或留下祝福的信息或留言。当他每次怒气冲冲地质问女友时，女友的解释都是只是个高中同学，让他别介意。一开始，女友认为他是爱她、介意她，所以并不生气；但多次之后，女友觉得他疑心病太重，是不信任她的表现，所以提出分手。于是，他更加疑惑："她真的爱我吗？"最终两人也分了手。

【案例解析】 大学生活是自由开放的，男女生接触的场所和机会也比较多，除了课堂学习场所外，实习、打工场所、社团活动以及各种团体竞赛中，都增加了与异性相处的机会，对更深入地了解接触异性提供了的帮助。再者，大学阶段的男女大多在18～22岁的年纪，这个年龄正是渴望寻找亲密感，建立稳定恋爱关系的阶段。所以，在学习之余，遇见心动的异性，向他（或她）表达爱慕和关怀，真的在情理之中。

情景再现13：自己比对方还要痛，自卑的人无意当中伤害了爱自己的人

小徐因小时候的经历，性格有所缺陷，生活中比较自卑，平常和女孩说话都脸红，也不太善于表达。这样的人从理论上讲应该不会讨女孩喜欢，可是他运气不错，上了大学后因为身边的女同学比较多，居然也有一个同学对他有好感并对他发起了攻势。其实这个女孩并不是小徐喜欢的类型，可因为自卑的人虚荣心强而且因为其不善于表达，不知道怎么向对方说清楚内心的真实感受，这样两个人稀里糊涂地就确定了恋爱关系。这段感情女孩非常满意也很投入，但随着时间的推移，小徐越发觉着和对方不合适，内心的感受就越痛苦。这样一直拖到毕业，小徐终于鼓起勇气向女孩提出了分手，看着对方难过的样子，自己连看对方的勇气都没有，内心十分痛苦。

【案例解析】 并不是每对恋人的感情都是对等的，因为不同的原因，很多人在一起并不是真正有了爱情来了电。有些人可能是因为太无聊而找个人谈恋爱，有些人可能是为了满足虚荣心，还有些人可能是因为一个人学习太困难找个免费的辅导老师而去谈恋爱……这样的恋情必然不牢固，最终的结果也可想而知。

情景再现14：爱情不是生活的全部，这样的男生才是真正的汉子

小刚平常就是个懂事的学生，生活很有规律。上了大学后看着身边的同学谈恋爱也很羡慕。一次社团活动中他认识了一个女孩并觉着对方挺不错，与自己又有共同的兴趣爱好，就开始追求对方。经过马拉松式的追求，最终小刚如愿以偿和对方确定了恋爱关系。小刚想着来之不易的恋情，因此在平常交往的过程中对对方特别照顾。可是事与愿违，也不知道什么原因，没过多久这个女孩还是和自己提出了分手。刚开始小刚难以面对这个现实，不知道自己到底做错了什么，生活无精打采，课堂上也魂不守舍。突然有一天他听到了内心一个声音对自己说：难道你就这样沉沦下去，你以前的理想抱负，你家人对你的期望，你身边的朋友你都可以不顾了吗。从那以后小刚虽然还是心有不甘，但是他生活得更积极、学习得更刻苦，用他的话讲叫化失恋的悲痛为力量，终于功夫不负有心人，在转本的考试中考上了理想的学校和专业，还在之后的学业中收获了一份浪漫的爱情，生活着实让人羡慕。后来有人问他为什么能学业爱情双丰收时，他都不

好意思地告诉对方要不是大学期间那段失败的感情，自己很有可能没有这样的动力和毅力，从而没有今天的幸福生活。

【案例解析】 上了大学因为生理、心理的原因，不管是成绩差还是成绩好的学生都想去谈场浪漫的恋爱。有少部分人可能会如愿以偿，绝大多人可能使出浑身解数也找不到理想中的恋人。可就在这少部分如愿以偿的人中，很大一部分人也会因为种种原因最终还是会分手，分手后双方或一方肯定会很痛苦这是客观规律。此时的我们一定要明白痛苦这个过程是正常的，千万不能因为这个借口我们就可以自暴自弃，因为生活中除了恋爱我们还有理想、学业、家人、朋友、兴趣爱好。

第三节　恋爱心理健康自测

各种各样的心理测试是了解自我的一种行之有效的科学手段。下面几个测试可以帮助你更加清晰地了解自己的心理状况，请按照内心的真实情况作答。

心理健康自测(一)

爱情心理年龄测试

指导语：在爱情方面我们常听人家说：年龄不是问题，但这指的是实际的年龄。我们经常忽略的，其实是爱情本身的年纪。20 岁的人，爱情年纪可能只有 15 岁，也可能已经 35 岁了。知道彼此的爱情年龄，会让我们更懂得如何对待彼此。以下题目可以帮助你进一步了解自己的爱情心理年龄，请按照自己真实情况作答。

1. 如果朋友临时取消约会，你会怎么安排自己的时间？
   A. 去逛逛早就想逛的地方
   B. 赶快打电话找别的朋友出来
   C. 无所事事，心情很闷地到处乱晃
2. 在网上的聊天室遇到陌生人跟你搭讪，你会作何处理？
   A. 先试着聊天看看
   B. 保持暧昧地跟对方谈话
   C. 立刻跑掉或是完全不理他
3. 如果你收到恋人送你的戒指，你会戴在哪只手指上呢？
   A. 中指
   B. 无名指
   C. 小指
4. 若是恋人讨厌你的某位朋友，你会……
   A. 从此跟那位朋友断绝关系
   B. 瞒着恋人跟那位朋友联络
   C. 完全不理恋人的抱怨
5. 当恋人要求你当街亲吻他/她，你会……

A. 拥吻有何不可？立刻热烈地回应

B. 表示自己会害羞，亲吻对方的脸颊或手作为让步

C. 断然拒绝

6. 白雪公主的故事中，你最喜欢哪一幕？

A. 白雪公主在小矮人家睡着

B. 小矮人们为公主制作玻璃棺

C. 王子扶起公主使毒苹果掉出，而公主醒来

7. 一场演出夫妻外遇的连续剧，你最容易认同那个角色？

A. 外遇的一方

B. 苦情守候的一方

C. 第三者

8. 你看到路边有个人一边等候一边不停地看表，你认为他是？

A. 跟恋人约会，但对方迟到了

B. 等公车，车再不来他就会迟到

C. 朋友或恋人进银行去办事，他在等对方何时才把事情忙完

9. 你和恋人约在一家新餐厅共进晚餐，你会挑选哪个座位？

A. 窗边的座位

B. 最能欣赏到钢琴演奏的位置

C. 最角落的位置

10. 你走过一家店，传来一阵香味，你觉得那是？

A. 刚烤好的面包香

B. 带有果香味的香水

C. 咖啡香

11. 你看到两个人正在说悄悄话，你觉着听的那个人会有何反应？

A. 皱着眉头不说话

B. 强力忍着笑意

C. 到处东张西望

12. 如果你可以选择一个梦境，你会选择什么样的梦？

A. 梦到自己是个万人迷，每个认识的人都想向自己表示爱意

B. 梦中自己是个亿万富翁，能够呼风唤雨

C. 梦见自己是个平凡的人，有平凡的家庭，一家人和乐融融

13. 你将在三个你喜欢的对象中挑选一位交往，但他们各有缺点，你会选择谁？

A. 样样都好，就是非常穷

B. 有钱、体贴、风趣、年轻，但是很花心

C. 平凡、老实，有点年纪

14. 你打翻了一个杯子，你觉得里面装的是？

A. 葡萄酒

B. 满满的白开水

C. 空的

15. 你睡得正熟时,突然地震了,你的第一个反应是?

A. 赶快找个地方躲

B. 赶快逃出去

C. 先继续睡,如果摇得厉害再作反应

评分与解释:

	A B C		A B C		A B C
1	5 3 1	6	3 5 1	11	5 3 1
2	3 5 1	7	5 1 3	12	3 5 1
3	1 5 3	8	1 3 5	13	1 5 3
4	1 3 5	9	1 5 3	14	1 5 3
5	1 5 3	10	3 5 1	15	3 1 5

(1) 得分 15～22 分:你还处在爱情的少年期,你大概是爱情小说或连续剧的忠实读者,面对爱情真正的困境处理起来非常生涩。

(2) 得分 23～44 分:你的爱情心理年龄大概是 20 岁的年纪,青春正好,有冲劲,也比较懂得进退。不过,你最常犯的毛病是高估自己。

(3) 得分 45 分以上:你的爱情年纪已经进入成熟期,就像人说:三十而立。如果条件允许的话可以谈恋爱了,因为就算失败,你也会处理得很好。

(量表来源:http://wenku.baidu.com/view/8b4e9267f5335a8102d22067.html)

心理健康自测(二)

恋爱态度量表

指导语:心理学家把爱情的态度分成两种类型:一是浪漫型,即把爱情看成是一种神秘的、永恒的力量,对爱情充满了激动、幻想与渴望,较少注重一些现实问题;另一种是现实型,以注重现实为特征,恋爱关系维系稳固、和谐。下面的量表可用于测量出一个人对恋爱的态度是现实型还是浪漫型。请仔细地阅读每条陈述,并把你认为最适于代表你意见的号码打上圈。(1. 坚决同意,2. 适度同意,3. 不好决定,4. 有些不同意,5. 坚决不同意)

1. 当你真正恋爱时,你对任何别的人都不感兴趣。

1 2 3 4 5

2. 爱没有什么意义,它就是那么回事。

1 2 3 4 5

3. 当你完全陷入爱情时,就会确信它是真实的。

1 2 3 4 5

4. 恋爱绝不是你所能客观加以研究的,它是高度情感的状态,不能进行科学观察。

1 2 3 4 5

5. 某人恋爱而不结婚是个悲剧。

1 2 3 4 5

6. 有了爱，就知道这爱。

1 2 3 4 5

7. 共同兴趣实际上是不重要的，只要你们真正相爱，就会彼此协调。

1 2 3 4 5

8. 只要你知道你们是相爱的，虽然彼此认识的时间还很短，马上结婚也不要紧。

1 2 3 4 5

9. 只要两个人彼此相爱，即使有着信仰差异，实际上也不要紧。

1 2 3 4 5

10. 你可以爱一个人，虽然你不喜欢这个人的任何一个朋友。

1 2 3 4 5

11. 当你恋爱时，你经常是茫然的。

1 2 3 4 5

12. 一见钟情往往是最深切、最永恒的爱。

1 2 3 4 5

13. 你能真正爱上的，并能在一起幸福地生活的人，世界上只有一两个。

1 2 3 4 5

14. 不用管其他因素，如果你确实爱上了另一个人，就可以和这个人结婚了。

1 2 3 4 5

15. 要得到幸福就必须对你要与之结婚的人有爱情。

1 2 3 4 5

16. 当你和所爱的人分离时，世界上的一切仿佛都暗淡而令人不满意。

1 2 3 4 5

17. 父母不应该劝说儿女同谁约会，他们已经忘记恋爱是怎么回事了。

1 2 3 4 5

18. 爱情被看成是婚姻的主要动机，那是好的。

1 2 3 4 5

19. 当你爱上一个人时，你就想到将来要和那个人结婚。

1 2 3 4 5

20. 大多数人都会在某些地方有一个理想的对象，问题是怎样去找到那个对象。

1 2 3 4 5

21. 嫉妒通常是直接随着爱情而变化的，就是说，你越是爱就越会有嫉妒心。

1 2 3 4 5

22. 被任何人都爱上的人大约只有少数几个。

1 2 3 4 5

23. 当你恋爱时，你的判断力通常不是太清楚的。

1 2 3 4 5

24. 你认为，一生中爱情只有一次。

1 2 3 4 5

25. 你不能强使自己爱上某一个人，爱情说来就来，说不来就不来。

1 2 3 4 5

26. 和爱情相比，在选择结婚对象时，社会地位和宗教信仰的差别是无关紧要的。

1 2 3 4 5

评分与解释：

选择1计1分，选择2计2分，依此类推，将所有题目得分相加。分数越高越接近现实型，分数越低越接近浪漫型。

（量表来源：http://wenku.baidu.com/view/3601bf1dfad6195f312ba6fc.html）

心理健康自测(三)

爱情类型量表

此问卷来自美国社会心理学家阿伦森的《社会心理学》第五版，请就你个人真实的感受与经验来回答。如果你现在有男(女)朋友，请以现状作答；如果你曾经有男(女)朋友，请以最近的一位作答；若你还未曾有男(女)朋友，请你用想象的方式作答。对每个项目，请选择1到5之间的数字来表示你在多大程度上同意或者不同意该陈述。(1＝非常不同意，2＝中度不同意，3＝中立，4＝中度同意，5＝非常同意)

1. 我和我男(女)朋友是一见钟情。
2. 我和我男(女)朋友之间有心动的感觉。
3. 我们的情爱热烈而令人满意。
4. 我觉得我和男(女)朋友是天造地设的一对。
5. 我和我男(女)朋友在感情上能很快融入到一起。
6. 我和我的男(女)朋友能真正地互相了解。
7. 我的男(女)朋友符合我理想中英俊/美丽的标准。
8. 我会在对对方承诺时保持一点儿不确定。
9. 我相信我过去的事情不会伤害他/她。
10. 有时我会试图阻止我的男(女)朋友找其他的伴侣。
11. 如果我和男(女)朋友分手，我可以很快忘掉这段爱情。
12. 我的男(女)朋友知道我和别人的一些事情会很难过。
13. 如果我的男(女)朋友太依赖我时，我会和他(她)保持一点儿距离。
14. 我喜欢与我的男(女)朋友以及其他一些人玩“爱情游戏”。
15. 我很难说出自己和他(她)的感情是何时从友情变成爱情的。
16. 我们的爱情先需要一段时间的相互关怀。
17. 我希望与对方永为朋友。
18. 我们的爱情是最佳类型，因为是经由长久友情发展起来的。
19. 随着时间推移，我们的友情渐渐与爱融为一体。
20. 我们的爱情是真正深刻的友谊，而不是神秘奥妙的情感。

21. 我们的爱情极为令人满意,因为它是从良好的友谊发展起来的。
22. 许诺之前,我会考虑我的另一半未来会成为怎样的人。
23. 在选择男(女)朋友之前,我会先仔细计划我的生活。
24. 我相信择偶最好"门当户对"。
25. 对我家人会有什么影响是我择偶的一个很重要的考虑。
26. 择偶的一个重要因素是对方是否会成为好的父(母)亲。
27. 择偶的一个重要因素是对方对我职业生涯的影响。
28. 在认定他(她)为另一半之前,我会考虑我们是否能生出健康的小孩。
29. 当我与他(她)之间发生问题时,我会寝食难安。
30. 假如我和我的男(女)朋友分手,我会很低沉,甚至想到轻生。
31. 有时候,我会因为恋爱而兴奋失眠。
32. 当男(女)朋友不关心我时,我会感觉全身不适。
33. 从我爱上他(她)后,很难在其他事情上集中注意力。
34. 当我怀疑他(她)和别人在一起时,我会不舒服。
35. 假如他(她)有一阵子忽视我,我有时会做出一些傻事来吸引他(她)的注意。
36. 无论何时他(她)遭遇困难,我都一定会帮他(她)渡过难关。
37. 我宁愿自己受苦,也不让我的男(女)朋友难过。
38. 我的男(女)朋友快乐时,我才会快乐。
39. 我一般会牺牲自己的愿望而让男(女)朋友的愿望得以实现。
40. 我有的一切东西,我男(女)朋友都可以随时取用。
41. 即使我的男(女)朋友生我的气,我也全心且无条件地爱着他(她)。
42. 我宁愿为了我的男(女)朋友忍受一切。

评分与解释:

加拿大社会学家约翰·李将男女之间的爱情分成六种不同的爱情类型:情欲之爱、游戏之爱、友情之爱、现实之爱、激情之爱和奉献之爱。这些爱情类型,主要是基于人们在爱情中的不同行为表现。

(1) 情欲之爱,也是浪漫之爱。一见钟情式的爱情较容易发生在这种类型之中。情欲之爱者非常注重外表的吸引力,能很快进入爱情。

(2) 游戏之爱。这种爱情类型的人,从来不会把爱情当作严肃的事情。他们将爱情视为一场游戏,视自己为这场爱情游戏的高手。虽然他们并不想给别人造成伤害,但事实上却往往如此。

(3) 友情之爱。这是一种缓慢发展的爱情,恋爱关系是从友情中慢慢演变而来。相似性在情侣间极为重要。

(4) 现实之爱。这是十分讲求实际的爱情类型。他们会站在现实的角度上,选择最符合条件的情人。这些条件包括家世、学历、能力、未来成就等。

(5) 激情之爱。这种爱表示恋爱中的人有强烈的依赖感、占有欲。他们的情绪常处在两极化,总被恋爱对方的喜怒哀乐而牵动着。

(6) 奉献之爱。这是一种无私、给予的爱情类型。这种恋爱者视付出爱情为理所当然，永远把对方的快乐、幸福放在自己的前面，希望爱人一切都好而不求回报。

评分：42 个题目是基于以上的六种爱情类型。把每个爱情类型上所有题目的得分相加，即为相应爱情类型的得分。情欲之爱：第 1～7 题；游戏之爱：第 8～14 题；友情之爱：第 15～21 题；现实之爱：第 22～28 题；激情之爱：第 29～35 题；奉献之爱：第 36～42 题。你在每个爱情类型上的总得分是在 7～35 分之间。得分最高的爱情类型反映了你对爱情的态度；而得分最低的爱情类型则最不能反映你对爱情的态度。

（量表来源：http://wenku.baidu.com/view/6e64c76ca45177232f60a250.html）

心理健康自测（四）

爱情与喜欢分辨量表

喜欢与爱情你能分辨出来吗？不管你是否恋爱，试着对自己的情况或想法勾选下列符合自己目前恋爱状况或对爱情憧憬的项目。（可复选）

爱情量表

1. 他（她）情绪低落的时候，我觉得很重要的职责就是使他（她）快乐起来。
2. 在所有的事件上我都可以信赖他（她）。
3. 我觉得要忽略他（她）的过失是一件很容易的事。
4. 我愿意为他（她）做所有的事情。
5. 对他（她），有一点占有欲。
6. 若不能跟他（她）在一起，我觉得非常不幸。
7. 我孤寂时，首先想到的就是要去找他（她）。
8. 他（她）幸福与否是我很关心的事。
9. 我愿意宽恕他（她）所做的任何事。
10. 我觉得他（她）得到幸福是我的责任。
11. 当和他（她）在一起时，我发现我什么事都不做，只是用眼睛看着他（她）。
12. 若我也能让他（她）百分之百的信赖，我觉得十分快乐。
13. 没有他（她），我觉得难以生活下去。

喜欢量表

14. 当和他（她）在一起时，我发觉好像两人都想做相同的事情。
15. 我认为他（她）非常好。
16. 我愿意推荐他（她）去做为人所尊敬的事。
17. 依我看来，他（她）特别成熟。
18. 我对他（她）有高度的信心。
19. 我觉得什么人跟他（她）相处，大部分都有很好的印象。
20. 我觉得他（她）跟我很相似。
21. 我愿意在班上或团体中，做什么事都投他（她）一票。
22. 我觉得他（她）是许多人中，容易让别人尊敬的一个。
23. 我认为他（她）是十二万分聪明的。
24. 我觉得他（她）在我所有认识的人中，是非常讨人喜欢的。

25. 他(她)是我很想学的那种人。

26. 我觉得他(她)非常容易赢得别人的好感。

评分与解释:

所选项目若集中在1～13题,表示你对他(她)的感情以“爱情”成分居多;而如果集中在14～26题,表示你对他(她)的感情以“喜欢”成分居多。

(量表来源:http://zhidao.baidu.com/question/100466920.html)

第四节　恋爱心理调适

大学生要树立正确的恋爱观念,让大学的爱情成为青春记忆里最美的风景,而不是终生的遗憾!人人都希望拥有一段美妙的爱情,也希望自己的爱情有一个美满的结局,可是现实生活中的恋爱并不总是以喜剧告终的。统计分析来看,初恋成功的情侣大约只有10%左右,更多的人是经过一次或多次失恋痛苦的折磨以后,才找到爱情归宿。因此,恋爱中单相思、失恋等情况是爱情中的正常现象。

一、处理好恋爱关系的原则

1. 提倡志同道合的爱情

一般情况下,异性感情的发展是沿着陌生人—朋友—好朋友—知己—恋人这一线索发展的。当一个人成为另一个人心中任何人都不能代替的角色时,爱情就可能降临。在分享、分担快乐和痛苦,共同成长的过程中,爱情就会产生和发展。而不是像现在很多大学生那样觉得差不多就草率的恋爱,不考虑结果。

2. 摆正爱情与学业的关系

作为学生,学习始终是主要目的,大学生应该把学业放在首位,摆正爱情与学业的关系,不能把宝贵的时间都用于谈情说爱而放松了学习。当大学生把爱情视为生命的唯一时,爱情就是一株温室中的花朵,娇弱美丽却经不起任何的打击。当爱情成为一个人唯一的存在价值时,他/她本人就会失去人格的独立和魅力,也很容易失去被爱的理由。

3. 懂得爱情是一种相互理解,是相互信任,是一份责任和奉献

理解对方是为个人和对方营造一种轻松和快乐的氛围,没有人追逐爱情只是为了被约束;相互信任是自信的表现,自己都不相信自己值得别人去爱的人,别人会全心全意爱他/她吗?责任和奉献则意味着个人道德修养,它是获得崇高爱情的基础。

4. 发展健康的恋爱行为

恋爱言谈要文雅,讲究语言美,交谈中要诚恳、坦率、自然真诚;亲昵动作要高雅,避免粗俗化,粗俗的亲昵动作往往引起情感分离的消极心理效果,有损爱情的纯洁与尊严,有损大学生的形象,同时对旁人也是一种不良的心理刺激;恋爱过程中要平等相待;善于控制感情,理智行事;提高恋爱挫折承受能力。

二、处理好恋爱关系的具体策略

1. 策略一：面对单相思，不能绝对化

造物弄人，生活中常常出现这样的情况：爱我的人我不喜欢，我喜欢的人不爱我。遇到这种情况我们要学会坦然的接受，要从积极的角度评价这件事情，不能钻牛角尖。

(1) 这个世界上人很多，我们不能认定只有唯一的一个他/她适合我们，不能有非他/她不娶、非他/她不嫁的极端思想。

(2) 爱情确实是件美好的事情，但绝不是生活的全部，我们还有家庭、朋友、工作、学习。聪明的、有理想、有志气的人会化悲痛为力量，奋发图强、好好学习。

(3) 爱情有的时候是可遇不可求的，有时你越想得到她，她离你越远。这个时候我们要学会暂时放一放，做做其他事情，说不定她会主动找上门来。

2. 策略二：异性交往，循序渐进很重要

本章第二节的情景再现2、3中的男女同学之间的关系刚开始是纯洁的友情，而有些同学会错误地将男女之间的这种友情当作爱情。大学生虽然生理年龄已经趋向于成熟，但在心理年龄方面很多同学还很不成熟，看待问题有时会很简单，遇到事情时有以点概面、绝对化、糟糕透顶等特点。

(1) 男女之间交往存在着纯洁的友情，但是这种友情会很容易变得不纯洁，因为有一方会很轻易地突破友谊。明白这个道理后，我们在和异性交往的时候就需要把握好一个度，分寸感很重要。

(2) 大学期间要多给自己创造机会和不同的人交往，尤其是异性之间的交往有助于健康人格的形成。如果和异性接触满脑子就是为了谈恋爱，必然会影响到自身的发展。

3. 策略三：明白不同阶段的主要矛盾，恋爱的同时要学会节制

法国作家雨果说过：人有两次出生，头一次是从妈妈肚子里出来的那一天，第二次则是在萌发爱情的那一天。伴随着青春的脚步，爱情会悄悄地降临到我们身边，并将影响我们人生的大半历程。大学生谈恋爱本身无可厚非，但是在恋爱中，应该明白给予对方的应该是互相关心、帮助和个人修养的相互熏陶。

(1) 读书期间的我们经济尚未独立，谈情说爱必然要多花费，在爱情消费上需要适度。如果经济条件不允许，有时我们可以将爱情先放一放，其实学习之余想想对方也是件美好的事情。

(2) 恋人之间要相互坦诚，不能为了虚荣心或者哄对方开心而无节制消费。

(3) 学生时代要将时间放在增长才干、学习知识上，一个人在金钱消费上无节制，很难想象他/她在学习上会有成就，其实这样的爱情是很难有未来的。

4. 策略四：恋爱的同时不能失去自我，自尊自爱很重要

受影视作品的影响，有些同学思想很开放，恋爱的时候很冲动，容易失去自我。每年都有一些同学九月份开学刚认识，十月份就确定了男女朋友关系，其中一些人很快就住在一起，婚前有了性行为。因双方没有一个从相识、相知到相恋的过程，很多人后来会后悔，

因此在此提几点建议：

(1) 我们都是大学生，遇到事情的时候要学会理性思考，而不能跟着感觉走，觉着对方长得帅或者漂亮就行，在没有充分了解的情况下就确定男女朋友关系，甚至同居在一起。其实在恋爱之前只要简单地问自己一个问题就好："我到底喜欢对方什么。"

(2) 大学时光很短，而我们的精力很有限，一旦偷尝过禁果后我们就会很难专心地去学习。人的成长有几个关键期，大学就是一个很重要的关键期，这个阶段一旦错过，以后补起来会相当辛苦。

(3) 如果我们冲破了自己的理性，非要同居在一起，也要学会自我保护，毕竟身体是"革命"的本钱。

5. 策略五：追求心理的成熟，处理矛盾要将心比心

因现在的很多学生都是独生子女，在家娇生惯养，遇到问题时父母总是让着自己，久而久之形成了自我中心的性格特点。带着这样的特点在和其他同学或者恋人交往的时候也会出现问题，当遇到矛盾的时候我们不会站在别人的立场上去想，总是觉着自己是对的。因此在和恋人发生矛盾时要学会：

(1) 己所不欲勿施于人。不要因为已经是恋人了说话做事或者向对方提出请求的时候就觉着理所当然，而要学会经常想想如果对方这样对我，我会有什么样的感受，这样平时的矛盾会少很多。

(2) 日常生活中除了学习还要学会沟通，沟通是解决矛盾最好的方法。当两个人吵完架后，多从自己身上找吵架的原因，找到后及时沟通、解决矛盾。做到通过吵架以加深彼此的了解，下次不要因为该原因再次吵架。

(3) 年轻人血气方刚，说话做事易冲动，事后又会后悔不及。因此切记两人在一起时遇到矛盾不要把话说死，要给对方和自己留有余地，少说如"我恨死你了"，"你去死吧"，"我们分手吧"之类的话。

6. 策略六：爱情不是生活的全部，失恋后要积极分析原因

"百年修得同船渡，千年修得共枕眠"。心理学家研究过一对情侣要想最终走进爱情的殿堂需要经历三个阶段：第一阶段为和对方的外貌谈恋爱；第二阶段为和对方的性格谈恋爱；第三个阶段为和对方的家人、朋友谈恋爱。在这三个阶段中都可能遇到很多问题最后导致双方分手。

(1) 相爱容易相处难，年轻人更容易移情别恋，遇到这样的恋人不要过分自责，这只能说明你们俩不适合。

(2) 人需要经受挫折才能成长，失恋未必是件坏事。很多伟大的人物都是在失恋后化悲痛为力量，在工作、学习方面做出了很大的成绩。

(3) 恋人在一起的时候，有矛盾要及时沟通、解决，沟通是解决矛盾最好的方法。

(4) 一段恋情无法挽回时，要学会坦然的面对，并从这段失败的感情中总结原因。只有这样下一段感情不会因为同样的原因而失败。

三、成长体验活动

体验活动一

活动主题：你到底喜欢对方什么

活动目标：引导学生树立正确的恋爱观。

活动时间：30 分钟

活动人数：以宿舍为单位，每组 4～8 人

活动步骤：

1. 每位同学拿出笔和纸写下曾经暗恋过的人。

2. 对照曾经暗恋的人，分别写下喜欢对方的原因。

3. 分小组讨论，交流各自暗恋别人的原因是什么？

活动总结：

教师总结异性吸引的影响因子有哪些，解释其形成的原因，说明其价值性，从而引导学生树立正确的恋爱观。

体验活动二

活动主题：听流行歌曲学归因

活动目标：引导学生学会正确的归因。

活动时间：30 分钟

活动人数：每组 6～8 人

活动步骤：

1. 老师在上课前或课间放几首流行歌曲（如刘德华的《忘情水》、张信哲的《爱就一个字》、张宇的《都是月亮惹的祸》……）。

2. 老师介绍海德的归因理论。

3. 学生听完歌后分组讨论每首歌里的故事，主人翁是怎样分析原因的。

4. 每组推荐代表交流小组讨论的结果。

活动总结：

导致一件事情成功或者失败的原因可分为内因和外因，教师通过歌曲里面的故事引导学生在分析矛盾时合理的归因。只有这样个人才能成长，这样才能建立健康的恋人关系。

体验活动三

活动主题：负面情绪及时释放

活动目标：通过本活动让同学们掌握如何释放自身的负面情绪。

活动时间：45 分钟

活动人数：每组 6～8 人

活动步骤：

1. 老师介绍负面情绪的危害，要求学生写下让自己感觉最难过或者最生气、最委屈的能导致负面情绪的事情。

2. 同学们分组讨论各自如果释放自己的负面情绪,将认为比较好的方法写下来。

3. 各组推荐一名代表将本组讨论的好方法与其他同学分享。

4. 老师点评这些方法。

活动总结:

负面情绪每个人每天都可能遇到,它对人的负面作用很大,如果处理不好会直接影响我们生活学习的质量。每个人都有处理负面情绪的方法,但并不是每个方法都是合理的。通过本活动同学们可以了解到其他同学处理负面情绪的方法并加以借鉴,从而提高自己生活品质。

延伸阅读

爱情三角理论

社会心理学家有个爱情三角理论,它是由美国心理学家斯腾伯格(Robert J. Sternberg)提出的爱情理论。该理论认为爱情由三个基本成分组成:激情、亲密和承诺。激情是爱情中的生理成分,是身体上的着迷;亲密是指在爱情关系中能够引起的温暖体验;承诺指维持关系的决定、期许或担保。这三种成分组合不同就构成了喜欢式爱情、迷恋式爱情、空洞式爱情、浪漫式爱情、伴侣式爱情、愚蠢式爱情、完美式爱情等七种类型。

第一种是喜欢式爱情(喜爱):两人之间只有亲密,没有激情和承诺。两人在一起感觉很舒服,但是缺少激情,也不一定愿意厮守终生。这种关系如友谊,显然友谊并不是爱情,喜欢并不等于爱情,不过友谊还是有可能发展成爱情的。

第二种是迷恋式爱情(痴迷的爱):两人之间只有激情体验,没有亲密和承诺。认为对方有强烈吸引力,除此之外,对对方了解不多,也没有想过将来。初恋时就是这样的感觉,第一次的恋爱总是充满了激情,却少了成熟与稳重,是一种受到本能牵引和导向的青涩爱情。

第三种是空洞式爱情(空洞的爱):两人之间只有承诺,缺乏亲密和激情,如纯粹为了结婚的爱情。此类"爱情"看上去丰满,却缺少必要的内容,外人看挺好,其实冷暖自知。

第四种是浪漫式爱情(浪漫的爱):两人之间有亲密关系和激情体验,没有承诺。这种爱情崇尚过程,不在乎结果,两人在一起缺少安定感,一般很难持久。

第五种是伴侣式爱情(伴侣的爱):两人之间有亲密关系和承诺,缺乏激情。跟空洞式爱情差不多,如有四平八稳婚姻的夫妻、在一起很久的恋人,只有权利、义务却没有感觉。

第六种是愚蠢式爱情(愚昧的爱):两人之间只有激情和承诺,没有亲密关系。没有亲密的激情顶多是生理上的冲动,而没有亲密的承诺只能算是空头支票。

第七种是完美式爱情(完美的爱):两人之间同时具备三要素,激情、承诺和亲密。这是让人羡慕的爱情,也只有在这一类型中我们才能看到真正的爱情是怎样的。

斯腾伯格很聪明,在这些爱情前面都加了一个"式"字,因为在他看来,前面列举的六种都只是"类爱情"或"非爱情",在本质上并不是爱情,而只有第七种才是爱情。另外还有一种类型叫做无爱:两人之间三个因素都不具备,传统中的有些包办婚姻属于这种类型。

有人将爱情的三要素作了比喻，认为激情是爱情的发动机，没有激情，爱情就缺少了生存和发展的原动力；亲密是爱情的加油站，没有了亲密，爱情就容易枯竭；承诺是爱情的安全气囊，没有了承诺，爱情就多了几分危险，时刻有机毁人亡的可能。激情、亲密和承诺共同构成了爱情，缺少其中任何一个要素都不能称其为真正的爱情，正如三点确立一个平面，缺少任何一个点，这个唯一的平面就不存在。然而，具备三个要素并不意味着爱情就成为现实，爱情需要更多的努力来调节这三者的关系。爱情不是一件容易的事情，它更是一种能力，并非天生就有，需要不断地锻炼和实践才能培养出来。完美的爱情需要恋爱双方耗尽毕生的精力去培育、呵护，那是一项贯穿人生的浩大工程。

第七章　大学生消费心理及调试

——Hold 住你的钱包

每年 8 月中旬，刚考上大学的新生们已经开始准备开学所需要的“装备”，由此拉动了消费市场一波“开学经济”热潮。在北京中关村曾发生一件与“新生装备”有关的事件在网上形成热议：一个即将去外地上大学的女孩与母亲到电子卖场采购“新生装备”，该女孩“狮子大张口”，非让母亲给她买“苹果三件套”的电子产品；因母亲认为价格太高不同意，这名女生便抛下母亲独自离去。

这是入学前的准大学生们，而“一月五百贫困户，千儿八百刚够用，两三千元才算酷，四千五千真大户！”这个流行于大学校园的顺口溜，更是很多已入大学的学生们金钱观的真实写照。大学生中流行手机、电脑、MP3 昂贵新三件和种类繁多的宴会等高价消费、超前消费已成为某些大学生消费的主旋律，大学生面临“后大学”消费危机。

第一节　大学生消费心理概述

大学生作为一个特殊的消费群体正受到越来越多的关注。由于大学生年龄较小，群体较特别，有着不同于社会其他消费群体的消费心理和行为。一方面，大学生有着旺盛的消费需求，另一方面，又尚未获得经济上的独立，消费受到很大的制约。消费观念的超前和消费实力的滞后，都对大学生的消费有很大影响。大学生由于年龄的特殊性、身心发展阶段、特殊的经济来源、受教育经历和所处的环境，使其成为社会上一个比较特殊的消费群体，产生了与其他消费者群体不同的消费需求，具有特殊的心理。只有把握大学生独特的消费心理，在此基础上分析他们的消费行为，针对其非理性消费，加强思想政治教育，才能引导大学生树立正确、健康的消费观，促进他们全面、健康地发展。

一、大学生消费心理的涵义

消费心理也称作消费者心理，是反映消费者在消费活动过程中感觉、知觉、记忆、思维、情感、意志、气质、能力、性格等心理现象的总称，也是客观事物（如市场信息、商品等因素）以及它们之间的联系在消费者头脑中的反映。

消费心理是极其复杂的，通常包括一般心理活动过程和个体心理特征两部分。其中心理过程是按消费者心理活动表现的不同形态及消费行为起到不同作用划分为三个过程：消费者认知过程即消费者从接受和理解市场信息，学习商品知识，形成商品印象等过程；消费者情绪过程即消费者接触商品时的主观感受，产生喜、怒、哀、乐等各种情绪体验；消费者意志即消费者在经过认知、情绪体验后，确定购买目标，制订购买计划，决定购买方式，采取购买行动，做出购买决策等心理现象。这三个过程每个过程分为几个不同的阶段，它们是相互联系相互影响的。个性心理特征主要指消费者在兴奋、能力、气质、性格等方面反映出来的个人特点和相互差异，是形成消费者不同购买动机、购买方式、购买习惯的重要基础，主要表现在各种特色的消费行为类型中。消费心理的形成与发展，既受到自然因素影响，又受到社会因素的影响。任何一个消费者的心理过程，总会自始至终包含着个性心理特征，而个性心理特征又必然寓于其心理过程之中。

二、当前大学生消费心理的特点

（一）从众性

社会心理学家认为，从众行为是在群体一致性的压力下，个体寻求的一种试图解决自身与群体之间的冲突、增强安全感的手段。从众行为是日常生活中普遍存在的一种现象。大学生虽然接受的是先进的科技知识，具有理性的思维，但是，有的学生自我认识能力差、自信心较弱、自尊心与虚荣心较强等，使得他们在消费时，很容易发生从众行为。例如家庭不富裕的学生，看到很多人有手机，自己也千方百计买一部，以免被人看不起。这种从众心理使一些家境相对贫困的学生负债累累、精神压抑，甚至不堪重负而导致心理疾病。

（二）时尚性

时尚即流行，是社会上一时崇尚的样式，从发式到服饰，从语言到动作，都有时尚性。大学生作为社会的前卫群体，在消费过程中总乐于接受流行，领先于时代，追求品牌、新颖、时尚和潮流。各式各样的品牌充斥着校园的每个角落，把大学生卷入了梦幻消费。他们吃——讲究营养，穿——讲究式样，住——讲究宽敞，用——追求品牌，充分展现个性。因此，追求前卫、时尚是新世纪青年典型的消费心态。他们喜欢以聪慧和奇特装点生活，信奉物质是快乐的源泉。许多学生手执手机、出入于高档场所，消费行为也逐步由消费的数量型向生活的品位型发展。即时消费、显示消费与贷款消费渐成趋势。

（三）易受暗示性

暗示是在无对抗条件下，通过语言、行动等刺激手段，对人们的心理和行为产生影响，从而使人们按照一定的方式行动或接受一定的意见思想。现代社会中的大众传媒，如电视、网络、报纸、杂志等，就常利用心理暗示向大众传播信息，引导受众采取相应的行为。大学生接触各种媒体的机会更多。他们虽然有较高的知识水平，独立性较强，但是他们毕竟还年轻，心理不甚成熟，在各种暗示充斥的情况下，难免会失去分辨和判断能力，盲目地采取媒体所宣传的决策或行为。例如，大学生的生活消费经常以媒体的宣传为参照标准，购买广告推销的化妆品、饰品等。大学生的这种易受暗示的心理使得他们产生许多不合理的消费行为。

(四)攀比性

人们总是选择他人作为自己的参照标准。大学生在生活、学习、人际交往及休闲娱乐中,总是有意无意地与他人作比较以求心理平衡,获得自我认同。这种不考虑自己经济状况一味的攀比促成不合理的消费,扭曲了大学生的心灵。

(五) 个性化

在这个崇尚自由的时代,大学生(尤其高年级的学生)开始不喜欢集体活动,而是追求个性独立、表现自我,以与众不同。这是新型青年文化的显著特点。大学生正处于追求个性发展、自我意识增强、乐于接受新鲜事物的年龄阶段,面对五彩缤纷的消费市场,他们追求独特、个性和自由。大学生的消费行为向理性化转变,出现较为成熟的价值取向。

(六) 差异性

大学生来自不同的地区,而地域经济发展的不平衡和行业的差异导致家庭收入的不平衡,从而决定了大学生消费不平衡性和差异性。

三、大学生常见的消费误区

消费是一个社会人必须经历的一种社会过程。消费的含义是指所有能促进和带动消费者身心健康和全面发展的各种消费行为和心理的综合。通过调查研究数据,可以看出当代大学生的消费观总体上是科学、合理和理性的,但是由于受各方面因素的影响,当代大学生消费中还面临着一些问题和误区,制约着大学生健康消费观的形成。本书简要从下述几方面论述这些问题。

(一) 攀比心理重,消费中两极分化严重

当代大学生在消费过程中,攀比心很重,消费中两极分化严重。特别是来自农村和城市的学生,在消费上存在很明显的两极分化,消费极不均衡。通过样卷调查发现,当代大学生中手机、电脑等电子产品的占有量超过65%。学校中63.5%的学生拥有电脑,在对大学生月平均消费调查中发现,月平均消费300～500元的学生只占4.1%,而月平均消费800～1 500元的学生人数占总人数的48%。通过实地采访部分大学生,得知很多学生其实并不需要电脑,也不需要名牌衣服等,但是当问他们为什么要花这么多钱去买电脑买品牌衣服时,很多的学生就只有一个回答:“我的同学都有电脑,都穿名牌,我不能比他们差。”这种攀比心理在大学生消费中占据很重要的地位。在比较家庭贫困生与家境较富裕的学生消费情况时,其消费明显的不均衡,这种不均衡的现象极易影响大学生群体的健康以及和谐的发展。

(二) 消费易盲目冲动,缺乏理性

由于大学生所处的独特年龄和社会角色,以及他们特殊的心理发展特征,这些因素综合影响着大学生的消费观。当代大学生都是20岁出头的年轻人,没有经历过生活磨炼,不知道生活的艰辛,绝大部分的学生都是靠父母养活。通过调查报告,我们可以看出,在大学生中,对自己的消费制订明确计划的学生少之又少,只有3.6%的学生知道自己每天、每月花了或需要花费多少钱,而63%以上的学生都不知道自己一个月花了多少钱。很多学生没有对自己的消费制订合理、科学的计划,他们很多时候是一时兴起,会为了买一样自己喜欢的东西而花掉半个月的生活费。因此,在当代大学生中,盲目消费的现象很多,这样的消费方式会影响大学生科学、理性消费观的形成。

(三) 消费从众现象突出,铺张浪费严重

大学生是经历从学校到社会过渡的一个转型群体,他们不仅会受到学校学生的影响,同时也会受到社会上消费行为的影响。他们缺乏合理的消费观念,被动消费现象很突出。这表现在实际消费中就是从众消费现象突出。调查报告研究显示,当前大学生在努力适应从学生到社会人转变的过程中,也在仿效着社会上人的消费行为,大多数学生都选择公众化消费形式。很多学生在服饰、发型及饮食上都在跟随潮流,花了大量的钱,实际上对自己起作用的东西却很少,这样就造成了很严重的浪费现象。除此以外,大学生中花在恋爱上的钱占了生活费的大半,这样就易形成"媚俗消费"现象,影响大学生的人生观、价值观。

四、大学生消费误区的产生因素

通过上述对当代大学生的消费现状的论述,我们可以看到,当代大学生在消费中还存在着很多误区和问题。这些误区和问题的形成,受到多方面因素的综合影响,下文笔者从内外因来具体探讨其形成的各方面原因,能让社会更加关注大学生这个特殊的群体。

(一) 大学生内在消费心理的驱使

大学生受过比较高的教育,与一般社会人不同,他们不仅想受到社会的认可,更需要的是满足自身被尊重的需要。在马斯洛需求层次中,受尊重的需要处在比较高的层级,这种需求与受教育程度几乎成正比。因此,大学生有着强烈的尊重需求,这种心理表现在消费中,则体现为对高物质生活的追求。很多大学生都认为只有自己很有钱,吃、穿都高档,才能被同学看得起。大部分的学生都是通过寻求富裕的物质生活来美化自己的形象,从而满足自身的需求和心理上的平衡。在这种心理的推动下,在大学生中就产生了重物质享受的风气,这种风气的形成会影响学生心理的健康发展,易产生很多畸形心理。这样,同学之间的攀比现象就会应运而生,大学生最终走向消费误区。这是消费误区产生的内部原因。

(二) 学校思想政治教育工作不到位

形成当代大学生消费误区的一个重要的外在因素是高校缺乏思想政治教育。当前高校的思想政治教育中,对大学生消费观的重视程度不够;很多学校并没有开设这方面的思想政治课程,教育内容缺失。首先,高校缺乏对大学生进行消费心理和行为的研究。当前除了经济类的大学开设消费者行为心理学这门课程,很多学校由于受到专业的限制,并没有涉及这类课程。其次,高校教师教学中,对大学生正确消费观的引导不够,很多大学只是做表面的文章,采取问卷调查的形式让学生填答,并未进行实质的思想教育引导。最后,高校校园文化建设中,缺乏对大学生勤俭节约精神的倡导。整个校园缺乏勤俭节约的氛围,久而久之就会导致大学生的消费行为走向误区,造成消费盲目冲动,浪费严重。

(三) 社会不健康消费行为的影响

大学生是一个特殊的群体,他们正经历着从学校到社会的过渡阶段。因此,大学生的消费观念会受到学校和社会的双重影响,特别是当前社会上不良的消费风气,对当代大学生的消费行为产生了重要的外部影响因素。大学生的消费思想还不够成熟,他们极易受到社会上不良的享乐主义和重物质享受思想的影响。通过样卷调查发现,很多大学生都很向往社会上名人的消费方式和行为,他们所倾向的消费方式更加看重消费的物质化和金钱化。正是由于这些内外因素的共同影响,当前我国大学生的消费中出现了很多问题和误区。

五、如何引导大学生走出消费误区

(一) 多途径推动大学生养成健康的消费心理

当代大学生由于其年龄和生活阅历的特殊性,大学生的消费心理不够成熟。消费中攀比心理很严重,直接影响了大学生的消费行为和观念。这是大学生消费误区出现的一个内部原因,也是最重要的原因。因此,必须通过各种途径和方式,不断培养大学生的消费心理,推动其健康的发展。

1. 应培养大学生具有良好的人格品质及承受挫折的能力

良好的人格品质要求学生必须正确认识自我,培养欣赏自己的态度,扬长避短,不断完善自己。这样可以让他们获得自身的肯定,不会被外部因素所影响,就会减少很多盲目和攀比性消费。通过培养大学生应对挫折的承受能力,可以让他们对挫折有正确的认识,在挫折面前不慌乱,及时采取理智的应付方法,化消极因素为积极因素,可以让大学生在消费中努力提高自身的思想境界,不会因为同学的鄙视而盲目消费或是采取极端式做法,有利于促进他们树立科学的人生观,丰富人生经验。

2. 应培养大学生养成科学的生活方式

生活方式对消费心理健康的影响已被科学研究所证明。健康的生活是一种有规律、劳逸结合、科学用脑、积极参加社会实践的方式。大学生的学习负担相对于初高中来说,减轻了许多，他们拥有更多自由支配的时间，很多学生由于不适应大学生活，会感觉心里很空虚，他们大部分的时间全都花在上网、逛街、吃喝上，这样自然就会造成很多浪费。但是如果能推动大学生的生活方式科学化，组织多种社会实践活动和集体活动，比如"三下乡"活动，可以充实大学生活，并且让他们通过自身的社会实践，认识到挣钱的艰辛，就会减少很多不必要的浪费消费。

3. 大学生自身应积极加强自我心理调节

大学生消费心理不够健全，这需要他们及时地进行自我调节心理健康，通过调整自身对消费观念的认识、情绪状态以及对新环境的适应能力，促使自身走向健康的消费方式。社会经验的缺乏决定了大学生心理发展的某些方面比较落后，因而，在其发展过程中会发生许多困惑、烦恼和苦闷。同时大学生因为受到社会群体消费行为的影响，面对社会情况的复杂性，生活节奏日益加快，会使他们在短时期内迷失方向，但是通过培养大学生对环境的适应能力，可以让他们不断学会自我心理调节。

4. 丰富大学生活

学校应不断丰富大学生活，鼓励大学生积极参加业余活动，发展社会交往。通过参加丰富多彩的业余活动，不仅丰富和充实了大学生的生活，而且可以为大学生的健康发展提供了课堂以外的活动机会。大学生通过养成多种兴趣，发展自己的业余爱好，积极参加各种课余活动，在活动中发挥自身的潜能，可以使自己充分利用空闲时间，转移自己的注意力，这样可以避免很多盲目性的消费活动；同时通过社会交往可以实现思想交流和信息资料共享，也可以不断地丰富和激活大学生的内心世界，有利于健康消费心理的形成。

（二）不断加强高校思想政治教育工作

高校思想政治教育工作的缺失，是形成当前大学生消费误区的一个重要外部因素。为了能引导大学生走上健康科学的消费方式，就必须加强高校的思想政治教育工作，为大学生健康消费观念的形成提供重要的外部保证。

1. 应加强对大学生人生观和价值观的教育

大学生的消费观与其人生观、价值观紧密联系。因此，在大学阶段，高校应把对大学生人生观和价值观的教育放在首要位置，通过科学的教育，让大学生认清什么是正常消费，什么是盲目攀比，要帮助大学生树立健康的消费意识。通过思想教育，从思想上解开学生心理的困惑，使他们站在理性消费的角度，从而促进深层次思想问题的解决，教育他们自觉抵制各种不良消费风气，诸如享乐主义、拜金主义以及个人主义，端正自身的思想态度，与不良倾向划分界限，引导他们懂得物质上的享受并不是真正的幸福，真正的幸福需要立足于现状，通过自己的努力奋斗去获得。

2. 开设大学生心理消费课程

高校通过开设大学生消费心理课程，对其进行消费心理研究和消费道德教育。当代大学生消费道德教育的内容丰富而复杂，高校应当着重强调适度的消费，反对不切实际的高消费和超前消费；将勤劳俭朴等节俭消费观牢牢灌输给大学生，反对挥霍浪费等消费主义观念；同时高校应将强调理性消费放在思想教育的重中之重，反对各种非理性的盲目消费;学校可以通过开展各种有意义的精神文化活动,培养大学生树立健康向上的精神文化消费,摒弃不健康或有害的“媚俗”等精神文化消费。将绿色消费的思想推到大学生中,反对不利于保护生态环境的消费行为;高校应努力强调大学生理智和发展性消费,反对只重视物质、娱乐和消遣性消费,通过这些思想教育,可以提高大学生消费结构中的文化和理性的思想含量,从而实现最科学、有效的消费方式。

3. 高校应对大学生加强艰苦奋斗精神的教育

随着经济和社会的不断发展,在新的历史发展时期,针对大学生独特的年龄和社会角色特征,当前高校对大学生的艰苦奋斗教育已显得十分必要和迫切。学校可以采取各种实践方式,对大学生进行艰苦奋斗的革命传统教育。比如高校组织青年大学生到艰苦、落后地区开展社会实践调查,“三下乡”,到聋哑学校义务支教,以及对失学儿童和贫困大学生献一份自己的爱心等,都是艰苦奋斗教育的有效方法。学校通过这些教育,可以使大学生认识到社会主义建设中不同地区存在的差距,了解困难群众的疾苦,深深认识到国家和人民对他们的期望,认识到自身所背负的重任,从而可以促使他们自觉继承和发扬艰苦奋斗的民族精神。

4. 开设大学生理财课程

高校应针对当代大学生的消费观,开设大学生理财课程,引导大学生学会科学、有效的理财。理财不仅仅是特定个体的需要,我国教育界一些专家通过研究发现,大学生理财尤为重要,因此,应加强对大学生进行理财教育。当代很多大学生,由于都是独生子或是父母的过分宠爱,很多学生在上大学之前还没有自己独立的生活过,很多学生都是到了大学阶段才开始独立的生活,因而对大学生的理财教育更为重要。高校可以通过三方面对大学生进行理财教育:一是对大学生进行理财价值观的教育,即对他们进行金钱、人生价值意义的正确理解和认同;二是对大学生传授理财的基本知识,通过开设经济学和金融学课程,对大学生进行经济金融常识的专业知识教育以及对他们进行个人家庭理财方式的讲解,让大学生理解理财的基本方式;三是培养大学生理财的基本技能,通过对理财情境教育、理财实际操作训练和理财氛围的营造,将大学生真正带入个人理财的氛围。通过理财教育可以帮助大学生树立科学的消费观,让他们明白科学的消费观,即敢花钱会用钱,将大学生花钱与会花钱形成统一的整体,更加理性化。高校思想政治教育对大学生是关系着大学生的全面发展和健康成材的重要思想保证,对大学生消费观的引导是高校思想政治教育的重要组成部分。高校通过加强对大学生进行消费文化的引导,帮助他们树立正确合理的消费观,培养科学理性的消费行为,优化消费结构,使消费真正成为大学生的素质提高和发展的推动器,让大学生处于理性主动的消费之中。

(三) 营造良好的社会消费风气

当代大学生的消费行为和方式,很大一部分都是受到社会上不良消费行为的影响,因此,为了保证大学生走上健康、合理的消费方式,必须要通过各种途径营造良好的社会消费风气。

1. 应加强对社会大众消费方式和思想的引导

为了遏制社会上的盲目消费、恶性攀比、看重物质和娱乐的消费行为，各地应通过发海报、张贴理性消费的标幅等方式，加强对社会大众消费方式的引导；同时可以借助广播媒体、电视广告以及社会舆论的力量，时刻关注社会大众的消费方式，提醒他们走上健康、理性消费的道路。

2. 减少高官消费对当代大学生消费观念的影响

要通过各种手段控制社会上官员的不良消费方式，减少高官消费对当代大学生消费观念的影响。有一份调查报告显示，大学生对社会上官员的消费方式十分羡慕，很多学生甚至仿照一些官员的消费方式，从而在消费中产生了盲目追随、恶性攀比的现象。为了减少社会官员的消费方式对大学生的影响，各地必须采取措施，控制官员的消费。比如各地可以开展评选最节俭官员、最廉洁官员、最朴实官员等活动，评选出一批廉洁的官员，并通过各种媒体进行报道，通过社会舆论的力量，监督一些铺张浪费、贪图享乐的官员，从而将勤俭节约、适度消费的理念落实到社会每个阶层，这样就可以减少外部环境对大学生消费观念的影响。

3. 开展勤俭节约的教育活动

应将各种政策落实到位，开展勤俭节约的教育活动。各地应及时将国家所颁布的各项政策落实到位，比如"八荣八耻"，这样可以用政策法规的力量约束社会上不良的消费倾向。与此同时，为了引导社会大众走上健康的消费方式，必须有针对性地限制国民消费，同时要通过各种途径和活动对人们进行勤俭节约的思想教育。比如通过组织部分群众去边远落后的山区进行实地考察，或是每月有计划地组织群众观看社会纪实片等，让社会大众切身感受到社会主义现代化建设中所取得的各项成就；但与此同时，也深刻地认识到各地区发展的不平衡，了解到贫苦地区人们的生活方式，因此可以让他们认识到国家要想快速的发展，就必须带动贫苦地区的共同发展，这样整个国家才会真正地立足于世界，从而可以督促他们在生活中坚持勤俭节约的品质。通过这些途径，可以改善社会上不良消费环境，减少外部环境对当代大学生的负面影响，带动他们全面的发展和健康的成长。

第二节　大学生消费心理的常见心理案例

当代的大学生由于其年龄和生活阅历的特殊性，消费心理都不够成熟。消费中依赖心理、攀比心理、无计划消费、超支现象很严重，直接影响了大学生的生活与学习，以下相关案例可以证明这一切。

一、依赖心理

和绝大多数西方国家的父母不同，全世界找不到第二个国家的父母会像中国父母那样从孩子出生一直操心劳累到死，绝大多数中国人受到的是中华传统观念的训导和熏陶，对自己孩子关爱可以说是呕心沥血。

在作者新近做的一项大学生消费现状的调查中显示，85.4%的学生日常消费完全来源于家长，12.5%的学生父母和个人共同解决，0.9%完全个人解决，1.2%来源于国家贷款、奖助学金或社会、亲友捐助。父母的经济资助仍然是大学生最重要的消费来源。绝大多数学生的消费来源于家长，只有极少部分的学生通过勤工助学或社会兼职来赚取生活费。

而我们的大学生们，对于大学期间父母给予学费、生活费，大部分都觉得"应该的"、"本来就该这样"等理所当然的态度，缺乏最基本的感恩。我们的大学生到底怎么了？

情景再现1："你要啃老到什么时候？"

"爸，这个月钱可能又不够花了……"电话那头，孩子的声音明显很沮丧。宋先生听了真是又心疼又生气，这已是这个学期第二次接到儿子要钱的电话了。怎么办呢，总不能看着他在学校没饭吃吧？宋先生在挂了电话后立即通过网上银行给孩子的卡里打上了1 000块钱。

【案例解析】 依赖消费心理是大学生在日常消费中最容易出现的偏差心理。一方面，进入大学后，大学生需要独立安排自己的衣食住行，消费标准也随之攀升，一面大手大脚花钱，一面心安理得地向父母伸手。在生活费捉襟见肘之后，绝大多数的学生第一个想到的是打电话回家向父母要钱，而很少想通过自己兼职打工去赚取生活费。

另一方面，中国的父母总是将尽可能地满足子女的经济需求的想法与望子成龙、望女成凤的愿望统一在一起，宁可自己节衣缩食，也不愿委屈子女，无论钱还是物，父母总是千方百计地予以满足，无形之中使不少学生养成了一种依赖心理。

二、攀比心理

现如今走在大学校园里，你经常会发现，很多大学生都用着时下最流行的iphone手机，身着耐克、阿迪达斯等名牌服装，出手阔绰。在某种意义上讲，他们追求的不是高档物品的使用价值，而是其符号价值。

大学生活是丰富多彩的，大学生早已不是以前"宿舍——食堂——教室"三点一线的生活模式了，人情消费、娱乐消费、旅游消费、恋爱消费等名目繁多。有的学生在好胜心的作用下，不仅推崇物质比别人好，而且滋生出在学习、文体娱乐、长相打扮、衣着、生活用品等各个方面也绝不能输给他人的心理。你的家境好，我就要证明比你更好；你穿品牌，我就穿名牌。现在，大学生过生日、评上奖学金、当了学生干部、入了党等都要请客，否则便被视为不够交情，而且消费档次逐渐升级，形成了一股攀比炫耀风。

大学生炫耀性消费有两种情况：一种是家庭确实富有，他们通过对金钱的挥霍和消费高档商品，以显示自己优越地位；另一种是家庭收入一般的学生，用基本生活费支撑消费物品的等级，满足自己的"自尊需要"。这些大学生往往过分注重自己的外在形象和别人的评价，而忽视自身内在素质修养，仿佛消费越高档，就越有面子。他们的消费，已不只是为了满足自我需要，这种消费实则是要向社会传达某种社会优越感，以挑起别人的"羡慕、尊敬和嫉妒”。这种消费不论与收入或财力是否相当,都不仅有害于消费者,而且破坏校风,造成不良的影响。

情景再现2:“非得‘你有我也有’吗”?

“班上同学的鞋子500元以上的比比皆是,基本上都是名牌,你说谁还愿意穿几十元钱的鞋子呢?”一位国际贸易专业的大二学生觉得自己也很无奈。“我爸妈已经答应,过几天就给我买件名牌运动衣,现在这件100多元钱买的衣服,我就不要了。”一位中文专业的龚姓女生,指着寝室里一件9成新的红色运动服这样说。

【案例解析】 随着经济的发展,人们的消费水平、生活质量也在不断提高,消费观念也随之发生深刻的变化。但与此同时,消费领域中也出现了崇洋消费、炫富消费、奢侈消费、攀比消费等不理性的消费方式。当代大学生作为社会的一个特殊群体,也不可避免地受到这些观念的侵蚀,“别人有什么,我也要有什么”等攀比的消费心理,在大学生的日常生活中同样比比皆是。如今,菁菁校园之中,攀比邪风劲吹,豆蔻年华之际,斗富恶习盛行。而且攀比斗富的版本,一日一个新花样,升级速度甚至堪与电脑病毒繁茂期间的商业杀毒软件相媲美。小学生常常比书桌上学习用具品牌的名与优,书包里玩具档次的高与低,口袋里零用钱的多与少。而到了中学,攀比的项目则几乎更属“大而全”,同学间比吃比穿更比用,比手机、比电脑、比私家车、比居家楼盘、比父母的官阶等。而到了大学的攀比,有攀比欲的大学生则更喜欢用“现货”和“实力”说话。在某些地区,一些大学生开着自己的小轿车上学,已成为大学校园的一道别致风景。这种攀比的心理会在同学中产生不良影响,有人产生心理不平衡感,有人产生自卑感。此外,大学生过早的富有和过度奢侈的生活,对他们的成长和未来发展有着极其不利的负面影响。

三、无计划消费

开学之际,各地大学生相继返校。面对新友旧识,大学生们总有相当多的消费理由。然而,大多数学生由于习惯了在家的衣来伸手,在消费过程依旧缺乏计划性,盲目消费、冲动消费占据了花费的大头;加上很多父母担心子女到外地求学受苦,往往在学生离家之前,会让其带上不少的现金以便不时之需。不少学生第一次独立支配较大额度的资金,往往既兴奋又紧张,经常发生大手大脚花钱的情况。因此,新学期伊始,校园中“开学摆阔综合征”严重,不少学生刚开学就成为了“周光族”。

情景再现3:“我的钱花在哪儿了?”

“我也不知道我的钱是怎么花出去的。开学我爸打给我了5 000块钱,作为我这个学期的生活费。这才过了不到三个月,就剩下不到1 000块钱了。其实想想也没花什么大钱,只是有时候会在淘宝上买几件衣服、买一些护肤品和生活用品;学校南门有一条街,里面有很多的店铺,卖啥的都有,每天吃完晚饭后,总和同学去那逛逛,大概钱就是这么花去出的吧。大部分的东西买来也没怎么用,一直放在那儿,有的衣服吊牌还没拆,试过不喜欢就放在柜子里了。后面还有一个多月的时间，都不知道怎么办了，只能节衣缩食、艰难度日了。”大三英语专业的小雨同学这样说。

【案例解析】 小雨并非个例，在大学生中这种日子过得“前松后紧”的现象很普遍。很多学生花钱没有计划性，每个月月初、月中比较宽松，越往后越窘迫。很少有大学生对自己的生活花费进行计划，随意性和盲目性占很大比例。看到自己喜欢的东西，不管需不需要都毫不犹豫地买下。尤其是网购的风行，更是让很多大学生尤其是女生欲罢不能。在网上搜索、浏览自己想要的东西，放入购物车，购买，付款，一切只需要坐在宿舍里面对着电脑、动动鼠标就可以完成，接下来的事情就是坐等着快递公司的人上门送货。另外，一些名目繁多的“人情”消费也让大学生不堪重负。目前在大学生消费中，种类繁多的这宴那会，令人应接不暇。比如今天生日，我请你；明天你获奖，你请我。此外还有什么同学聚会、兴趣沙龙、考试过关……总之只要能找个理由，就聚在一起吃喝一番。另外，手机、网络等通讯的支出、旅游的支出、谈恋爱的支出都让大学生的消费刹不住车。等到学期末的时候，早已是囊中羞涩，勒紧裤腰带过日子了。

四、超前消费

随着我国信用卡市场的发展，为争夺客户群，各商业银行在信用卡的目标客户与目标市场上的区分越来越细化。大学生群体，也成了近年来信用卡业务有潜力的客户群。各发卡行为了吸引学生申请信用卡，准备了水杯、雨伞等各种各样的礼品，同时，还设置了分期付款、刷卡免年费、毕业后可提高透支额度等政策。

这对自我管理能力不强，又有旺盛消费需求的部分大学生有很强的吸引力，在一定程度上促进了他们的超前消费意识，用个别学生的话来说就是“花明天的钱，做今天的事”。然后，透支消费之后的后果却是严重的，部分学生甚至拆东墙、补西墙，远远超越了自己的偿还能力。

情景再现4：“负翁”一族，你累不累？

这两天刚好是学校开学的日子，几家银行的工作人员在学生宿舍、食堂前办起了信用卡业务。银行工作人员热情地向学生们介绍信用卡的透支、转账等功能，不少学生都坐下来填了申请表。一位张同学透露，身边认识的同学，大概20%左右在透支银行卡。“那次为了还款，我吃了两个礼拜的方便面。”小张为了追女朋友，送花、吃饭、逛街，开销越来越大。钱不够用，他就每月用信用卡取现，到下月再用父母寄来的生活费还款，如此反复。“我当然知道这不是长久之计，因为信用卡取现是要付利息的，哪有免费的午餐?”小张打算注销手中的这张信用卡，用他的话说“那是甜蜜的毒药”。小张还拿通过父母寄来的生活费拆东墙补西墙，家境贫困的小彭可就犯难了。“透支五六千元，我也不知道该怎么办?”小彭还尝试过“信用卡理财”的高招：用一张信用卡上的钱去还另一张卡所透支的钱，“以卡养卡”透支了一段时间，现在两家银行都在催他还款。

【案例解析】 不知何时，社会上兴起了一股“超前消费”的热潮。随着社会生产力和市场经济的发展，人们的消费观念和消费方式也发生了根本转变，于是超前消费也就成为年青一代的时尚。作为最易接受新鲜事物的大学生群体而言，这样一种超前消费的观念在大学生这个群体中无疑已深入人心。而相对于其他消费群体，大学生还没有独立的经济来源，消费心理还不成熟，如果透支消费一些原先消费不起的东西，进行了一些超越自己经济能力特别是偿还能力以及心理负担能力的消费，后果往往是比较严重的。它不仅加重了学生家长的经济负担，影响了家长和学生的感情，对家庭伦理道德建设也会带来不利的影响。透支消费会将大学生带入消费主义的误区，并将动摇勤俭节约的优良传统，还可能导致拜金主义、享乐主义的滋长。由此引起的攀比、炫耀型消费还在一定程度上扭曲了校园人际关系，对大学生的价值观、健全人格的形成产生不良影响。

第三节　大学生消费心理健康自测

各种各样的心理测试是了解自我的一种行之有效的科学手段。下面几个测试可以帮助你更加清晰地了解自己的心理状况，请按照内心的真实情况作答。

心理健康自测(一)

消费心理测验

1. 当你逛超级市场时，看见你心爱的零食减至半价，你会有什么反应？

A. 兴奋到尖叫，立即大手入货 非常开心

B. 立即通知亲戚朋友

C. 觉得好开心，但买时又有点犹豫

D. 完全不为所动，当没有看到

2. 当班内举行大食会，而你则负责买薯片、虾条及汽水。你走入超级市场内，你会……

A. 眼睛极力搜寻黄色或红色牌子，双眼发光，努力地买，见到特价货才会买，就算更喜欢其他的

B. 都要选特价的

C. 比较同类的薯片、汽水

D. 不贵不买，我要好的呀！

3. 下列哪一句子最能形容你购买商品的习惯，例如衣物、文具等？

A. 绝对不买正价货，但是减价时便大量购买

B. 认为很快就会减价，先预定上，到时再买

C. 担心减价时买不到心仪的衣物，会即刻购买，其余的则等到减价时买

D. 完全只买正价货，认为便宜没好货

评分与解释：

A—6 分，B—4 分，C—2 分，D—0 分。

(1) 0 分　你是世外高人，奇人一族。对价格完全无反应。

(2) 2～8分　你对价格不太敏感,在大减价时不会发狂,绝对不会因减价而失去理智,小心精明,亦不会错失心爱的物品,但中间会有失手的时候——就是买贵了!

(3) 10～12分　你好厉害啊!你对价格十分敏感,是一个精明的消费者。你会尽量在减价时买东西,不会浪费金钱。你精明细心、懂得打算,又不会在减价时失去理智,属精明一族,但有时却会因等减价而错失心爱的物品,想做超级无敌精明消费者……

(4) 14～18分　你是超级无敌劲爆绝无仅有的减价发烧友,对价格过分敏感,通常会在大减价时变得疯狂,认为自己买的东西好值。要小心,减价时买太多,失去理智,用不完会浪费呢!未必精明啊!

心理健康自测(二)

理性消费心理测验

1. 您现在每月有盈余吗?

A. 没有　　B. 有,但不多　　C. 有很多

2. 若有盈余您如何处理?

A. 马上花光

B. 存入银行以备后用

C. 转入下月生活费

D. 用于投资

E. 没有余额

3. 您对自己的消费有过记录吗?

A. 我向来没有记账的习惯

B. 我对一些比较大的支出有记账的习惯

C. 我很少有记账的习惯

D. 我基本上对所有支出都有记账的习惯

E. 想过但没有落实

F. 有但断断续续

4. 当您看到一件您现在并不需要的物品时,您会不会因为一些原因而去购买?

A. 会

B. 不会

评分与解释:

如果在4个选项中有3项或3项选择了A,那你在消费上缺乏理性,基本属于无计划消费。

心理健康自测(三)

大学生信用卡使用状况调查问卷(有卡族篇)

(本测验可用于班级学生的消费情况调查)

1. 您是通过何种途径办理信用卡的?(　　)

A. 身边老师、同学的介绍　　B. 银行校园促销活动

C. 报纸、电视、等媒体广告　　D. 其他________

2. 您办理信用卡的主要目的有(　)

A. 超前消费　　B. 学习理财

C. 付款方便　　D. 受身边同学的影响

E. 获得办卡赠送的小礼品　　F. 不知道

G. 其他________

3. 您目前所拥有信用卡的数量为(　)

A. 1 张　　B. 2～3 张

C. 4～5 张　　D. 6 张以上

若您拥有一张以上的信用卡,原因是________。

4. 您拥有信用卡的时间为(　)

A. 不到 1 个月　B. 1～3 个月　C. 4～6 个月　D. 7～12 个月　E. 一年以上

5. 您使用信用卡的频率大约是(　)

A. 还没怎么用过　　B. 1～3 次/每月

C. 4～6 次/每月　　D. 7～10 次/每月

E. 10 次/每月以上

6. 您经常使用信用卡的哪些功能?(　)

A. 分期付款购买商品　　B. 刷卡消费

C. 增加自己的信誉度　　D. 其他________

7. 您目前所使用的信用卡来自________银行,原因是________________

8. 您一般在何处使用信用卡?(　)

A. 超市　B. 宾馆　C. 饭馆　D. 其他________

9. 您感觉周边环境使用信用卡是否方便?(　)

A. 非常方便　B. 比较方便　C. 不太方便　D. 很不方便

10. 您对大学生使用信用卡进行超前消费所持的态度是(　)

A. 非常支持　B. 比较支持　C. 比较支持　D. 反对

11. 您目前使用信用卡进行超前消费的情况为(　)

A. 经常使用　B. 偶尔使用　C. 还未用过

12. 您可以承受的平均超额消费额度是(　)

A. 300 元以下　B. 301～500 元　C. 501～800 元　D. 801～1000 元

E. 1 001～1 500 元　F. 1 501～2 000 元　G. 2 001 元以上

13. 您会透支消费用于(　)

A. 购买电脑　B. 购买 MP3　C. 购买手机　D. 旅游

E. 网上购物　F. 其他________

高校大学生信用卡使用状况调查问卷(无卡族篇)

1. 您对信用卡功能的了解程度为(　)

A. 非常了解　B. 比较了解　C. 不太了解　D. 很不了解

2. 您曾经通过哪些渠道听说过大学生信用卡(　)

A. 身边老师同学的介绍　　B. 校园促销活动
C. 报纸电视网络等媒体广告　　D. 不曾听说过
E. 其他________
3. 您希望拥有信用卡的意愿程度为(　　)
A. 非常希望　　B. 比较希望　　C. 不太希望　　D. 不希望
原因是(　　)(可多选)
A. 可以进行超前消费　　B. 可以培养理财能力
C. 没钱时用来应急　　D. 可以增加自己的信用度
E. 拥有信用卡很时尚　　F. 交款方便快捷
G. 可以进行网上购物　　H. 容易养成透支高消费的不良习惯
I. 没有必要拥有信用卡　　J. 办信用卡要交年费
K. 年龄限制不能办卡　　L. 不适应信用消费的模式
4. 如果您要办一张信用卡,您倾向于办理________银行的信用卡,原因是____________________。
5. 您对大学生使用信用卡进行超前消费所持的态度是(　　)
A. 非常支持　　B. 比较支持　　C. 不太支持
D. 反对　　E. 非常反对
6. 如果使用信用卡进行超前消费,你一般会用于进行(　　)
A. 购买电脑　　B. 购买 MP3　　C. 购买手机
D. 旅游　　E. 网上购物　　F. 其他________
7. 您可以承受的平均超额消费额度是(　　)
A. 300 元以下　　B. 301～500 元　　C. 501～800 元
D. 801～1 000 元　　E. 1 001～1 500 元　　F. 1 501～2 000 元
G. 2 001 元以上

[问卷来源:http://wenku.baidu.com/view/28b1963510661ed9ad51f3a6.html]

第四节　大学生消费心理调适

当代我国大学生的消费中存在着很多误区,为了能推动大学生养成正确合理的消费观念,引导他们树立正确的消费观、人生观和价值观,我们必须通过各方面努力,积极采取各种措施,引导大学生进行积极的消费心理健康调适。

一、引导大学生正确消费心理的原则

(一) 培养科学理性的消费观念

培养科学理性的消费观念,需把握好消费的“度”,明白理性消费对个人、家庭、学校、

社会的意义，力戒攀比消费心理以及享乐消费倾向，树立适应时代潮流的、正确的、科学的理性消费观。我们应该在保证正常日常消费的情况下力行节俭、勤俭节约，以艰苦奋斗为荣，以骄奢淫逸为耻。养成正确的消费习惯，培养正常的消费方式，以适应当今社会的经济活动需要。

(二) 加强经济独立意识和能力的培养

消费本身并不是一种错，除了应该理性消费，消费的来源也应该有所考虑，因为我们还不是经济独立体，而父母的钱也不是天上掉的馅饼。大学生只有通过培养自己的才智，才能增强经济独立的能力，也才能提高消费水平。

作为大学生来说，应多参加勤工助学，在增长社会阅历的同时，还在一定程度上减轻家庭经济负担，自食其力；明白父母挣钱的艰辛与不易，摆脱依赖心理，增强我们大学生的家庭责任感和社会责任感，同时也增强了大学生对父母的感恩之情。

(三) 避免盲从，理性消费

大学生消费经验不足，消费心理不成熟，在消费过程中容易盲目从众。为避免盲从，我们应坚持从个人实际需要出发，买下需要的东西，坚决不买可买可不买的东西，千万不能看到其他人消费而不按自己实际是否需求而盲从消费。同时，大学生要尽量避免情绪化消费。大学生作为年轻人，在消费过程中往往容易心血来潮、一时头脑不冷静，事后发现这种消费选择并不适合自己的需要。因此，在消费时，大学生要注意保持冷静。最后，大学生要避免重物质消费，忽视精神消费的倾向。因为，随着生活水平的提高，人们的消费结构是不断变化与改善的，我们的选择也要有利于人的全面发展。

(四) 量入为出，适度消费

要在自己的经济承受能力之内进行消费，做到消费适度。大学生在消费的过程中要实事求是地根据生活、学习、文化和娱乐的实际情况制定明确消费标准，坚持合理的消费原则，做出消费计划，量力而行、量入为出，养成良好的消费习惯。大学生在平时的消费过程中关键要坚持以下几个原则：消费有度原则、消费计划性原则、消费主导性原则和消费自立性原则，通过这些原则来规范自己的消费行为。

二、引导大学生正确消费心理的具体策略

(一) 处理好依赖消费心理的策略

1. 策略一：首先是大学生自己，应知自己父母的艰难，“一粥一饭来之不易”，尽可能地“节流”

大学生自己应该建一个账本，把平日收入支出明细记录在案，该花的花、不该花的坚决省去。这个工作虽稍显繁琐，但对于避免浪费、养成良好的理财观念颇有裨益，另外，可能的情况下还应“开源”。据了解，如今各大学一般都有很多项目的奖学金，除了政府提供

的之外，一些企业或个人赞助的奖学金数额也很可观。争取奖学金也被很多大学生视为自力更生，实现经济独立的正道。一些学习成绩优异的同学甚至可以用所获奖学金解决学费和生活费的全部开销。勤工俭学是大学生挣钱的普遍做法，大学生可以利用课余时间做家教赚钱。还有部分学生涉足商海，做起了小生意，成为在校园里就用企业家的思维做事的学生。一些计算机、英语等实用性很强专业的学生充分发挥自身特长，开发应用软件或为外国游客做导游成为他们富有特色的生财之道。无论家境如何，勤工俭学都不失为大学生提前接触社会，积累社会经验的一条良好途径，对以后就业也有益处。家庭经济状况较差的学生还可以在一定程度上减轻家庭经济负担。当然，大学生的主要任务还是学习。尤其是低年级学生，对大学生活尚未完全适应，加之对学校周围的社会环境也不是十分熟悉，这时候还是应该把主要精力放在学习上。对于高年级的学有余力的学生而言，利用课余时间勤工俭学减轻父母的经济负担还是值得提倡的。

2. 策略二：家长也要改变传统的养育观念，树立现代教育观念，从各方面培养孩子的独立意识和成才理念

绝大多数的父母一辈子拼命赚钱，并不是为了自己如何享受有质量的生活，他们总是希望自己曾经受过的磨难别复制到孩子身上，他们总希望自己能够给孩子留下尽可能多的财产，他们总是希望自己能够给孩子创造尽可能舒适的生活环境。

绝大多数西方国家父母对待自己子女的关怀通常不会像中国人那样竭尽全力和无微不至，他们对子女的期望也是更多地倾向于顺其自然，到了子女 18 周岁或者找到工作后，一般就不再承担抚养或者说是经济上的责任。

其实，作为父母亲大可不必如此操劳，别把自己的子女永远当成孩子，是否可以试着放手让他们自己成长，毕竟这个世界以后是要靠他们来承担的。

因此，家长也要逐渐改变传统的养育观念，试着放手让他们自己成长，试着让他们挣自己的学费、生活费，体验父母的艰辛和不易，从而承担必要的家庭责任和社会责任，从各方面培养孩子的独立意识。

(二) 处理好攀比消费心理的策略

针对当今大学生的消费误区，应该相应地做出一定的消费指导帮助大学生弱化消费攀比心理，社会、学校、家庭都有责任关心大学生的健康成长，向他们传播正确的消费观念和消费行为方式，引导他们合理、科学地消费。

1. 策略一：社会应营造良好消费环境和舆论

从更深的意义上讲，通过培养大学生正确的消费意识和行为习惯，用小环境来影响大环境，可以促进社会精神文明的进步。总之，营造校园良好的消费环境和舆论，已是社会赋予高校的使命和责任。学校要营造和谐的校园文化环境，为大学生科学、合理消费提供良好的环境氛围，要旗帜鲜明地反对给家庭和社会造成严重负担的盲目透支消费。

2. 策略二：高校要加强科学的消费观教育

加强消费伦理和消费知识的教育，让大学生懂得如何进行合理消费；消费观不端正，消费心理、消费行为必然不端正，就会在消费过程中出现不健康的消费误区。必须把社会主义和谐消费的理念贯穿于各种消费活动中，把大学生消费行为引向正确的方向，促使大

学生树立健康的生活方式。

3. 策略三：高校必须采取教育和治理手段，加强国情、校情和家情等方面的专题教育，消除攀比消费的症结和误区

大学新生心理处在不成熟的阶段，相互攀比的消费心理较为普遍，消费行为呈现不稳定、片面和极端性等特点。此时部分大学生消费的目的是为了满足虚荣心，而不是从自身的学习或生活实际需要出发。通过采取日常教育治理、举办专题讲座、进行咨询服务等多种形式，培养理性消费意识和习惯，树立科学消费行为和时尚。

4. 策略四：大学生自身要注重加强自身修养

大学生自身要注重加强自身修养，把主要精力用于自身的学习和发展上，自觉抵制社会上不健康、不合理的消费观念，避免盲目地攀比消费，避免给自己带来经济和心理压力，以良好的心态和奋发进取的精神完成学业，成为社会有用的人才。

（三）处理好无计划消费心理的策略

我们应该怎么避免这种上半月“富翁”、下半月“负翁”的现象？如何避免开学不久就因花钱无度陷入“经济危机”的状况？如何管理好自己的钱呢？如何帮助大学生建立正确的理财观念，养成良好的理财消费习惯呢？

1. 策略一：高校要加强大学生理财教育，帮助大学生养成良好的理财习惯

与前些年相比，如今的大学生们尤其是“90后”大学生们，在消费上追求的已不再是温饱，而是如何提高消费品位。从消费内容看，大学生用于满足基本生存需要的费用大大降低，而用于改善学习条件及自身精神文化需求的费用提高了。因此，高校有必要为大学生创造条件，给学生提供必要的消费指导。通过开设有关消费知识的选修课程或讲座，通过灵活的形式和鲜活的内容对大学生消费和理财行为进行培训，以培养大学生健康向上的理财及消费习惯；也可以举办消费知识竞赛，成立大学生消费社团、协会咨询机构等形式，让大学生掌握一般的消费常识，提高辨别力、评价力、挑选力，克服消费过程中的冲动心理，增强消费的计划性、合理性。另一方面为大学生提供更多的实习锻炼机会，特别是要积极为贫困生开辟出更多的勤工助学机会，鼓励学有余力的大学生积极参加勤工助学，让大学生体会到挣钱的不易，从而在花钱上更加理性。

2. 策略二：大学生自身应学会基本的理财技能，形成有计划的消费方式

(1) 钱要花在刀刃上

作为学生，应该把钱花在必须花的地方，不需要的东西坚决不买。在逛街或者网购之前，列出自己实际需要的物品，按需购买，不能因一时冲动消费；而要从自己的实际需要出发，不需要的坚决不买。而且花钱时不要一味追求档次讲究攀比，更多地应考虑所购物品的性价比和自己的承受能力。

(2) 学会记账和编制预算

这是控制消费最有效的方法之一。其实记账并不难，只要保留所有的收支单据，做一个简单的T型记账簿，抽空整理一下，就可以掌握自己的收支情况，看看哪些是不必要的支出，哪些是可以控制的支出，哪些是可有可无的支出。根据自己的实际需要和可支配金额，制订每月消费计划，对自己每月的消费做到大致心里有数，以便调整以后的支出，达到

控制的目的。

(3) 遵守一定的生活消费原则

学生时代吃要营养均衡，穿要耐穿耐看，用要简单实用，行要省钱方便。比如，一些大学生不喜欢食堂的饭菜，喜欢去小餐馆吃，可以说在你的消费水平之内的话，无可厚非，但是现在学校附近有很多家小餐馆，可以比较一下，找卫生条件比较好的，价格也适中的，这样既不增加开支又能吃好。

(四) 处理好超前消费心理的策略

大学生在消费方式上的不理性对家庭、社会不利，对他们的成长也尤为不利。针对目前部分大学生存在的高消费、人情消费、恋爱消费支出过度、超前消费、过度网购等不理性消费的现象，就如何引导大学生理性消费，我们认为可以从以下几个方面进行努力：

1. 策略一：社会应加强立法监督，规范大学生信用卡的办理，遏制“超前消费”的过度蔓延

当前，国内对大学生信用卡的发放程序还缺乏完善而统一的监管手段，应尽快出台一系列信用卡改革方案，尽快完善有关信用卡和银行卡使用的法律环境、支付基础环境、信用风险评估和征信管理体系，规范银行向大学生推销、发放信用卡的行为。社会有关机构要积极监管大学生信用卡的发放过程，建立完善的大学生信用卡风险评估体系，进行详细的资信调查，切实加强对还款能力的审核，审慎选择发卡对象，将校园信用卡市场引导到更加积极健康的方向。同时积极利用大众媒体加强对大学生理性消费观的引导，创设更加理性健康的社会消费文化氛围，遏制超前消费、过度消费的蔓延。

2. 策略二：学校应加强对大学生理性消费观的教育和引导

学校应加强教育指导，把引导大学生理性消费纳入高校思想政治教育工作之中，主要有两条途径。一是发挥“两课”的主体作用，将“消费道德”教育纳入大学生思想道德修养相关课程体系，根据大学生年龄和消费行为特点，以强调“合理与适度”消费，反对高消费、超前消费、冲动消费，提倡“量入为出”有计划地消费等为主要内容，开设《消费经济学》、《个人理财》等消费理财教育的课程或讲座。同时注意，在课程教学过程中，应避免单纯的说教，以灵活多样的形式进行理性引导，使学生了解消费与理财的基本知识，学会如何科学消费、文明消费，引导学生理性消费，避免非理性的消费行为。二是充分发挥辅导员、学生党支部、共青团组织等高校思想政治教育工作有效载体的作用，营造积极健康的校园消费文化氛围。充分利用校园网、广播电视台、校报、团讯、专刊专栏等校内大众传播媒介进行直观形象的消费教育，引导理性消费舆论，积极营造健康消费、合理消费的校园氛围。

3. 策略三：家庭应注重培养子女的经济独立意识，加强对子女消费情况的监管

家庭的消费观念和消费行为对子女的消费行为有着深刻的影响，家长应督促子女养成理性消费观。一是家长要转变观念，变“无私奉献”为“适度供给”，注重培养子女的经济独立意识，放手让他们去做一些事情，鼓励他们积极参加学校勤工助学、社会实践，从中明白父母挣钱的不易、摆脱他们的依赖心理、减轻家庭经济负担，同时增强家庭责任感、增长社会阅历。二是家长要及时了解子女的消费状况，适当控制子女的花销，帮助子女建立具体合理的消费计划，对其消费情况进行有效的监控和管理。

4. 策略四:大学生自身应加强自我教育,勇于承担责任,坚持理性消费

作为青年一代,大学生自身必须明白理性消费对个人、家庭、学校、社会的意义所在,加强经济独立意识,勇于承担社会责任和家庭责任。在消费的过程中要实事求是地根据生活、学习、文化和娱乐的实际情况制定明确消费标准,坚持合理的消费原则,做出消费计划,量力而行、量入为出,养成良好的消费习惯。大学生应培养科学理性的消费观念,把握好消费的度,坚持合理消费、理性消费,力戒攀比消费心理以及享乐消费倾向,树立适应时代潮流的、正确的、科学的理性消费观。

三、成长体验活动

体验活动一:

活动主题:感恩父母,学会自立

活动目标:教会学生学会珍惜,懂得感恩父母;体验父母的辛劳,学会自立自强。

活动时间:30 分钟

活动人数:8 人左右一组

活动步骤:

1. 听故事:《他不是我的父亲》

上大学的儿子打电话回家要买一部 iphone 4S 手机需要 4 000 块钱,清洁工父亲省吃俭用了半年,终于凑足了 4 000 块钱给儿子,送去儿子的学校。儿子怕别人知道自己的父亲是清洁工,当着宿舍同学的面说:“他不是我的父亲!”父亲含着泪离去了。

讨论:听了故事,你想说些什么?

2. 听了这个故事,大家的心情怎样?此时,一定有更多的话想说?以小组为单位,在小组内进行讨论。通过这个故事,引起学生心灵的触动,让学生自由谈体会。

体验活动二:

活动主题:正视攀比

活动目标:让学生直面攀比现象,审视自身是否存在攀比,深究攀比缘由。

活动时间:30 分钟

活动人数:8 人左右一组

活动步骤:

1. 算一算

自己的父母每月收入多少?

自己每年的学费、生活费花费多少?自己的花费占了家庭收入的多少?

2. 想一想

自己在生活中有没有与人攀比过物质享受?

3. 说一说

是什么导致我们一定要与人攀比?

攀比给我们带来了什么?

攀比给父母带来了什么?

我们应该怎样避免与人攀比？或者说除了攀比物质之外，我们其实更应该攀比些什么？

体验活动三：

活动主题：理财大课堂

活动目标：加强大学生财商教育，让大学生学会科学、健康的消费方式，学会规划。

活动时间：60 分钟

活动人数：全班同学

活动步骤：

1. 邀请专业理财人士来到课堂讲解有关大学生理财的知识。（30 分钟）

2. 提问：大学生讲座后向专业人士请教消费方面的困惑。

3. 讨论：

自己在日常消费中存在哪些不良习惯？

如何加以有效避免？

通过讨论，使学生发现自身存在的不良消费习惯，认识到自身消费上存在的不足，加强科学理财意识。

体验活动四：

活动主题：和超前消费说“NO”

活动目标：使大学生认识到超前消费、过度消费的危害，加强对自身消费行为的约束。

活动时间：30 分钟

活动人数：8 人左右一组

活动步骤：

1. 听一个大学生过度消费、无法还清信用卡的案例。（30 分钟）

2. 讨论：

自己是否有使用信用卡过度消费的行为？

为什么有这种行为？

如何有效避免超前消费？

如何合理使用信用卡？

通过讨论，使学生发现使用信用卡的利弊，自觉养成科学合理使用信用卡的习惯。

延伸阅读

心理知识链接——攀比消费的心理成因

攀比心理是一种不满足于现状、不甘落后于他人而想拥有甚至超越他人的心理意识。大学生在生活、学习中，总是有意无意地与同学做比较，追求心理平衡，获得认同感。大学生的攀比消费是高校校园不争的事实，这种心理的形成有个人和社会的原因，也有家庭的原因。个人价值取向的不成熟是大学生消费攀比心理的内在成因，社会和家庭是影响大学生消费攀比心理的外在因素，个人则是内在动因。本文着重从个人的心理上进行一些探讨与分析。

1. “享乐主义”价值观盛行

大学生正处在人生观形成和个体社会化的重要年龄阶段上，乐于接受各种新观念的影响。在社会上盛行的“享乐主义”、“拜金主义”价值观的影响下，“享受生活”成为他们指导消费的核心观念。

2. 炫耀心理

炫耀心理实际上是一种超越自我客观价值的自我虚构，表现在生活消费领域，就是对物质生活的高欲望。这种现象实际上反映出大学生心理上的一个症结：用富裕的物质生活来充实美化自己的形象，或以此来提高自己在班集体中的地位和显示自己的社会价值，以求得自尊的满足和心理的平衡。

3. 求异心理

大学生总是走在时代的前列，敏锐地把握时尚，唯恐落后于潮流。他们更容易热衷于以衣食住行的时髦和文化领域的时尚，甚至以叛逆式的标新立异的奇特行为，以“追逐前卫和新潮”的消费心态向成人社会显示自己的存在，展示自己的青春活力，在群体模仿式的消费行为中滋生压倒对方而求独领风骚的畸形心理和行为，从而产生攀比消费行为。

4. 从众心理

从众指个人受到外界人群行为的影响，而在自己的知觉、判断、认识上表现出符合公众舆论或多数人的行为方式。大学生盲目消费是由于经验不足、消费目的不明确、消费决策失误造成的。

第八章　大学生的择业心理

——天生我才必有用

小婷是工业工程专业大三的学生，在毕业时以专科生的身份进入一家世界500强的快速消费品行业做管理培训生，成为众多同学、甚至硕士研究生羡慕的对象。在介绍经验时，小婷坦诚地说，她没有社会关系，没有超常的智力，没有非凡的能力，之所以能顺利应聘到该职位，靠的是认清自我、早定目标、坚持行动、积极关注。她从刚进大学的时候就参加院系职业发展中心组织的职业生涯规划训练营活动，通过这个活动对自己进行了一次彻底的梳理，之后经过深入的思考和实践，基本确定了进入快速消费品行业的外企做管理培训生的职业目标。确定这个目标后，小婷又对这个职业目标进行了研究，确定了英语口语、表达能力、团队合作能力，外企的实习经历等作为自己大学期间要努力积累和提升的东西。在做好前期功课后，小婷又给自己订了一个非常详细的行动计划，包括英语口语的练习、社团的选择、人际关系扩展、实习计划等。在行动计划的指引下，小婷一步步提升自己，终于在毕业的时候顺利地拿到了心仪企业、心仪职位的offer。

第一节　择业心理概述

"大学生毕业就等于失业"是时下大学校园中比较流行的一种说法。随着社会主义市场经济体制的逐步建立和完善，各地人才市场相继建立并日趋活跃，高校毕业生与社会用人单位"双向选择"已是一种客观必然。伴随择业过程，大学生会发现"好分数＝好工作"已不再是一成不变的定律，对于选择什么职业、怎么样选择职业心中充满了困惑：最适合自己职业发展的机会在哪里？如何把握？自己的学历背景和许多大学生相似，如何脱颖而出？如何跨越"工作经验"、"专业要求"等重重障碍？这就需要从大学开始就进行职业生涯规划，考虑未来的职业发展方向，根据职业目标的要求来提升自己，早准备早提升，才能保障在毕业时不手忙脚乱，有一份健康的择业心理。

一、梦想从这里起飞：职业生涯规划

选择决定未来，什么样的选择就会带来什么样的结果。中学时，我们的梦想是考大学；如今上了大学，你的梦想又是什么呢？其实说到梦想和选择，都关系到生涯规划的问题。大学是职业生涯的准备阶段，在职业发展的道路上能否赢在起点，关键就看我们在几年大学生活中是否做了积极、充分的准备。

(一) 职业生涯规划的主要任务

职业生涯规划是指针对个人职业选择的主观和客观因素进行分析和测定，确定个人的奋斗目标并努力实现这一目标的过程。职业生涯规划有很多阶段，对于18～23岁的大学生来说，一般认为其正处于职业探索和准备期，充当的角色是职业工作的候选人、申请者。其主要任务是：

1. 完善自我认识

保持积极自我概念的技能；保持有效行为的技能；了解发展性变化。

2. 学习生涯规划

习得决策的技能；了解工作对个人和家庭生活的影响；了解男女性别角色的持续变化；习得生涯转换的技能。

3. 追寻生命意义和生活方向

在不断调整努力方向的过程中实现个人价值和社会价值，度过有意义的人生。

4. 接受教育并进行职业探索

接受教育和培训的技能；投入工作和终身学习的技能；搜集和运用信息的技能；寻找、获得、保持及改变工作的技能；了解社会需求对工作的影响。

(二) 职业生涯规划的关键

对于目标的思考是职业生涯规划的关键。结合上述任务，大学生可以设定大学期间的目标，如个人成长目标：你想成为什么样的人？具备哪些素质和能力？得到什么评价？

1. 学习目标

是否辅修其他专业；取得什么资格证书；学分排位情况；参加什么实习和社会实践；毕业后继续求学还是工作……

2. 生活目标

身心的健康状况；交友状况；恋爱状况；个人经济能力……

目标是航行的灯塔，我们在任何阶段、任何情况下都不能没有目标或忘记自己的目标。而目标是否可行、有效，就要看自己的实际情况和所处的环境。所以探索自我和分析环境是生涯规划的关键。

(三) 职业生涯规划的步骤

总的来说，职业生涯规划的基本步骤是，认识自我、分析环境、确定目标、确定行动方案并实施，及时进行评估调整，具体如图 8 - 1

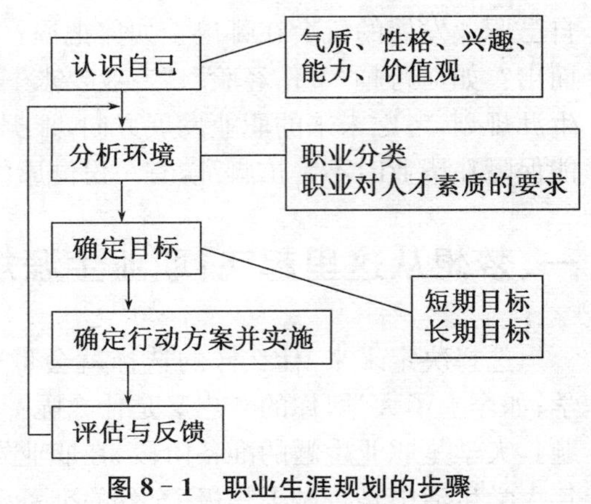

图 8 - 1 职业生涯规划的步骤

所示。

探索自我包括了解自己的气质、性格、兴趣、能力和价值观，然后找出可以改进的地方，设定自己在大学不同阶段所要达到的目标。分析环境则主要指了解职业世界，包括职业分类、职业世界对人才的一般要求、不同职业对人才的具体要求，等等。大学生了解自己和职业世界的途径有很多，可以参加社会实践，或进行自我反省，或询问师长、亲友；了解自我还可以借助专业的心理测验，或与心理辅导老师、生涯规划老师一起讨论。

（四）职业生涯规划的意义

1. 可以发掘自我潜能，增强个人实力

一份行之有效的职业生涯规划将会：① 引导你正确认识自身的个性特质、现有与潜在的资源优势，帮助你重新对自己的价值进行定位并使其持续增值；② 引导你对自己的综合优势与劣势进行对比分析；③ 使你树立明确的职业发展目标与职业理想；④ 引导你评估个人目标与现实之间的差距；⑤ 引导你前瞻与实际相结合的职业定位，搜索或发现新的或有潜力的职业机会；⑥ 使你学会如何运用科学的方法采取可行的步骤与措施，不断增强你的职业竞争力，实现自己的职业目标与理想。

2. 可以增强发展的目的性与计划性，提升成功的机会

生涯发展要有计划、有目的，不可盲目地“撞大运”。很多时候我们的职业生涯受挫就是由于生涯规划没有做好。好的计划是成功的开始，古语讲，凡事“预则立，不预则废”就是这个道理。哈佛大学的一项追踪研究表明，没有明确目标的职业生涯是很难获得成功的。经过数十年的跟踪研究，那些5%最成功的人，成功的共同点都在于他们为自己的职业生涯早早确定明确的目标，并且始终坚持。大学生的职业生涯规划是以优化学生学业学习力为近期目标，以提升学生就业力为中期目标，以提高学生持续发展力为远期目标。大学生通过职业生涯规划，可以使学生对其职业目标和实施策略了然于心，在这个目标的指引下科学合理规划大学生活，有效地管理自己的时间，调动学习的积极性，用积极主动的态度迎接今后的大学生活。

3. 可以提升应对竞争的能力

当今社会处在变革的时代，到处充满着激烈的竞争，职业活动的竞争非常突出。“物竞天择，适者生存”，要想在这场激烈的竞争中脱颖而出并保持立于不败之地，必须设计好自己的职业生涯规划。这样才能做到心中有数，不打无准备之仗。但许多大学生往往不作规划而是盲目地找工作。这部分大学生没有充分认识到职业生涯规划的意义与重要性，认为找到理想的工作靠的是学识、业绩、耐心、关系、口才等条件，认为职业生涯规划纯属纸上谈兵，简直是耽误时间。这是一种错误的理念，实际上未雨绸缪，先做好职业生涯规划，磨刀不误砍柴工，有了清晰的认识与明确的目标之后再把求职活动付诸实践，这样的效果要好得多，也更经济、更科学。

4. 可以实现人职匹配，提高就业满意度

在当前就业市场中，普遍存在一些工作岗位招不到专业对口的毕业生，而另一些工作岗位却存在专业对口人数过多的现象。导致这一现象的原因，除了高等教育在学科建设、

专业设置和培养方案上的体制因素影响之外，缺乏职业生涯规划也是一个重要因素。职业生涯规划帮助大学生根据各种现实条件进行全面的自我和环境分析，明确职业定位，实现人职匹配，实施学业和职业规划，帮助大学生在未来的就业中寻找到更满意的工作。以往的很多研究也都证实人职匹配是影响大学生就业满意度的重要因素。大学生要想在激烈的竞争中满足自己的就业预期，就必须设计好自己的职业规划，将自己的个性特质和社会需求相结合来确定自己的职业目标，进而有针对地参加各种相关的培训与实践，并以职业要求规范自己，这样在求职时就可以选择能够发挥自己专长的行业和职业，从而提高就业竞争力，增加就业的成功率，找到满意的工作。

二、大学生择业中常见的心理问题

大学生择业是一个极其复杂的心理过程，不仅受社会、家庭等诸多外因的限制，而且受自身心理的制约，是社会环境、群众舆论、个体心理的集中反映。近年来，随着国家就业政策和社会经济的不断发展，大学毕业生就业制度改革也在不断深入。面对就业矛盾日益尖锐、社会竞争日益加剧的形势，大学生思想渐趋成熟，能够做到正确地面对和接近现实。但是，在具体择业的过程中，大学生的择业心理却多呈幼稚、不成熟的表现形式，具体表现在以下几个方面：

（一）急功近利的心理

由于受市场经济大潮的影响，一部分大学生择业时只顾眼前利益，过分注重经济效益，讲究实惠，忽视个人的发展。他们的观点是“管它专业对不对口，挣钱第一”，“前途、前途、有钱就图”，“先挣钱，后搞专业”。在与用人单位洽谈时，有些毕业生首先问及的是单位的效益如何，待遇怎样，住房能否落实，奖金是否高，很少考虑自己的发展前景这些重要问题。他们的眼睛只盯着外贸、金融、保险和电信等经济效益好的行业，很少考虑自己真正感兴趣以及能发挥自身才能的部门。在择业中表现出急功近利的趋势，让用人单位反感，使得一些学生虽各方面条件不错，却被用人单位拒之门外。也有些毕业生自恃专业紧俏，个人条件较好，在就业中总期望理想中的最好单位出现在自己面前，在用人单位热情邀请下，态度矜持，不置可否，“待价而沽”，从而错过了一个又一个好机会。

（二）焦虑急躁心理

绝大多数毕业生面对双向选择和竞争日趋激烈的人才市场，在推荐自己的过程中，都在担心能否选择一个自己理想的工作岗位，能否在双向选择时正常发挥、恰当地表现自己的能力和特长；担心用人单位会不会因为自己的学习成绩一般；没有担任过学生干部或自己没有文体等特长而不录用；特别是女生更是担心用人单位连面试的机会都不给。在择业的过程中适度的焦虑可以提高毕业生的成就动机，更好地去做准备工作，但是过度的焦虑会影响毕业生在择业中的表现，甚至产生心理障碍。

（三）自卑畏怯心理

不少大学毕业生择业时都不同程度存在自卑心理，这种心理会严重影响择业。有些大学生不能客观地认识和评价自己的能力，认为自己竞争实力不够，因而在择业中缺乏一定的信心和勇气。由于对自己能力的过低评价和自卑心理，导致大学生在择业时往往表现出被动性和退缩性的怯懦心理，不敢自荐，应聘时唯唯诺诺、语无伦次、面红耳赤、张口结舌、谨小慎微，生怕说错话而影响自己在用人单位心目中的形象。由于怯懦，他们常常不能充分发挥自己的才能，以至于错失良机。

（四）依赖盲从心理

一些大学毕业生在择业过程中缺乏主动性，存在明显的依赖心理。他们虽然接受了三四年的大学教育，但在很多事情上还是缺乏应有的分析和解决问题的决策能力，因此从众心理在求职择业时也会常常遇到。一些大学生在求职现场寻找热门职业，报考的人数越多，他们对那些职业的渴求越大，于是在求职时纷纷拥挤在国家公务员、外企、金融等行业部门。这种从众心理说明很多毕业生没有明确的职业规划，选择工作更多是盲从，而不是从自己的专业、兴趣、能力以及性格等方面去综合考虑适合自己发展的职业。

（五）虚荣攀比心理

大学生参加大规模的招聘会尚属首次，他们在这种场合评价自己的价值能否得到承认的最常见的办法是互相攀比，比周围的同学哪个选择了知名度高、效益好的单位，哪个同学去了大城市或高层次部门。在他们心里总有一个念头就是"我不能比别人差"、"我不能不如人"。尤其是学习稍好的学生更是如此，于是在选择中，攀比嫉妒，强求心理平衡，总是把别人强作为标准，"这山望着那山高，这花看着那花俏"。有的同学自己毫无主见，总是随波逐流，认为大多数人钟情的一定是好工作，盲目跟着大多数人走，忽视了自己的特长。结果，不从实际出发，延误了时机，丧失了最能发挥自己特长的机会。

第二节　择业过程中常见心理案例

大学生正处于职业生涯发展的探索时期，其间主要任务是准确了解自我、发展自我，在学习与实践中做出尝试性的职业选择和生涯规划。大学时期的职业定位是否准确、职业能力是否得到提高，对于大学生今后的就业和职业发展都有重要的影响。

一、大学生如何进行职业生涯规划

职业生涯规划要求根据自身的兴趣、价值观，将自己定位在一个最能发挥自己长处的位置，选择最适合自己能力的事业。职业定位是决定职业生涯成败的最关键的一步，同时也是职业生涯规划的起点。

情景再现1:价值观影响"职场人生"

小敏是一名即将毕业的大学生。她在大学期间有过一段企业实习经历,在一家发展平稳的企业工作,公司的规章制度和流程已经很规范了,工作节奏也不快,基本上只需要照章办事就可以了。但小敏觉得目前公司人浮于事,太平淡了。小敏认为自己应该去闯荡,去开阔眼界,去干大事业。后来又找了一个工作机会,工作地点在上海,待遇和福利也不错,但是听说工作很有挑战性,需要经常出差,这时小敏有些犹豫了,一方面她需要离开家乡、离开父母,去陌生的上海工作;另外经常出差的工作会影响自己和男朋友之间的关系,因为男朋友的工作也需要长期出差,那以后的家庭问题铁定了也是一个很大的烦恼。想着这些,小敏干大事业的心就歇了……

【案例解析】 对于很多应届毕业生来说,在即将毕业的一年中面临着人生很多重要的抉择,特别是职业选择的正确与否,直接关系到人生事业的成功与失败。很多毕业生选择职业时,想着工作最好是"钱多事少离家近,位高权重责任轻",有的同学只看眼前利益,怕吃苦、求安稳,过分看重工资报酬,往往最终后悔。

情景再现2:兴趣和专业方向之间彷徨

小琦受小学老师深刻的影响,从小就有个决定:投身小学教育就是自己的理想。但现实却有可能把她引往远离理想的方向。她在某综合性大学资源环境与城乡规划专业就读。小琦的出色表现让她非常有可能取得保研的资格,而自己却想考研,以找个能快速实现少年理想的专业,做自己感兴趣的事。大三了,究竟该怎么办,她非常困惑。

【案例解析】 理想往往会被"神化"。理想的形成有时候可能仅仅是受自己成长中的一个特殊阶段遇到的某个个人的强烈影响。理想背后可能是个人价值观在起作用,理想本身不一定是最重要的,但价值观一定要非常重视。

在过去学业和生涯中很多人形成了干一行爱一行的习惯,把自己的兴趣和工作、学习硬生生地剥离开来,并且经过努力也积累了一些经验,取得了一些成绩。这些东西在当下有可能会成为新的理性选择的阻力,并且不时地放出烟雾弹:不规划也可以很好,为什么一定要规划?职业与兴趣、价值观结合真的是必要的吗?

现代社会的进程已经到了必须重视自己独特性的地步,不在自己的独特性上开发出自己独有的道路,个体与职业紧密相关的生涯发展就很难健康开展,因为没有与兴趣结合的职业是机械的,没有与价值良好匹配的生涯发展是灰色的。

工作没有绝对的好坏之分,主要看你是否适合,是否在其中感觉愉快,是否认同其中的价值。如果你喜欢并能愉快地胜任工作,内心对工作的认同程度高,成功、满足往往如约而来。

情景再现3:多种途径接近职场

肖雯即将毕业,在很多同学对于未来很迷茫,为不知道找什么工作或找不到工作而焦虑担忧时,她却获得了3份offer。同学好奇于肖雯是怎么做到的,都想跟她取取经。肖雯说她早早就通过各种途径走近职场,参加招聘会,在网上搜索招聘信息，通过各种途径认识职场人士，进行深入的职场探索，了解自己感兴趣的工作，主动探索自己喜欢的企业，主动上门或写邮件自我推荐……经过几个月的努力，不仅对自己未来要从事的职业有了更深入的了解，更明确了自己职业发展方向，还获得了不少的面试机会。通过多次面试，她获取了一定的求职面试经验，之后重点专攻了几个工作机会，才获得最好满意的求职成果。

【案例解析】 在学校读了十几年的书，突然要面对社会、面对工作，这份陌生感对于大学生而言，是正常的。他们对工作世界不了解，通常表现出两种极端状态：一无所知和想当然。这两种状态常常令大学生面对职场充满了排斥，不想走出校园主动接触外面的职场。找工作时也经常难以决策、陷入被动，有些学生找到工作也是稀里糊涂地就把自己卖了。所以广泛通过多种途径对工作世界进行探索和了解，帮助自己明确职业定位的同时，也有利于获取更多的职场发展机会。

二、大学生如何实现成功求职

大学生大步走出学校、阔步迈入社会，要获得职业发展的良好的起点，实践自己的职业规划首先就要实现成功求职。成功求职是每一位刚从象牙塔里走出来的莘莘学子梦寐以求的事情。在这个充满机会和挑战的时代，大学生需要做好求职准备，掌握求职面试的技巧方能获得用人单位的青睐实现成功求职呢。

情景再现4：寻找自己的力量

小岩平时在学校表现优秀，生活中兴趣广泛，表现非常自信，但临近毕业时却表现特别迷茫，看着身边的同学要么准备找工作，要么参与实习，自己却对什么事情都提不起兴趣。他困惑于对自己的兴趣方向、工作方向以及是否继续深造不知如何抉择，甚至怀疑自己的能力，觉得自己什么都不会，肯定没有工作单位要他。他对前途没有信心，不知道自己能做什么，不适应从学校走向社会，害怕毕业，逃避找工作。

【案例解析】 大学阶段，个人对自己的能力结构有自己的认识，但往往容易在两个极端游移，有时候认为自己无所不能（虽然没有确定的依据），有时候认为自己一无所能（因为确实没有任何可以提供给别人的证明）。这种情况下，个人对自己能力结构的客观认识就成了问题。学生的焦虑也是成长过程中更清楚地认识自己的必经阶段，只是需要鼓励，让学生看到自己的力量。这样，学生才可以看清楚自己拥有的资源，比如能力、人脉等，从而找到具体的求职方法和路径。

对于兴趣广泛而且平时自信的学生，肯定有一定的经历，只是可能没有突显的竞争力，又因为求职的压力，一时间感觉很没信心。对待这种现象，要考虑以下两方面的问题：

(1) 兴趣的确很重要，但不能代替专业知识和专业素养。兴趣成为专业的辅助力量的时候，才能发挥其合力，否则，可能成为选择的累赘。而且，兴趣过分广泛，可能让生活很精彩，带来更多的体验和经历，但如果兴趣广泛，以至于没有突出的地方，也会带来选择的困难。成为专家还是杂家，两者都有其生存空间，但杂家杂到没有核心优势的时候，就没有竞争力了。

(2) 当发现找不到信心的时候,可以尝试回想生活中感觉比较满意、比较成功、比较有成就感的几件事情。找到自己真正的能力,找到一些理由来支撑这个观点。

情景再现 5:学习好≠就业好

小凡是一个性格比较内向的女生,在学校时学习非常认真,各项成绩都不错,还是商贸系学习部部长。随着毕业的临近,她也开始为自己的工作忙碌起来,每次有单位来学校招聘,她都积极去面试,可是每次都是空手而归,看着别的同学甚至有些成绩比她差的都找到了工作,心里不禁酸溜溜的不是滋味。于是本来性格内向的她变得越来越自闭,不愿意和别人打交道,更不用说去参加面试了。

【案例解析】 像小凡这样的大学生还不乏少数,其实导致他们心理失衡的就是失落心理,它不仅会涣散人的斗志,影响人的追求,还容易引发其他问题,所以,我们应及早克服。

有时候求职者对用人单位的等待就像在黑暗中向情人暗送秋波那样,可是却久久没结果,这是失落;有时候求职期望与现实所得相差太远,这是失落;有时候求职未成,反受欺诈,这又是失落。一旦失落降临,我们就会体会到不安、不悦、忧郁、无精打采,甚至变得愤怒和不可理喻。表现在就业过程中主要有:影响就业者个体的心理健康,而且也影响到大学生的整体形象,增加就业障碍。

情景再现 6:脚踏两只船,咎由自取

小强平时爱玩耍小聪明,毕业以前用学校发的协议书跟浙江某单位(A)签约,又擅自用考取研究生同学的协议书跟广州某单位(B)签约。小强拿着B单位协议书到学校盖章签证后反悔又想回A单位,不得已,只好到B单位谎称学校要其将协议书取回补办手续,并保证什么时间之前一定办好。单位也相信他,将协议书全部还给他,而他本人拿到协议书即到学校又谎称是该单位欺骗了他,解决不了户口将其退回,要求学校在A单位协议书上盖章。学校为谨慎起见,出面与B单位联系,得知小强有不诚实的行为,对其做出严肃批评,并责令其向该单位道歉,请求谅解。小强以学法律专业自居,声称单位没有任何证据(即协议书不在手),B单位一气之下,电话告到学校:状告小强行为不像话,欺骗单位,又欺骗学校,道德品行败坏,希望学校给予严厉处分,否则将来影响学校声誉。最后,小强以“身败名裂”告终。

【案例解析】 签约是一件非常严肃的事情,双方一经签字盖章即具有法律效力,任何一方都有履行协议的责任和义务,不得随意更改协议。上述案例中学生违背了诚信原则,知法违法,多头签约,且到处撒谎,逃避责任。这是一种极不道德的行为,既损害自己利益,又败坏学校名声。

诚信是职业道德的重要组成部分,作为职业人员,我们应该充分认识到职业道德的重要性,努力使自身的行为符合职业要求,对得起自己的良心。我们应该从那些名誉扫地、众叛亲离的人身上吸取教训,深刻体会违背职业道德会有什么样的后果,会付出什么样的代价，是如何被社会与企业所不容，从而努力使自己警惕，时刻提醒自己，避免做出不符合职业道德的事情。职业道德不仅仅是从事某个职业的要求，也是为人处世的基本，是个体人格的体现。无私的团队精神、认真而忠于职守、谦虚大度而不乏热情等素养不仅能让你在工作中如鱼得水，游刃有余，还会形成一种无穷的人格魅力让人赞赏不已。

情景再现 7：巧妙回答打开求职之门

在上海某单位组织的一次面试中，主考官先后向两位考生提出了同样的问题：我们单位是全国数一数二的大集团公司，下面有很多子公司，凡被录用的人员都要到基层去锻炼。基层条件比较艰苦，请问你们是否有思想准备？毕业生A说：吃苦对我来说不成问题，因为我从小在农村长大，父亲早逝，母亲年迈，我很乐意到基层去，只有在基层摸爬滚打才能积累丰富的经验，为今后发展打下基础。毕业生B回答：到基层去锻炼我认为很有必要，我会尽一切努力克服困难，好好工作，但作为年轻人总希望有发展的机会，不知贵公司安排我们下去的时间多长？还有可能回来吗？结果前一学生被录用，后一学生被偷淘汰。

【案例解析】 在面试过程中，回答问题的技巧非常重要。对有些问题的回答，表面上看来合情合理，无可厚非，但却令考官反感。这是因为考官并不在乎你回答内容的多少，而在于考察你对问题本身的态度，进而了解你对职业的态度等。显然，这一案例中，考生A对下基层态度端正、诚恳，令主考官欣赏；而考生B在思想上明显有顾虑，尽管是人之常情，但这种场合下他的回答显然不合时宜。

第三节 职业心理自测

各种各样的心理测试是了解自我的一种行之有效的科学手段。下面几个测试可以帮助你更加清晰地了解自己的心理状况，请按照内心的真实情况作答。

心理健康自测（一）

工作价值问卷

美国心理学家舒伯于1970年编制了WVI工作价值问卷，用来衡量价值观——工作中和工作以外的——以激励人们制定工作目标。问卷将职业价值分为三个维度：一是内在价值观，即与职业本身性质有关的因素；二是外在价值观，即与职业性质有关的外部因素；三是外在报酬，共计13个因素。

指导语：下面有52道题目（表8－1），每个题目都有5个备选答案，请根据自己的实际情况或想法，在题目后面选出相应字母，每题只能选择一个答案。通过测验，你可以大致了解自己的职业价值观倾向。（A＝非常重要；B＝比较重要；C＝一般；D＝较不重要；E＝很不重要）

表 8-1

问题	A	B	C	D	E
1. 你的工作必须经常解决新的问题。					
2. 你的工作能为社会福利带来看得见的效果。					
3. 你的工作奖金很高。					
4. 你的工作内容经常变换。					
5. 你能在你的工作范围可自由发挥。					
6. 工作能使你的同学、朋友非常羡慕你。					
7. 工作带有艺术性。					
8. 你的工作能使人感到你是团体的一分子。					
9. 不论你怎么干,你总能和大多数人一样晋升和长工资。					
10. 你的工作使你有可能经常变换工作地点、场所或方式。					
11. 在工作中你能接触到各种不同的人。					
12. 你的工作上下班时间比较随便、自由。					
13. 你的工作使你不断获得成功的感觉。					
14. 你的工作赋予你高于别人的权力。					
15. 在工作中,你能试行一些自己的新想法。					
16. 在工作中你不会因为身体或能力等因素,被人瞧不起。					
17. 你能从工作的成果中,知道自己做得不错。					
18. 你的工作经常要外出,参加各种集会或活动。					
19. 只要你干上这份工作,就不再被调到其他意想不到的单位或工作上去。					
20. 你的工作能使世界更美丽。					
21. 在你的工作中,不会有人常来打扰你。					
22. 只要努力,你的工资会高于其他同年龄的人,升级或涨工资的可能性比干其他工作大得多。					
23. 你的工作是一项对智力的挑战。					
24. 你的工作要求你把一些事情管理得井井有条。					
25. 你的工作单位有舒适的休息室、更衣室、浴室及其他设备。					
26. 你的工作有可能结识各行各业的知名人物。					
27. 在你的工作中,能和同事建立良好的关系。					
28. 在别人眼中,你的工作很重要。					
29. 在工作中你经常接触到新鲜的事物。					

（续表）

问题	A	B	C	D	E
30. 你的工作使你能常常帮助别人。					
31. 你在工作单位中，有可能经常变换工作内容。					
32. 你的作风使你被别人尊重。					
33. 同事和领导人品较好，相处比较随便。					
34. 你的工作使很多人认识你。					
35. 你的工作场所很好，比如有适度的灯光，安静、清洁的工作环境，甚至恒温、恒湿等优越条件。					
36. 在工作中，你为他人服务，使他人感到很满意，你自己也很高兴。					
37. 你的工作需要计划和组织别人的工作。					
38. 你的工作需要敏锐的思考。					
39. 你的工作可以使你获得更多的额外收入，比如：常发实物、常购买打折扣的商品、常发商品的提货券、有机会购买进口商品等。					
40. 在工作中你是不受别人差遣的。					
41. 你的工作成果应该是一种艺术而不是一般的产品。					
42. 在工作中你不必担心会因为所做的事情领导不满意，而受到训斥或经济惩罚。					
43. 在你的工作中能和领导有融洽的关系。					
44. 你可以看见你努力工作的成果。					
45. 你在工作中常常要提出许多新的想法。					
46. 由于你的工作，经常有许多人来感激你。					
47. 你的工作成果常常能得到上级、同事或社会的肯定。					
48. 在工作中，你可能是一个负责人，虽然可能只领导极少几个人，你信奉“宁做兵头，不做将尾”。					
49. 你从事经常在报刊、电视中会被提到的工作，因而在人们的心目中很有地位。					
50. 你的工作有数量可观的夜班费、加班费、保姆费或营养费。					
51. 你的工作比较轻松，精神上不紧张。					
52. 你的工作需要和影视、戏剧、音乐、美术、文学等艺术打交道。					

评分与解释：

上面的52道题分别代表13项工作价值观。每个A得5分、B得4分，C得3分，D

得2分，E得1分。请你根据下面评价表中每一项前面的题号，计算一下每一项的得分总数，并把它填在每一项的得分栏上，然后在表格下面依次列出得分最高和最低的三项(表8-2)。

表8-2

题号	得分	价值观	说明
2、30、36、46		利他主义	工作的目的和价值，在于直接为大众的幸福和利益尽一份力。
7、20、41、52		美感	工作的目的和价值，在于能不能达到追求美的东西，得到美感的享受。
1、21、38、45		智力刺激	工作的目的和价值，在于不断进行智力的操作，动脑思考，学习以及探索新事物，解决新问题。
13、17、44、47		成就感	工作的目的和价值，在于不断创新，不断取得成就，不断取得领导和同事的赞扬，或不断实现自己想要的事。
5、15、21、40		独立性	工作目的和价值，在于能充分发挥自己的独立性和主动性，按自己的方式、步调或想法去做，不受他人的干扰。
6、28、32、49		社会地位	工作的目的和价值，在于所从事的工作在人们的心目中有较高的社会地位，从而使自己得到了人的重视与尊敬。
14、24、37、48		管理	工作的目的和价值，在于获得对他人或某事物的管理支配权，能指挥和调遣一定范围内的人或事。
3、22、39、50		经济报酬	工作的目的和价值，在于获得优厚的报酬，使自己有足够的财力回去获得自己想要的东西，使生活过得较为富足。
11、18、26、24		社会交际	工作的目的和价值，在于能和各种人交往，建立比较广泛的社会联系和关系，甚至能和知名人物结识。
9、16、19、42		安全感	不管自己能力怎样，希望在工作中有一个安稳局面，不会因为奖金、涨工资、调动工作或领导调换等经常提心吊胆。
12、25、35、51		舒适	希望能将工作作为一种消遣、休息或享受的形式，追求比较舒适、轻松、自由、优越的工作条件和环境。
8、27、33、42		人际关系	希望一起工作的大多数同事和领导人品好，相处感觉愉快、自然。
4、10、29、31		多样性	希望工作的内容应该经常变换，使工作或生活丰富多彩。

得分最高的三项是：

得分最低的三项是：

从得分最高和最低的三项中，可以大致看出你的价值倾向，在选择职业时就可以加以考虑。

心理健康自测(二)

求职准备测试

有关求职就业,你有过什么样的思考?做过什么样的准备呢?请根据你的实际情况,对下面各项进行选择,A表示符合,B表示难以回答,C表示不符合。

1. 我从来就没有关注过就业信息　A　B　C
2. 只要个人能干,不了解就业信息也没什么　A　B　C
3. 求职简历越厚越好　A　B　C
4. 简历上不要写明求职意向,这样选择的范围更大些　A　B　C
5. 求职信不是特别重要,不必花费太多精力　A　B　C
6. 复制很多简历撒大网求职就可以了　A　B　C
7. 不管什么求职方式都去试试看　A　B　C
8. 面试的时候,衣着合身就好　A　B　C
9. 在面试官面前,语言要表现得非常积极　A　B　C
10. 面试后的感谢信不必要　A　B　C

评分与解释:

选A得1分,选B得2分,选C得3分。把10道题的得分相加,就得到你的职业思考的总分。

如果你的总分远高于20分,说明你对求职就业正在做着各方面的准备;若远低于20分,则说明你对求职就业方面的问题还比较迷茫。

[资料来源:周家华,王金凤.大学生心理健康教育[M].北京:清华大学出版社,2004]

心理健康自测(三)

职业兴趣小测试

如果有机会让你到以下六个岛屿旅游,不用考虑费用等问题,你最想去的是哪个?可以按照喜欢程度选出三个:

A岛

美丽浪漫的岛屿。岛上充满了美术馆、音乐厅,弥漫着浓厚的艺术文化气息。同时,当地的原住民还保留了传统的舞蹈、音乐与绘画,许多文艺界的朋友都喜欢来这里找寻灵感。

B岛

深思冥想的岛屿。岛上人迹较少,建筑物多僻处一隅,平畴绿野,适合夜观星象。岛上有多处天文馆、科博馆以及科学图书馆等。岛上居民喜好沉思、追求真知,喜欢和来自各地的哲学家、科学家、心理学家等交换心得。

C岛

现代、井然的岛屿。岛上建筑十分现代化,是进步的都市形态,以完善的户政管理、地政管理、金融管理见长。岛民个性冷静保守,处事有条不紊,善于组织规划。

D岛

自然原始的岛屿。岛上保留有热带的原始植物，自然生态保持得很好，也有相当规模的动物园、植物园、水族馆。岛上居民以手工见长，自己种植花果蔬菜、修缮房屋、打造器物、制作工具。

E岛

温暖友善的岛屿。岛上居民个性温和、十分友善、乐于助人，社区均自成一个密切互动的服务网络。人们多互助合作，重视教育，弦歌不辍，充满人文气息。

F岛

显赫富庶的岛屿。岛上的居民热情豪爽，善于企业经营和贸易。岛上的经济高度发达，处处是高级饭店、俱乐部、高尔夫球场。来往者多是企业家、经理人、政治家、律师等，衣香鬓影，夜夜笙歌。

评分与解释：

1. 选择A岛——类型：艺术型

你喜欢的活动：创造，喜欢自我表达，写作、音乐、艺术和戏剧。喜欢的职业：作家、艺术家、音乐家、诗人、漫画家、演员、戏剧导演、作曲家、乐队指挥和室内装潢人员。

2. 选择B岛——类型：研究型

喜欢的活动：处理信息（观点、理论），探索和理解、研究那些需要分析、思考的抽象问题，喜欢独立工作。喜欢的职业：实验室工作人员、生物学家、社会学家、工程师和程序设计员。

3. 选择C岛——类型：事务型

喜欢的活动：组织和处理数据，固定的、有秩序的工作或活动，希望确切地知道工作的要求和标准，愿意在一个大的机构中处于从属地位。喜欢的职业：会计师、银行出纳、行政助理、秘书、档案文书、税务专家和计算机操作员。

4. 选择D岛——类型：实用型

喜欢的活动：愿意从事事务性的工作，喜欢户外活动或操作机器，而不喜欢在办公室工作。喜欢的职业：制造业、技术贸易业、机械业、农业、技术、林业、特种工程师和军事工作。

5. 选择E岛——类型：社会型

喜欢的活动：帮助别人，喜欢与人合作，热情关心他人的幸福，愿意帮助别人解决困难。喜欢的职业：教师、社会工作者、心理咨询员、服务行业人员。

6. 选择F岛——类型：企业型

喜欢的活动：领导和影响别人，为了达到个人或组织的目的而善于说服别人。喜欢的职业：商业管理、律师、营销人员、市场或销售经理、公关人员、采购员、投资商、电视制片人和保险代理。

［资料来源：魏改然，大学生心理健康教育[M]. 北京：化学工业出版社，2010］

第四节　择业心理调适

择业是大学生人生的一个重大转折点，是大学毕业生成就事业的基础，是从“自然人”到“社会人”转变的开端。在社会主义市场经济迅速发展的今天，人才市场双向选择，就业竞争十分激烈，要想取得成功，就必须提前进行职业规划，有客观的职业定位，求职过程中做好择业的心理准备。

一、职业规划的原则

在制订自己的职业规划时应考虑以下原则：

1. 清晰性原则

考虑目标措施是否清晰明确？实现目标的步骤是否直截了当？

2. 变动性原则

目标或措施是否有弹性或缓冲性？是否能依据环境的变化而调整？

3. 一致性原则

主要目标与分目标是否一致？目标与措施是否一致？个人目标与组织发展目标是否一致？

4. 挑战性原则

目标与措施是否具有挑战性，还是仅保持其原来状况而已？

5. 激励性原则

目标是否符合自己的性格、兴趣和特长？是否能对自己产生内在激励作用？

6. 合作性原则

个人的目标与他人的目标是否具有合作性与协调性？

7. 全程原则

拟定生涯规划时必须考虑到生涯发展的整个历程，作全程的考虑。

8. 具体原则

生涯规划各阶段的路线划分与安排，必须具体可行。

9. 实际原则

实现生涯目标的途径很多，在作规划时必须要考虑到自己的特质、社会环境、组织环境以及其他相关的因素，选择确定可行的途径。

10. 可评量原则

规划的设计应有明确的时间限制或标准，经过评量、检查，使自己随时掌握执行状况，并为规划提供参考的依据。

二、大学生择业的心理调适

就业本身就是我们认识和适应社会的一个过程，在求职过程中遇到困难，甚至经过几次挫折才最后成功是正常的；在就业中遇到许多心理冲突、困惑，产生一些不良情绪也是正常的。遇到就业问题时，我们要学会调节自己的心态，使自己能从容、冷静地面对就业这一人生重大课题，并做出正确、理智的选择。如果你遇到了就业心理困扰，可以试着从以下几个方面来调节。

（一）接受客观现实，调整就业期望值

在就业市场上的用人单位找不到需要的人，大量的毕业生找不到理想的工作，这种"错位"现象普遍存在，这主要是由于一些大学生的就业期望普遍较高，但又无法适应工作的要求。因此，要顺利就业就必须首先根据自己的实际情况和就业形势，调整自己的就业期望值。调整就业期望值不是对单位没有选择，只要有单位就去，而是要在职业生涯规划和职业发展观念的基础上重新确定自己的人生轨迹。这就是说要树立长远的职业发展观念，放弃择业就是"一次到位"，要求绝对安稳的观念。要知道现在再好的单位，将来也有下岗的可能，因此，在择业时要看得长远一些，学会规划自己整个人生的职业生涯。在当前获得一个理想职业的时机还不成熟时，可以采取"先就业，后择业，再创业"的办法。在择业中，毕业生可以先选择一个职业，不断提高自己的社会生存能力、增加工作经验，然后再凭借自己的努力，通过正当的职业流动，来逐步实现自我价值。

（二）充分认识职业价值，树立合理的职业价值观

职业价值观是人生目标和人生态度在职业选择方面的具体体现。它对一个人的职业目标和择业动机起着决定性的作用。传统认为人们工作就是为了满足生存需要，但是对于现代社会的人来说，职业对个体的意义已经远不是如此简单，职业可以满足人们从低层次到高层次的多方面需要。最近有人对职业价值结构进行了初步研究，发现了交往、毅力、挑战、环境、权力、成就、创造、求新、归属、责任、自认等 11 个类别的因子。因此，职业的价值是丰富的，我们要充分认识到职业对个体发展、社会进步所起到的重要作用。

职业选择其实也是一个权衡取舍的过程，没有什么工作能满足所有的要求，但也没什么工作是什么都不好。在选择过程中，要考虑自己希望一个什么样的人生，考虑什么对自己最重要，根据自己的价值观进行选择。毕业生在选择工作的过程要考虑如下重要的因素：

1. 要考虑兴趣

"兴趣是最好的老师。"从心理学的角度来看，兴趣是人们对特定的事物、活动及对象所产生的积极和带有倾向性、选择性的态度和情绪。它是一种无形的动力，不仅对人们正在从事的事情、活动、项目或工作起到直接的推动作用，还为将来可能开展的事情、活动、项目或工作做好积极的准备。兴趣也会成为我们在工作中最大的动力。

2. 要考虑工作的发展空间

当前的社会有部分人很注重物质，很多毕业生也受到影响而将工作的薪酬放在择业的第一位，我们往往忽视了工作对于自己未来的发展空间。新东方董事长俞敏洪曾说过："人的财富与名声不是追来的，是随着人的成就自然而来的。"因此，一份工作是否能够为自己的能力提升、职业发展提供最大的空间才是在职业选择时重点考虑的一个因素。

（三）认识与接受职业自我，主动捕捉机遇

大学生就业中的许多心理困扰都与大学生不能正确认识和接受职业自我有关，因此要知道自己喜欢什么样的职业、需要什么样的职业、自己的择业标准以及以自己目前的能力能干什么样的工作，这样才能知道什么样的工作更适合自己。许多同学通过亲身的求职活动后就会发现自己的能力与水平并不像自己以前想象得那么高，并容易出现各种失望、悲观、不满情绪。因此，在认识自我特点后还要接受自我，在择业的过程中遇到挫折时，对自我当前存在的问题不能一味抱怨，也没有必要自卑，而是在择业的过程中全面地去认识自我，扬长避短更大地去发挥自己的优势。大学生在择业中了解并接受了自我特点以后，还要学会抓住属于自己的机遇，这样才能保证以后的求职顺利。大学生想要抓住机遇首先必须要多收集有关的职业信息，多参加一些招聘会，并根据已定的择业标准进行选择适合自己的工作；还要注意机遇的时效性，在发现就业机会时要主动出击，不能犹豫，也不要害怕失败，应有敢试敢闯的精神。信息在求职就业中占有举足轻重的地位。大学毕业生对求职信息要有三敏：即敏感、敏锐、敏捷。要树立敏感的信息意识，注意从网络、报纸、老师、亲朋好友等各种渠道，收集了解就业信息，并进行分析、筛选，以确定自己的求职方向和目标，为择业求职做好信息方面的准备。敏锐就是要眼观六路、耳听八方，善于发现那些别人发现不了的求职信息，做发现求职信息的有心人。敏捷就是发现捕捉到了有价值的求职信息，就要立即动手，敢于尝试。

美国职业辅导之父帕森斯(Parsons)曾经说，"找工作的人"应该多读一些介绍各种职业的书刊杂志，同时也应该去参观工厂，看工人做工，和他们交谈，问问他们，为什么喜欢自己的工作，待遇又如何；有没有哪些他们不满意的地方，为什么不满意？……在某些情况下，也应该用自己的双手去接触不同的工作……经过这样长时期的阅读、调查和实践的经验，我们就能够发现哪一类工作较适合自己，从而进一步做准备。

关于职场探索的方法，我们又可以根据探索的直接程度粗略地分为两类：一类是通过专门的就业服务组织进行间接的职场探索。借他人之力，信息的收集相对较快。另一类是我们自己直接进行职场探索，从书面信息收集到专业实习都可以视为此类。

有一种探索职场的方法在获取信息的效率和真实性上有比较好的效果，即学生对身居自己感兴趣职位的人进行采访。接受采访者是我们称之为"生涯人物"的人，在这个职位上已经工作了三到五年甚至更长时间。生涯人物访谈，是指为了获取职场信息，通过与一定数量的职场人士(通常是自己感兴趣的职业从业者，即生涯人物)会谈，了解相关职业职位的实际工作情况，获取职场信息。

生涯人物访谈是一种获取职业信息的有效渠道，可以检验通过其他方式所获取的信息是否准确，并能了解到一些通过大众传媒和出版物得不到的信息，如潜在的入职标准、

工作者的内心感受等。并且，还可以和自己感兴趣的领域中的从业人员建立个人联系，这样的人脉关系在以后求职中可能是一种珍贵资源。

采访前为自己准备个“30秒的广告”，因为在访谈过程中生涯人物可能会问采访者的职业兴趣和求职意向。除此之外，你还可以选择下列部分问题进行访谈：

是如何找到这份工作的？主要职责是什么？
对于这份工作最喜欢的是什么？最不喜欢的是什么？
这种职业需要什么样的技能、能力和个人品质？
目前这一行业同类岗位的薪酬水平如何？
通过什么渠道提升自己？至今，参加过哪些培训和继续教育？
对自己现在所在行业有些什么看法？
在从事这一工作之前，在哪些单位、干过哪些工作？
我现在可以通过什么方式、提高哪些技能和素质，以便日后能进入这一行业？
我的专业可以进入哪些领域工作？
什么样的初级工作最有益于学到尽可能多的知识？
什么样的个人品质或能力对本工作的成功来讲是重要的？
对于一个即将进入该工作领域的人，愿意提出特别建议吗？
还有哪些方法能帮助我深入了解该工作领域？
对于一名即将入职场的新人，特别需要注意哪些职业操守？
能介绍给我一个下次访谈的对象吗？

自己将访谈及时进行记录入表8-3。

表8-3 生涯人物访谈表

*访谈目的			
*被访者基本情况			
姓名： 联系方式： 现工作单位：	性别：	毕业时间： 所学专业： 现工作任务：	毕业院校：
*访谈内容			
*访谈总结			
访谈人： 访谈时间：	专业：	班级：	学号：

(四) 学习面试技巧，进行求职准备

求职是一门学问，又是一种技巧艺术，必须讲究智慧和策略，决不能鲁莽行事。一要讲究语言艺术，求职时用语要准确流畅，巧答妙对，言简意赅；二要讲究心理艺术，在求职时你不仅要表情自然，行为落落大方，充满自信心，注意力高度集中，而且要关注和揣摩分

析招聘者的心理，自己的回答和提问要讲策略，既要诚实可信，又要扬长避短，充分显示自己的才华，以引起对方的注意；三要讲究文明礼貌，求职时不仅要求衣着得体，显示个人的外在之美，而且要用语文明，行为大方，彬彬有礼，面带笑容，让招聘者感受到你与众不同的个性、良好的教养和内在的素质。

在择业过程中，用人单位常通过面试来决定是否录用应聘者。面试不仅能考核一个人的综合能力，还可以使招聘者通过观察，了解应聘者是否具有从事某种工作的素质。以下是一些面试技巧：

1. 做好面试准备

首先，充分了解用人单位的情况；其次，可以进行模拟问答，用人单位在面试过程中常会提出这样或那样的问题，求职者应对用人单位在面试中可能提出的问题做出预测，并进行模拟问答；最后，要保持良好的精神状态，在参加面试前要适当放松，调节自己的心态，应注意休息，以便有充沛的精力参加面试。

2. 注意面试的基本礼仪

面试时要遵守时间，一般可提前5～10分钟到达面试地点；衣着应整洁，举止要自信文雅，表情要自然，动作要得体；要注意聆听对方的讲话，向对方介绍问题时，眼神有交流，不要东张西望。

3. 学会面试的语言应用

面试时的语言表达也是十分重要的，面试者回答问题时口齿要清晰，注意控制说话速度，保持语言流畅，答话要简洁完整，注意不要用口头语和不文明语言，注意语调和速度的正确运用；在面试交谈中要随时注意听者的反应，根据对方的反应，适时地调整语气、语调、音量及内容，发现对方无兴趣，马上转移话题；发现对方侧耳倾听，说话音量太小，要适当提高声音。

4. 掌握回答问题的技巧

面试的一个重要内容是回答问题，掌握问答技巧十分重要。回答问题是要抓住重点，言简意赅，切忌长篇大论，让人不得要领；对招聘者提出的问题不可简单地用“是”或“否”作答，应讲清原因和理由，进行适当的解释；如对招聘者提出的问题，一时摸不到边际或难以理解，可陈述自己对问题的理解，待对方确认后，有的放矢，切忌答非所问；回答问题是要有个人独特的见解，但也不必为此而标新立异；面试时遇到自己不懂的问题，不要不懂装懂，牵强附会，应诚恳坦率地承认自己的不足，虚心向对方请教，这样反而会引起面试官的信任。

（五）坦然面对就业挫折，提高心理承受力

面对市场竞争、就业压力，大学生的求职总会遇到许多困难、挫折甚至是委屈，如一些专业“热门”，有些则“冷门”；又如女大学生找工作容易受到歧视等。面对这些问题仅抱怨是没有用的，更重要的是调整自我心态，提高自己对各种突发事件的心理承受能力。就业的过程也是大学生重新认识自我、认识社会，并主动调整自我适应社会的过程。如果能通过求职而增强自我心理调节与承受能力，对大学生今后的职业生活都是非常有用的。

在求职中遇到挫折时，要用冷静和坦然的态度面对，客观地分析自己失败的原因，进行正确的归因。首先，在就业市场化、需求形势不佳、就业竞争激烈的条件下，出现求职失败是在所难免的，不能期望自己每次求职都能成功，要对可能出现的求职挫折有充分的心理准备。同时，应把就业看作一个很好的认识社会、认识职业生活、适应社会的机会，应通过求职活动来发展自己，促进自我成熟。其次，自己求职失败并不一定就是自己的能力不行。出现求职失败有许多原因，可能是你选择求职单位的方向不对，也可能是因为你的价值观与单位的企业文化不符合，还有可能是其他一些偶然因素。总之，要正确分析自己失败的原因，调整自己的求职策略，学会安慰自己，以便在下次的求职中获得成功。

(六) 调整就业心态，促进人格完善

在求职时，毕业生都会或多或少遇到一些心理困扰，没有必要过度担心、害怕自己有心理障碍，遇到较大的压力要学会主动调适，必要时还可以寻求有关心理专家的帮助。进行自我心理调适的方法有很多，首先，可以进行积极的自我心理暗示，鼓励自己、相信自己，帮助自己渡过难关。其次，可以向朋友、老师倾诉，寻求他们的安慰与支持。最后，还可以通过体育锻炼、听音乐、郊游等方式转移自己的注意力，排解心中的烦闷，放松自己的心情。

通过对自己在就业时出现的种种不良心态的分析，可以发现自己平时不容易察觉的一些人格缺陷。比如，对自己的才能、实力评价过高，就会孤芳自赏、好高骛远，这样便无形之中人为地抬高了就业的门槛，从而使自己很难在现实社会中找到合适的就业位置。大学毕业生必须从自己的实际能力出发，注意客观评价自己，力求做到准确定位，理智选择，不要图虚荣爱面子，与别人盲目攀比。应该说人格缺陷是产生就业心理问题的根本原因，如果现在没有很好地完善自己的人格，那么这些问题还会在今后的工作、生活中继续带来困扰。因此，有关问题其实是暴露得越早越好，同时也不必为自己所存在的人格缺陷而懊恼，因为很少有人是绝对人格健全的，关键是要在发现自己问题的基础上，积极改变自己、发展自己，使自己的人格更加成熟，使自己将来的人生道路更顺利。

三、成长体验活动

体验活动 1：

活动主题：寻找内心的力量

活动目标：发现自己的优点，为求职过程寻找信心。

活动时间：30 分钟

活动人数：10 人左右一组

活动步骤：

1. 分组，围坐成一圈。

2. 成员轮流坐在中间，向大家介绍自己。

3. 其他同学根据自己对他的了解，注视对方，实事求是地赞扬他的优点。句式是“你是一个……的人，我欣赏你的这点。”，“我喜欢你的……你真棒。”

分享与讨论：与小组成员分享别人赞扬自己时的感受；自己是否发现了这些优点？当别人说出自己没有发现的优点时，有什么感受？讨论信心在择业过程中的作用，及如何面对择业过程的消极心态。

体验活动 2：

活动主题：职业价值拍卖

活动目标：引导学生探索自己的职业价值观。

活动时间：20 分钟

活动人数：不限

活动步骤：

1. 班级分组。大约 10 人一组。

2. 指导语。假定你拥有 1 000 个生命单位(代表个人可自由投注于工作的所有时间、精力、财力的总和)，你在考虑自我需要等多方面因素后，对所看重的职业价值因子分别投资一定的单位数量(不一定每一个项目都要投资，但若决定投资某一个项目，则不得少于 50 个单位，总数不得超过 1 000 个单位)。

3. 拍卖实施。正式开始拍卖前，你有 5 分钟的时间来思考想要购买的拍卖物(参照表)顺序以及愿意出的最高价格。按照一般的正式拍卖程序，进行标购活动。先由小组推举一名拍卖主持人(主持人也可参加标购)，接着即依表上所列项目逐一进行拍卖，以出价最先最高者购得，将拍卖结果登记下来。

4. 组内讨论。在表 8－4 中 15 个价值项目逐一拍卖完成后，各组成员针对下述问题共同分享经验与感受：所购得的是否为原先预定自认为是重要的项目？若未能购得希望的项目，有何感想？你所看重的项目在什么样的职业里会充分体现？对本活动拍卖清单和组织过程的建议。

表 8－4

职业价值	职业价值内涵	预算单位数	购得单位数
利他主义	工作的目的和价值在于直接为大众的幸福和利益尽一份力。		
美的追求	工作的目的或意义在于致力于使这个世界更美好，并且能得到美的享受。		
创造发明	工作的目的或意义在于能让人发明新事物，设计新产品或发展新观念。		
智力激发	工作的目的或意义在于提供独立思考、学习与分析事理的机会。		
独立自主	工作的目的或意义在于能允许个人以自己的方式或步调来进行，不受太多限制。		
成就满足	工作的目的或意义在于能看到自己努力工作的具体成果，不断完成自己想要做的事，并因此获得精神上的满足。		

（续表）

职业价值	职业价值内涵	预算单位数	购得单位数
声望低位	工作的目的或意义在于能提高个人身份或声望，所从事的工作在人们的心目中有较高的社会地位，自己受到他人的推崇和尊重。		
管理权力	工作的目的或意义在于能赋予个人权力来策划工作、分配工作且管理属下。		
经济报酬	工作的目的或意义在于能获得优厚的报酬，使个人有能力购置他所要的东西，生活较为富足。		
安全稳定	工作的目的或意义在于能提供安定生活的保障，即使经济不景气时也不受影响。		
工作环境	工作的目的或意义在于可以追求比较舒适、轻松、自由、优越的工作条件和环境。		
上司关系	工作的目的或意义在于能与主管平等且相处融洽，获得赏识。		
同事关系	工作的目的或意义在于能与志同道合的伙伴一起愉快的工作。		
多样变化	工作的目的或意义在于多姿多彩富有变化，能尝试不同的工作内容。		
生活方式	工作的目的或意义在于能选择自己的生活方式，并实现自己的理想。		

活动总结：关注什么价值因素也许并没有太多的好坏对错，但对自己的生活会有不同的影响，因此在进行职业选择时要先考虑清楚自己最在乎的方面，有重点有舍弃。

［资料来源：顾雪英等，当代大学生职业生涯规划［M］. 北京：高等教育出版社，2010］

体验活动 3：

活动主题：模拟答辩会

活动目标：分享职场信息，培养学生探索职场的能力。

活动时间：45 分钟

活动人数：不限

活动步骤：

（1）之前安排学生根据自己的兴趣收集不同职业的信心，调查同一职业或行业的学生组成一个“答辩小组”，每组成员数稍稍均衡，部分学生可作为大众评审团。

（2）在教室里设立三方席位：中间为评委席，左边为评委退席商议席，右边为等候席。

答辩顺序：第 1 组在讲台前答辩，第 2 组担任评委，第 3 组等候。第 1 组答辩完，第 2 组移到评委商议席为第 1 组打出成绩；第 3 组到前面继续答辩，第 1 组到评委席，第 4 组到等候席，后面的依次跟上，如图 8－2 所示：

（3）每组选 1～2 名成员参考“行业探索要素”和“职业探索要素”清单，对本组所收集

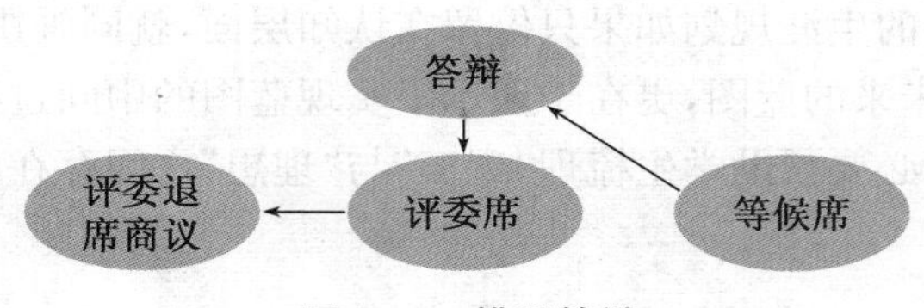

图 8-2　模拟答辩

的资料进行答辩。时间为 15 分钟，自述 8 分钟，评委提问和回答 7 分钟。评委针对答辩组所呈现的内容与“行业探索要素”、“职业探索要素”清单的符合程度来打分。除了打分和提问，评委要同时负责计时和写评语。

活动总结：从不同来源获得的资料有时会有歧义，乃至矛盾。从各组的质询中，更可以知道哪些资料对大家是比较有共识的，而哪些资料是仍待收集好澄清的。而且，职场探索的过程关键是要提高获取信息的能力，培养一种探索的意识。处处留心，处处皆信息。

体验活动 4：

活动主题：成功储蓄罐

活动目标：澄清理想我和现实我之间的差距，将生涯规划具体到行为指标。

活动时间：20 分钟

活动人数：不限

活动步骤：

(1) 制作成功储蓄罐——用胶带等把塑料瓶装饰起来，在一面上写上“×××的成功储蓄罐，×年×月×日”。在方形碎布中间剪开一条 2 cm 左右的缝隙，把碎布盖在塑料瓶上，绷紧，套上橡皮筋固定。

(2) 带领学生在白纸上写下自己的理想，反思要达到这个理想，自己还需要完成什么步骤，把它们一条一条写下来，以便日后放进储蓄罐里。

例如：王小花的成功储蓄罐

我的理想是：成为一名作家

我需要做到：

① 学会熟练使用电脑打字；

② 每个星期阅读一本世界名著，并写下读书笔记；

③ 每天写日记，练习写作技能；

④ 坚持向校报投稿子，直到发表。

(3) 分享讨论：

① 邀请一些学生自愿向全班展示自己亲手做的成功储蓄罐，并分享自己的“储蓄”计划。

② 预期一下，还需要努力多久，你的储蓄罐才能得到“满分”，帮助你实现理想？

③ 除了单子上写的内容，是不是有一些事情会使你的储蓄罐“减分”，阻碍你的理想实现？

④ 如果身边的人(爸爸、妈妈、老师、同学等)也可以为你的储蓄罐提供一些“粮食”，帮助你实现理想，你希望他们做些什么？

活动总结：对未来的生涯规划如果只停留在认知层面，就同画饼充饥。生涯规划的重要性不仅在于提供了未来的蓝图，更在于展示了实现蓝图的中间过程，使蓝图的实现具有可能性。因此，我们有必要帮助学生梳理“现实”与“理想”之间存在的差距，据此设计减少差距，最终实现理想。

体验活动 5：

活动主题：制订自己的职业规划

活动目标：更系统地进行规划。

活动时间：20 分钟

活动人数：不限

活动步骤：

1. 从现在到未来的发展规划

你想干什么？想成为什么样的人？想取得什么样的成就？想成为哪个专业方向的佼佼者？

你的目标和计划：________________

2. 自我分析与角色建议

（1）自我分析

知识和技能储备，如受过的教育、所修的课程及参加过的实践活动、取得的资格证书等。请你列出：

____

人际沟通能力，如在学校、家庭或社会生活中人际沟通技能和技巧等。请你列出：

____

管理能力，如组织能力、领导能力、团队合作能力等。请你列出：

____

其他：________________

（2）外部环境的评价和建议

父亲：________________

母亲：________________

老师：________________

同学：________________

……

3. 与目标的差距

差距一：________________

差距二：________________

差距三：________________

……

4. 缩小差距的方法

方法一：________________

方法二：________________

方法三：____

……

5. 大学规划

规划一：____

规划二：____

规划三：____

……

6. 制订毕生职业生涯规划

按照具体规划的目标、实现时限，请你仔细思考可能遇到的困难、采取的对策、目标实现情况，结合个人性格特征、自我需要，来确认你的毕生职业生涯规划。

制订 5 年目标和计划：______________________________

制订 3 年目标和计划：______________________________

制订 1 年目标和计划：______________________________

制订下月目标和计划：______________________________

制订下周目标和计划：______________________________

制订明日目标和计划：______________________________

制订今日目标和计划：______________________________

反思：我所制订的目标是否有利于我的理想实现？是否具有实现的可能性？还有什么需要改进和努力的？

体验活动 6：

活动主题：模拟校园招聘

活动目的：让学生亲身体验求职招聘的过程与气氛，培养学生求职技巧和方法，增强竞争意识。

活动时间：30 分钟

活动人数：每组 6 人左右

活动步骤：

1. 确定某公司几个工作岗位具体职责要求、招聘条件。每组各 3 人模拟担任用人单位面试官，3 人轮流参加面试。3 人面试完毕与“面试官”进行角色互换。

2. 进行面试：参加面试者依次进行自我展示，职场问答，职场情景模拟。

3. 讨论与分享：

在活动具体过程中，“面试官”和未参加面试的同学对面试者进行观察并评价，评分标准：语言表达能力、逻辑思维能力、应变能力、专业知识、举止仪表、综合评价。活动结束后分享作为“面试官”和“应聘者”的感受，并从不同的视角对求职面试中需要注意的问题。

活动总结：求职面试的经验是可积累的，不要担心求职中遇到的各种难题，这可能成为你下次面试的经验。

无领导小组讨论

无领导小组讨论广泛使用于招聘面试中，适用于挑选具有领导潜质的人或某些特殊类型的人群（如营销人员）。如今无领导小组讨论的适用对象越来越广，不仅局限于“中高层员工”，例如大企业的校园招聘、公务员考试，都在使用无领导小组讨论的技术，大致原则是适用于那些经常跟“人”打交道的岗位，如中高层管理人员、人力资源管理人员、行政管理人员、营销人员等。

无领导小组讨论是指由一组应试者组成一个临时工作小组，讨论给定的问题，并做出决策。由于这个小组是临时拼凑的，并不指定谁是负责人，目的就在于考察应试者的表现，尤其是看谁会从中脱颖而出，但并不是一定要成为领导者，因为那需要真正的能力与信心，还需有十足的把握。

无领导小组讨论是评价中心技术中经常使用的一种测评技术。评价者或者不给考生指定特别的角色（不定角色的无领导小组讨论）；或者只给每个考生指定一个彼此平等的角色（定角色的无领导小组讨论），但都不指定谁是领导，也不指定每个考生应该坐在哪个位置，而是让所有考生自行排位、自行组织。面试官不参与讨论，只是对每个受测者在讨论中的表现进行观察（可以通过专门的摄像设备），对受测者的各个考察要素进行评分，从而对其能力、素质水平做出判断。

无领导小组讨论的讨论题一般都是智能性的题目，从形式上来分，可以分为以下五种：

1. 开放式：例如，您认为什么样的领导才是个好领导？
2. 两难式：例如，您认为能力和合作精神哪个更重要？
3. 排序选择：例如，在一个荒岛上求生，按重要性需要带哪些物品？
4. 资源争夺：例如，公司只有500万奖金，不同部门应如何分配？
5. 实际操作：针对存在的问题设计一个实际操作方案。

小组讨论一般每组4～8人不等，参与者得到相同的信息，但是都未被分配角色。大家地位平等，要求他们分析有关信息并提出一个最终的解决方案，检测考生的组织协调能力、口头表达能力、辩论能力/说服能力、情绪稳定性、处理人际关系的技巧、非言语沟通能力（如面部表情、身体姿势、语调、语速和手势等）等各个方面的能力，以及自信程度、进取心、责任心、灵活性、情绪控制等个性特点和行为风格。

无领导小组讨论具有评价和诊断功能，既可以作为选拔领导人才的测评工具，也可作为培训领导人才的诊断工具。作为选拔工具时，对于通过初步筛选并需要继续具体考核的应聘者使用这种测评手段，了解应聘者的领导技能和品质，从所有应聘者中择优录取。作为培训诊断工具时，一般在培训前对在职领导人才的领导技能和品质进行无领导小组讨论，了解在职领导者的实际领导技能水平和品质表现，结合他们的岗位特征和职务要求，从中发现需要接受针对性培训和改善的地方，然后针对这些弱项进行培训，提供工作技能和水平。

无领导小组讨论的优点：

无领导小组讨论作为一种有效的测评工具，和其他测评工具比较起来，具有以下几个方面的优点：

能测试出笔试和单一面试所不能检测出的能力或者素质；

能观察到应试者之间的相互作用；

能依据应试者的行为特征来对其进行更加全面、合理的评价；

能够涉及应试者的多种能力要素和个性特质；

能使应试者在相对无意之中暴露自己各个方面的特点，因此预测真实团队中的行为有很高的效度；

能使应试者有平等的发挥机会从而很快地表现出个体上的差异；

能节省时间，并且能对竞争同一岗位的应试者的表现进行同时比较(横向对比)；

应用范围广，能应用于非技术领域、技术领域、管理领域和其他专业领域等。

无领导小组讨论的缺点：

对测试题目的要求较高；

对考官的评分技术要求较高，考官应该接受专门的培训；

对应试者的评价易受考官各个方面特别是主观意见的影响(如偏见和误解)，从而导致考官对应试者评价结果的不一致；

应试者有存在做戏、表演或者伪装的可能性；

指定角色的随意性，可能导致应试者之间地位的不平等；

应试者的经验可以影响其能力的真正表现。

无领导小组讨论的评价标准：

在无领导小组讨论中，考官评价的依据标准1主要是：

受测者参与有效发言次数的多少；

受测者是否有随时消除紧张气氛，说服别人，调节争议，创造一个使不大开口讲话的人也想发言的气氛的能力，并最终使众人达成一致意见；

受测者是否能提出自己的见解和方案，同时敢于发表不同意见，并支持或肯定别人的意见，在坚持自己的正确意见基础上根据别人的意见发表自己的观点；

受测者能否倾听他人意见，并互相尊重，在别人发言的时候不强行插嘴；

受测者语言表达、分析问题、记录整理、概括或归纳总结不同方面意见的能力；

受测者的时间观念；

受测者反应的灵敏性、概括的准确性、发言的主动性等。

第九章　感恩心理

——懂得感恩的人真快乐

有一个聪明的年轻人，很想在一切方面都比别人强，他梦想成为一名大学问家。可是很多年过去了，他在其他方面都不错，但学业方面却没什么进步。他很苦恼，就去向一位大师请教。大师说："我们登山吧，到山顶你就知道如何做了。"那座山上有许多漂亮的小石头，煞是迷人。每当看到自己喜欢的石头，大师都让年轻人装进袋子里面背着，很快他就吃不消了。年轻人疑惑地望着大师："大师，再装，别说到山顶了，恐怕我连动都动不了。"大师微微一笑："是啊，那该怎么办呢？该放下，不放下背着石头怎么能登山呢？"年轻人一愣，忽觉心头一热。

在生活中我们总会有很多的希望，也会遇到丰富的刺激。面对这些，我们懂得放弃得不到或不重要的东西，珍惜拥有的，用感恩的态度面对生活，才能更好地放下，更专注于自己的追求。

第一节　感恩心理概述

纽约州的心理教育专家马斯特经过长达20年的相关跟踪调查发现，如果孩子从小就学会感恩，其睡眠情况、心理状态和整体发育水平等，都比从不感恩的同龄孩子更好，较少出现抑郁、焦躁等负面心理，也很少参与殴斗等暴力行为，他们的朋友会比较多，长大成人后婚姻也相对更为幸福、稳定，对生活满足感较为长久，更能跟社会和谐相处。因感恩心理而产生的感激、满足、愉悦等积极心情，都可以促进脑部加速释放出包括多巴胺和5-羟色胺在内的让人"愉悦"的化学物质，让人感到快乐。大脑同时还会加大量地分泌一种激素——催产素。催产素有放松神经系统作用，能缓解焦虑、紧张、沮丧等心理压力，进一步使感恩者长时间地保持心境平和。而这种积极心态，不仅有利于增强人体免疫功能，还能刺激病体更快康复。

一、感恩的内涵

感恩源于拉丁语中的gratia，意为优雅、高尚和感激，后引申为好心、慷慨、礼物、获得与赠予之美、从无到有等意。"感恩"是个舶来词，"感恩"二字，牛津字典给的定义是：乐于把得到好处的感激呈现出来且回馈他人。"感恩"是因为我们生活在这个世界上，一切的一切包括一草一木都对我们有恩情！在古代，感恩被认为是一种能使生活美好的美德。

伴随着文化的发展和时间的流逝，感激的体验和表达逐渐被看作个体人格和社会生活中基本的、不可或缺的要素。人的一生中，从小时候起，就领受了父母的养育之恩；到了上学，接受了老师的教育之恩；工作以后，又有领导、同事的关怀、帮助之恩；年纪大了之后，又免不了要接受晚辈的赡养、照顾之恩。同时，作为单个的社会成员，我们都生活在一个多层次的社会大环境之中，都首先从这个大环境里获得了一定的生存条件和发展机会，也就是说，社会这个大环境是有恩于我们每个人的。因此，我们必须要学会感恩。感恩，说明一个人对自己与他人和社会的关系有着正确的认识；报恩，则是在这种正确认识之下产生的一种责任感。没有社会成员的感恩和报恩，一个社会难以正常发展下去。在感恩的空气中，人们对许多事情都可以心平气和；在感恩的空气中，人们自发地做到严于律己宽以待人；在感恩的空气中，人们正视错误，互相帮助；在感恩的空气中，人们将不会感到自己的孤独……那么，感恩具有什么样的内涵呢？

（一）感恩是一种道德影响，它体现着中华民族的传统美德

感恩不仅可以拓展个体解决问题的资源，促进个体更灵活地应对逆境，而且能够成为促使社会更积极发展的一个最根本、最重要的力量，是其他美德产生的根基。当我们因道德模范或道德行为的积极结果产生了感恩体验后，他就会去表现并努力维持有益于他人、社会的行为，并约束自己不做出有损于他人的事情。从这个意义讲，感恩起到了道德调节的作用，我们因心怀感激而形成“友好对待别人，别人也将会友好对待自己”的观念，在与人交往过程中也会表现出相应的行为，从而促进人与人的和谐相处。对中国人而言，为人最基本的就是要做到知恩、感恩、报恩。记住一个人的恩情是至关重要的，所谓“滴水之恩，当涌泉相报”、“知恩不报非君子”，唾弃“忘恩负义之人”，痛恨“恩将仇报之徒”。“鞠躬尽瘁，死而后已”、“投我以木桃，报之以琼瑶”都充分体现了我们中华民族悠久的“报恩”传统。而“忠孝双全”、“包公辞官侍奉父母”、“上书救父”……感恩父母之情的故事，诠释了中华民族高尚的操守底蕴。而如今和谐社会建设更需要提倡感恩的美德，在延续传统民风的同时亦可以优化人与人之间的关系。

（二）感恩是一种道德动机，是人性本善的必然结果

当人们获得他人的帮助有了感激的心理，他也会倾向于表现出利他的行为，如友善对待和帮助别人。而这源于人性本善的道德论述。“人之初，性本善”、“每个人生下来就是一张白纸”，善良的本质意味着我们原本就有一颗感恩的心，感恩就是我们怀着感激的心情对待他人、社会和自然，必然会得到应有的回报。感恩会使人们自己感到心灵的愉悦，从而持续表现出感恩的动机，最终也一定会得到他人和社会对他的感激，使他获得应有的回报。

（三）感恩是社会公共道德的强化物，反映出一种社会哲学和生活态度

感恩是一种生活态度，对于提高个体的生活质量，促进个体与他人、个体和社会的联结有一定的积极作用。当个体懂得感恩，愿意表达自己的感恩，个体就会体会到更多的生命丰富感，感受到的是一种与他人之间的联结，从而为自己在人际关系网络中找到一个安

全的位置，提高生活满意度，减少缺失感。同时，当我们在社交中表现出亲社会行为而受到别人的感激时，这种感激增强了我们的愉快体验，进而鼓励我们继续表现出更多的亲社会行为。这是一种循环，也是一种法则，是一种无法逾越的社会哲学。感恩可以消解内心所有积怨，涤荡世间一切尘埃。感恩是一种生活态度，是一种品德。如果人与人之间缺乏感恩之心，必然会导致人际关系的冷淡。

（四）感恩是道德品质的最佳诠释，映射出一种健康的心态

心理学家2002年研究报告显示，在800多个特质词语对人类特质进行描述中，感恩是最被人尊重和喜爱的品质之一，仅次于真诚、有爱心以及值得信任。而不懂感恩被认为是最让人讨厌的特质之一。“感恩”也是尊重的基础。在道德价值的坐标体系中，坐标的原点是“我”，我与他人，我与社会，我与自然，一切的关系都是由主体“我”而发射。尊重是以自尊为起点，尊重他人、社会、自然、知识，在自己与他人、社会相互尊重以及对自然和谐共处中追求生命的意义，展现、发展自己独立人格。同时感恩也会使人的身心更好地适应社会、适应自然。感恩的举动所能带来的连锁反应，可能会感染改变人们周围的每一个人，包括每个人自身。震撼心灵的感谢之声永远不会引起误会，它是没有国界而可以跨越地球上一切障碍，使世界变得更加和谐、更快乐的最简单易行的方式。所以我们要学着去感恩，因为感恩是所有非智力因素的精神底色，感恩是学会做人的支点；感恩让世界这样多彩，感恩让我们如此美丽！

二、感恩的意义

（一）感恩能够使人懂得知足，建立起良好的生活状态

俗语说，知足常乐。老子说，知足者富。知恩，感恩，谢恩，才会懂得知足。安东尼·罗宾说：“你有什么样的感觉，你就有什么样的生活。”发生同样一件事，我们可以把这件事知觉成别人帮了我一个忙，我很感激；也可以知觉成帮不帮忙对我来说无所谓。不同的感觉产生不同的情感，只有更多知觉到满足，更多的知觉到感激，才能感觉到愉悦和美好，才能够建立起良好的生活状态，才能够体会到生活的真谛。

（二）感恩使人与环境融洽和谐，激发出人更多的善意行为

“感人之恩，必不与人争。感人之恩，必与人为善。”一个知恩感恩的人，他的生活环境必定是完美的，使他幸福平安的。这样幸福平安的生活会激发出他更多善意的行为，随之而来的也是对方对施善者善意行为的肯定，当善意行为得到强化后，便会给施善者营造出更加和谐和融洽的环境。

（三）感恩使人成长，促进自我实现的达成

感恩是一种学习。从别人所做的“一切”当中去体验和学习做人之道，处事之道，从而不断地使自己变得越来越完美。马斯洛指出自我实现的需要是最高层次的需要，要追求

自我实现就要使自己尽可能地完善从而达到自己对自己的要求。俗话说，没有最美，只有更美。人生的使命就是在追求自我实现的过程中不断地完善自己，提升自己。

（四）感恩可以帮我们建立和谐的人际关系，是对社会和谐的一种贡献

感恩是有助于增强个体幸福感和人际关系满意度，有益于促进社会团结、和谐的一种积极的人类力量，在过去的时间里一直受到哲学家、神学家和畅销书作者的大力推崇。感恩是人与人良好相处的“黏合剂”。感恩使被感恩的人在社会互动中不断感受到自己的价值，进而以人为本，与人为善，共同营造出一个互相感谢、相互尊重的社会。相反，一个感恩意识缺乏的社会必然是冷漠、相互猜忌的社会。

三、有关感恩的研究

（一）感恩的性别差异

国外有学者开展的一项全国性的针对学龄儿童感恩对象的调查表明，男孩与女孩存在着性别差异，女孩更倾向于把人际关系当作感恩对象，而男孩对于实物对象表达了更多的感恩。感恩可能是一种男性试图避免体验和表达的情绪，因为它与消极情绪和消极认知有关。男性常常表达与权利、地位相关的情绪。然而，感恩与依赖两者在某种程度上联系紧密，因此，一部分男性认为感恩会威胁他们的男子气和社会地位，而把感恩的体验和表达看作是是弱势的表现。因此，男性为了保护自己免受相关消极情绪和消极社会影响的伤害，往往避免感恩体验与表达。女性与男性相比，不仅更倾向体验并表达感恩情绪，并且从感恩中获得更多的益处。此外，女性公开表达感恩情绪的意愿比男性更强烈，这种意愿的强烈程度不同造成了感恩的性别差异。

（二）感恩与主观幸福感

处于感恩心境的成人有较高的主观幸福感水平、乐观水平，较多的利他行为、对他人帮助的感恩和社会支持。对自己生活中的积极事件有强的感知能力并能享受其所带来的体验的人会有更多的满足体验。因此，感恩是成人积极状态的重要因素。对自己生活中的积极事件有强烈的感知能力并能享受其所带来的体验的人会有更多的满足体验。国外学者首次探讨了青少年感恩与主观幸福感的关系。实验要求被试者每日写作感恩日志，即记录每日的感恩情况。结果发现，处于感恩状态的学生每日报告的感恩、学校生活满意度多于那些聚焦于负性事件的学生。所以，感恩日志是一种提高青少年幸福感的有力的干预手段。还有国外学者让大学生进行了为期一个星期的感恩旅行，在旅行过程中对其进行有规律的感恩训练，结果发现，旅行能够减少躯体症状，提高生活满意度。这些研究都表明了感恩与主观幸福感存在着极为密切的关系，可以这样说，感恩是增强个人主观幸福感的有效手段之一。

（三）感恩与其他积极情绪

感恩从深层次讲属于人际情绪，对人与人之间友善关系的共同关注使两者的联系非

常紧密；当个体接收到他人的友善表示时将体验到感恩。感恩的体验能够促使个体对现在和未来做出建设性的、积极的评价。感恩与自豪、希望、受鼓舞的、宽容、兴奋等积极情绪关系紧密。

（四）感恩的跨文化研究

不同的国家、民族的特殊的文化背景会对个体心理的发展和形成产生极其深远的影响。西方国家由于信奉宗教，感恩作为一种美德也因此备受社会的推崇。然而在东方国家，特别是没有统一宗教信仰的我国，在 2 000 多年儒家文化的影响下，人们的感恩内容和表现方式可能与西方文化下的感恩有所不同。

四、大学生中的感恩缺失的现象及原因

（一）大学生感恩缺失的现象

由于受市场经济功利观念的影响，在部分大学生身上存在着一些令人担忧的不良现象。一些大学生以自我为中心，把父母的付出、他人的帮助以及国家的助学贷款政策和对困难学生开绿色通道看成是理所当然，漠视宝贵的亲情、友情、恩情等，从而表现出一定程度的精神真空。这种忘恩情绪，正逐渐成为高校里的一股暗流。一些调查研究表明，当代大学生不是没有一颗感恩的心，而是缺少一种感恩教育。就高校自身来说，当前高校更多注重的是对学生的政治理论教育和文化教育，基本上忽略了传统的伦理道德教育，忽视了感恩意识的培养。对广大青少年来说，感恩意识绝不只是简单地回报父母养育之恩，它更是一种责任意识、自立意识、自尊意识。不懂得感恩，就失去了爱父母的感情基础。连自己的父母都不爱，是不可能爱家庭、爱事业、爱社会、爱国家、爱他人的。因此，不会感恩或者不愿意感恩，既是情感冷漠、缺少人情味的反映，又是缺乏道德修养的表现。

（二）大学生感恩缺失的原因

1. 家庭教育的不健全

首先，当前大学里 90 后的大学生，他们大多是独生子女，从小就处在优越的生活环境中。而一些父母对子女的关爱则衍生为溺爱，即使孩子犯了错误，他们既不对孩子进行深刻的教育批评，又不舍得对其打骂，生怕孩子受到一点委屈。久而久之，孩子形成了以自我为中心的价值观，认为父母对自己的无私奉献是理所当然的事情，对待父母的养育之恩没有丝毫的感恩之情。其次，由于受市场经济的影响，家长在教育孩子的过程中，把实际的物质利益摆在首位，他们认为只要满足了孩子的物质需求就是对孩子最深的爱。再次，现代社会竞争的残酷性迫使人们具备较高的综合素质。家长单纯地把综合素质理解为高学历，因此，多数家长把孩子的智力教育放在首位，而忽视了对孩子的思想品德教育。在长期的溺爱环境中，在不恰当的教育方式和不健康教育内容的培养下，孩子形成了自私自利，只知索取、不知回报的错误思想。

2. 学校教育以功利主义为导向

当代功利主义价值观在人类生活中的肆意渗透造就了功利主义教育实践的盛行，而在一定程度上淹没了感恩教育的呼声。科学技术的迅猛发展造就了丰富的物质成就，而物质成就给人类带来了前所未有的身体快感，使得人们愈加相信功利主义的合理性，这必定会给作为社会重要部分的教育的理论和实践带来深刻的影响，使得以功利主义为目的的教育逐渐占据市场。一方面，大学生关注最多的是就业和生存问题，因此学校把教育的工作重心全都放在了智育，而德育就处在了一个可有可无的尴尬位置上，因而在德育的培养上，走形式、玩过场就成了学校的通病。另一方面，教育者不再把教书育人作为目标，而是通过教育获得物质利益。教育的功利性使得德育教育逐渐脱离了它的重要性位置，造成学生情感教育的漏洞，不利于学生感恩意识的培养。

3. 社会环境巨大的变化

我国目前正经历着一场深刻的社会变革，即由过去的传统计划经济向现代市场经济转变。社会变革不仅使经济上发生了巨大的变化，对人们的思想观念、价值观念、生活方式等方面也造成了不同程度的冲击。在市场经济的不断发展中，传统的儒家伦理思想已经无法适应当今社会的发展，许多人在是遵循还是放弃传统儒家伦理道德的思想斗争中陷入矛盾和迷茫，中国许多优秀的传统美德遭受到巨大冲击。市场经济发展的同时，互联网也在迅猛的发展。互联网是一把双刃剑，它在带动社会发展的同时，也在侵蚀着人类的优秀道德品质。网络传播的不文明现象在影响着大学生的价值观和道德观。有的大学生甚至打破道德底线，做出了许多错误的行为，有的甚至走上了犯罪的道路。社会环境的变化，导致利益和金钱取代了人们之间的情感交流，这在无形中削弱了大学生的感恩意识。

4. 大学生自我认识的偏差

大学生是一个特殊群体，他们是人们眼中的天之骄子。大学生的思想活跃，易于接受新事物、新思想，有较强的适应能力。他们又具有鲜明的个性，热爱生活，敢于创新，对待任何事情有自己独特的见解。他们爱憎分明，对待社会上的不公平现象，他们敢于打抱不平，提出自己的观点。但是大学生社会阅历不深，对社会的一些现象缺乏辩证的理解。大学期间，大学生的人生观、价值观和世界观尚处于形成阶段，对自我价值和自我认识还不全面。由于实行市场经济，社会阶层出现了新的变化，大学生观念正处于大变化的状态，思想活动的独立性、选择性、多样性和差异性明显增加，容易受外界舆论的误导。因此，大学生对自己、对世界、对人生认识的偏差会影响他们对于感激的体验。

第二节　感恩中常见心理案例

一、感恩父母

中国有句古语“百善孝为先”。意思是说，孝敬父母是各种美德中占第一位的。一个人如果都不知道孝敬父母，就很难想象他会热爱祖国和人民。古人说："老吾老，以及人之老；幼吾幼，以及人之幼。"父母是我们人生的第一任老师，他们给予了一个人一生中不可替代的——生命。感恩父母，哪怕是一件微不足道的事，只要能让他们感到欣慰，这就够了。

情景再现1：不希望生在这个家庭

小佳身边有不少的啃老族，他们打着工作难找、生活压力大的旗号，大张旗鼓地吃父母的老本，让父母养着。但小佳的家庭条件不好，父母都是农村户口，还有兄弟姐妹在上学，所以小佳从小被父母要求独立。可能是身边太多同学是"温室里的花朵"，和小佳形成了鲜明的对比，所以，小佳觉得自己条件差、地位低，抱怨"谁让他们是我的父母，把我生出来呢?"但毕竟家庭没有办法选择，所以小佳也变得不愿回家，也不愿接触其他同学。

【案例解析】 树叶感激大树的孕育，飘落之后化作养料滋养大树；花儿感激雨露的滋润，开得娇艳芬芳之余不忘送出缕缕清香。对于小佳，父母生你养你，给了你睁开眼睛看世界的机会，给了你体验生活的机会。子女不去感恩，反而让自己成为父母的负担，这和以怨报德没什么区别。而且，家庭经济条件不好并不能代表地位低，任何人都是平等的，如果树立这份底气，在穷人家庭可能会成长得更加担当、能干。

迈入大学的殿堂就等于迈入了半个社会，我们已经学会独立，开始了成长，开始慢慢摆脱原先对父母的依赖，慢慢地变成父母可以依赖的对象。因此，与家人一起努力，分担家庭的责任是我们应该学习的。在自己的能力范围之内，帮助父母排忧解难可以有效减少父母的焦虑，提高家人的生活质量。

情景再现2：太重的爱

小宇的父母对他的管教一直非常严厉，父子之间较少交流；母亲对他寄予了很多的期望，关心特别细致，甚至到每天要一通电话问寒问暖。小宇感觉家人对他的期望太高，总是很大的压力，母亲过分的关心让他觉得很烦。每次放假，小宇都特别不想回家，平时接到家人的电话都很焦虑，慢慢地跟家人的沟通越来越少，甚至恐惧。

【案例解析】 父母对子女的爱可能有时会用错方式，恩情便成了束缚和禁忌。这时，更有效的方法可能是与父母多些沟通和交流，用理解来消除双方的误解，从而达到彼此之间的和睦，这才能真正报答父母对于我们的恩情。

(1) 学会多体贴、理解父母，做到有事多和父母商量。

自从每个人呱呱落地开始便习惯了父母在身旁，小的时候总是围绕在父母身边。长大之后，特别是到了青春期学生们开始有了自己的主见，想要摆脱父母的束缚去寻找自由的世界，从那时候他们开始学会了独立，但也正是在那时可能忽视父母。许多学生自从住进学校之后很少给父母打电话，很少将自己的所见所闻告诉自己的父母，只是在接到父母电话时像应付差事似的草草应付两句。当学生们在家的时间越来越短的时候，当自我意识迅速膨胀的时候，他们也许会忘记了理解与体贴自己的父母。很多时候，学生们会与自己的父母争辩，甚至争吵，觉得父母总是从他们的角度去思考问题从来不理解自己。但是很多时候学生们又何尝为他们的父母考虑过？所以应该多与父母说说话，多与父母进行沟通和交流才能够让我们更理解父母的良苦用心。

(2) 学会反省，学会对父母说一声“对不起”。

在青春期与青年早期，学生们不可避免地会与自己的父母发生口角，因为他们和父母的人生观与价值观存在很大的不同。但是，在每次争吵完之后，他们依然发现他们的父母为他们烹煮热腾腾的面，因为父母是这个世界上唯一可以包容他们所有过错的人。因此，要感恩父母，学生们首先要学会自我反省，即使父母错了，即使感到委屈，但是在反省之后学生也需要为自己的莽撞行为向自己的父母道歉。感恩需要原谅与包容，需要理解和关怀，无论什么时候，你们犯了错，需要对父母说声“对不起”，哪怕他们不需要。

(3) 感恩父母需要付诸行动。

感恩父母不仅仅是一句口号，它需要我们从自身做起，从生活中的一点一滴做起，不求惊天动地，但求无愧于心。在忙碌的学习生活中抽取一点时间给父母打打电话，和他们聊聊你在学校的趣闻或收获，多抽出一点时间与父母多说说话。当你们进入大学之后，你们的父母也不再年轻，他们可能或多或少有些身体上的疾病。如果你回家，那么你可以尝试着为你们的父母做一些力所能及的事，做做简单的家务，为父母倒上一杯茶，为他们捶捶背、揉揉肩。这些虽然是小事，但是正是这些小事体现了我们对父母养育恩情的报答。

二、感恩老师

多年前，流行着这样一句话：“读到中学，就会忘记小学老师；读到大学，就会忘记中学老师；当走上工作岗位之后，就会忘记所有的老师。”岁月，让我们尝尽了人间的冷暖，但我们依然忘怀不了当初指引着自己走向人生之路的恩师。其实，在我们每个人成长的路上，除了父母，最重要的就是自己的老师，他们是我们人生道路上的另外一位贵人。

情景再现3：粗心的代价

小吴这周末需要参加公务员考试，但是前几天外出逛街的时候钱包被小偷偷了，而钱包里有着小吴的身份证。小吴顿时不知所措，她不知道该怎么处理。为了顺利通过考试，她努力了半年，但是现在……她想到了辅导员，但是她犹豫了，因为前一段时间她因为想回家而辅导员不给她批假的事得罪过他。最后她还是拨通了他的电话，辅导员知道后及时去学校开了证明，并陪伴小吴去派出所办理了临时身份证。

【案例解析】 当学生们因为达不到自己的要求而苛责老师时，老师依然不计前嫌的去帮助自己的学生。有时学生们认为老师难以亲近，但是老师也需要同学的认可与支持，也需要在自己付出的同时得到同学的感激。因此，对老师多一些感激，你会发现你的老师也会对你微笑。

(1) 感恩老师要尊重与理解老师。

尊重不是低声下气，尊重更不是高山仰止。尊重是不卑不亢，在人格平等的基础上对他人的一种褒扬和肯定。尊重不是简单的礼貌，也不是时常流露的谦卑，尊重是对所有为我们提供帮助、支持、服务和方便的人们的一种感恩和珍惜。老师是为我们提供帮助与支持的人，所以感恩老师就是尊重老师，而尊重老师是为了更好的感恩。

(2) 感恩老师还要学会在实际生活中表达感谢。

我们可以试着给老师写一封邮件，试着给老师送一张贺卡，试着为老师做些力所能及的事情。感恩不是只有在教师节才想起问候老师，而是在平时多给予老师微笑与肯定；感恩不在于送贵重的礼物，而在于你是否能够相信与体贴老师。

三、感恩生命中其他的人

感恩，是一种美好的情感，是人的高贵之所在。感恩将使你的心和你所期盼的事物联系得更紧密，感恩将使你对生活、对一切美好事物充满信心。常怀感恩之心，我们便可以生活在一个感恩的世界里，我们的人生也会变得更加美好。

情景再现 4：感恩的收获

小胡是农村出来的大学生，家里条件不好，上高中的学费还是好心人资助的。当他还在着急上大学高额学费的时候，又是那个好心人寄来了 5 000 元和一封信。信中那位好心人说："我会资助你读完大学，但是我对你有个要求，就是你必须要每个月给我写一封信反映你在学校的状况。"小胡应好心人的承诺，每个月都会给那个好心人写信，但是那个好心人从来没有给他回过信。小胡一直坚持，终于在最后一次写信中忍不住问那个好心人为什么不给他回信。十天之后，小胡拿到了一个包裹，包裹中是他几年中写的所有的信。包裹中还有一封信："不要感谢我，要感谢你自己，因为是你的坚持让我不再动摇资助你的念头。"

【案例解析】 在人生的道路上，随时都会产生令人动容的感恩之事。小胡对于好心人的感激换来了好心人的坚持。感恩之心是一块试金石，有人对社会感恩，希望能够给有需要的人一些帮助，这些人是善良和伟大的，但是再伟大的人也不希望自己的真心换来的是他人的冷漠。心与心的交流需要感恩，没有感恩的心就像荒芜的沙漠，滴再多的水进去也只能迅速渗入、干涸。爱心是需要传递和相互感染的，一个使爱心停滞的人，根本不配得到他人的关爱。因此，在日常生活、工作、学习中所遇的人给予的点点滴滴的关心与帮助，都值得我们用心去记恩，铭记那无私的人性之美和不图回报的惠助之恩。感恩不仅仅是为了报恩，因为有些恩泽是我们无法回报的，有些恩情更不是等量回报就能一笔还清的，唯有用纯真的心灵去感动去铭刻才能真正对得起给你恩惠的人。

四、感恩生活

感恩之心足以稀释我们心中的狭隘和蛮横，还可以帮助我们度过最大的痛苦和灾难。常怀感恩之心，我们就可以逐渐原谅那些曾和你有过结怨甚至触及你心灵痛处的那些人，会使我们已有的人生资源变得更加深厚，使我们的心胸更加宽阔宏远。停下匆匆的脚步，看看周围的朋友亲人，感谢生活，让我们遇到了你们，看看窗外的初春乍寒，感谢生活，让我拥有这些。

情景再现5:经历让我有同理心

小肖父母离异了,家庭变故让他变得郁郁寡欢。为了平衡内心的混乱,他每天晚饭后一个人在操场上转圈,很多同学都知道他的痛苦,但不知道如何安慰。这时,班上的杰克天天陪着小肖散步,不久,小肖从父母离异的阴影中走了出来。多年后,大家谈论起这段往事,杰克笑着说:"其实我父母在我上中学的时候就离婚了。在那段痛苦的日子,有我的叔叔照顾我,让我懂得感恩并坚强面对。回首那段生活,我发现自己成熟了、独立了、坚强了。我不过是把自己的这段经历告诉他而已。"

【案例解析】 这个案例中的杰克在生活中是一个快乐、阳光、豁达的大男生,同学们都不知道他曾经的经历。杰克认为经历了不如意,便更会懂得感恩生活,更懂得别人的痛苦,更有同理心,理解生活不可能永远如意。

"人生就像红绿灯,一会儿红,一会儿又绿。红的时候,就没法动了;绿的时候呢,就畅通无阻。有时候,远远看见那灯分明是绿的,可是等你加速到了眼前,那灯却一下子变红了。有时候是红灯变绿灯,有时候是绿灯变红灯,但我们最终都要离开这里,朝着更远的地方去,为什么要因为一次红灯而失意呢?"人生,就是失意与得意的交叉线,得意并不是永远的,失意却是我们不可能避免的,而每一次的失意都将是人生的一次考验;经历了一次考验,我们便跨过了人生的一道坎,便成功地超越了自我。

我们要感谢生活,因为它让我们有不同的人生感悟,不至于虚度一生。我们要感谢自己的不同经历,快乐的、幸福的、成功的经历,能让我们品尝人生美酒;忧伤的、痛苦的、失败的经历,能让我们从反面总结自己,积累经验,最后战胜自己,也是收获;童年嬉戏的、学生时代的、工作的、为人子女的、为人父母的经历,不同的年华,都能让我们感悟人生。我们要感谢父母兄弟姐妹、感谢朋友、感谢身边的人,与他们的接触,让我们学习更多、收获更多。我们要感谢对手、感谢敌人,他们的存在,让我们更有压力、更有危机感,让我们越挫越勇,感悟更多、更丰富。

第三节 感恩心理自测

各种各样的心理测试是了解自我的一种行之有效的科学手段。下面几个测试可以帮助你更加清晰地了解自己的心理状况,请按照内心的真实情况作答。

心理健康自测(一)

大学生感恩量表

指导语:本表的目的是帮助你了解自己的情感现状。下面的每一条陈述只代表一种观点,并没有对错之分,请认真思考,把题目所叙述内容与你的真实情形相比较,在从"非常不同意"到"非常同意",你同意与不同意的程度,在对应的数字上面划了,谢谢合作

(1."完全不同意" 2."不同意" 3."无所谓" 4."同意" 5."完全同意")。

1. 取得学业上的进步,我要感谢我的父母、老师、同学以及其他人的帮助。

2. 他人的帮助会使我感激不尽,总想在日后给予回报。

3. 一想到现在拥有的一切(家庭、学业、健康),我内心充满了感恩之情。

4. 生活中使我感激的事情非常多。

5. 这个世界已经没有多少让我感激的事情了。

6. 受人滴水之恩,应当涌泉相报。

7. 随着年龄的增长,我学会了对周围的人和事以及伴我成长的环境表示感恩之情了。

8. 有很长一段时间我对周围的一切感觉很冷漠。*

9. 考上大学主要是我自身努力的结果,与他人关系不大。*

10. 以前他人对我的帮助,很多我已经不记得了。*

11. 和一般人相比,我是一个更加容易感动的人。

12. 每天都会有很多使我感激的事情发生。

13. 我感激生活给予我许多美好的东西。

14. 我拥有珍贵的亲情、友情和恋情,对此我表示感激。

注:打"*"为反向计分。

题号	1	2	3	4	5	6	7
得分							
题号	8	9	10	11	12	13	14
得分							

[量表来源:马云献,扈岩.大学生感戴量表的初步编制[J].中国健康心理学杂志,2004,12(5):387-389]

评分与解释:

(1) 轻微的负向感恩(29分~42分):说明你具有轻度的负向感恩品质,具有不良的感恩认知、消极的感恩情感,缺乏感恩行为。

(2) 轻微的正向感恩(43分~56分):说明你具有或多或少的低水平的正向感恩品质。

(3) 强烈的正向感恩(57分~70分):说明你具有或多或少的高水平的正向感恩品质。

心理健康自测(二)

你是一个懂得感恩的人吗?

你是一个懂得感恩的人吗?请完成以下测试:

1. 你觉得你现在的生活学习环境和所处的社会环境怎么样?

A. 很不错　　B. 还行　　C. 不好　　D. 很差,难以忍受

2. 你觉得你与父母相处融洽吗？

A. 很不错，经常与他们谈心

B. 经常沟通，不过好像总觉得有一点代沟

C. 偶尔和他们做些沟通，但好像不是很融洽

D. 觉得他们好烦

3. 你觉得你与朋友同学相处得好吗？

A. 都很不错，很和谐　　B. 很不错的占多数

C. 处得不错的有那么几个　　D. 好像都不是太好

4. 你觉得你的老师怎么样？

A. 不错，觉得他们都好负责，应该尊敬他们

B. 大部分老师我都喜欢，有的还不太适应，但都值得尊敬

C. 马马虎虎，就这样吧，有的老师不值得尊敬

D. 都不是好老师

5. 你记得你亲人的生日吗？

A. 全记得　　B. 记得几个　　C. 只记得一个　　D. 一个也记不得

6. 当家人、朋友或者师长指出你的错误时你是什么反应？

A. 虚心接受，努力改正

B. 权衡利弊再做决定是否改，可能会改，但不一定

C. 不以为然

D. 他凭什么说我，讨厌

7. 你会在一些特殊的节日，比如母亲节、父亲节、教师节、春节等向你的师长表示问候吗？

A. 经常问候　　B. 不经常，不过也常想到

C. 偶尔，不过次数不多　　D. 从来没有过

8. 当你看到你的长辈们在为生计日夜操劳，头上的白发渐渐多了起来的你会觉得

A. 感动并感谢他们，将来要报答他们

B. 有点感动，但过会儿就忘了

C. 没什么感觉，应该的

D. 真没用，一点赚钱的本事都没有，看人家爸妈

9. 如果你在学校里每个月用的钱经常超过一般学生，甚至超过你的父母能够承受的范围时，你会怎么想？

A. 有点对不起他们

B. 有过想法，不过抵制不住口腹和虚荣的诱惑

C. 没想过

D. 他们供我吃，供我穿，供我上学是应该的

10. 你是否想过用自己的实际行动来报答父母和老师的抚养教育？

A. 我一直在用实际行动在感恩

B. 也想过，不过行动不多，三天打鱼两天晒网

C. 没想到过

D. 他们对我有恩吗?

题号	1	2	3	4	5	6	7	8	9	10
答案										

选A得10分,选B得7分,选C得3分,选D得0分。

评分与解释:

你得了多少分? ________

分数越高,越代表你是个懂得感恩的人。那你觉得你自己是一个感恩的人吗?

[测试来源:http://wenku.baidu.com/view/24dd6b2eb4daa58da0114afa.html]

心理健康测试(三)

多选题:你觉得以下哪些能使你感到快乐?

(A) 金钱 (B) 智慧 (C) 外貌 (D) 健康 (E) 娱乐 (F) 爱与婚姻 (G) 个人特质 (H) 工作 (I) 朋友

你的答案是________

评分与解析:

(1) 最不重要的因素

金钱:中了彩票的人不会比以前快乐许多,他们的生活会大受干扰,70%的人会辞去工作,大部分的人会搬家,并与家人发生摩擦。

智慧:快乐与智商及教育程度并无明显关系。

外貌:快乐与外貌并无关系。

(2) 较重要的因素

健康:健康与快乐的相关程度为0.32,健康只有在不佳的时候能够影响快乐的水平。

娱乐:娱乐与快乐相关程度为0.4,有些活动可产生正面影响(联谊俱乐部、义工活动、听音乐),有些活动则会产生负面影响(看电视)。

(3) 最重要的因素

爱与婚姻:已婚人士比单身、分居和离婚人士快乐,但恋爱与快乐之间的因果关系则不太清楚。

朋友:与朋友一起会比与父母一起或独自个儿快乐。

工作:工作的难度与其能力相匹配的人感到最快乐,管理人员比职员快乐。

个人特质:主要因素:自信、外向、乐观、感恩、掌握自己命运的感觉。

[测试来源:http://wenku.baidu.com/view/3f07631ea300a6c30c229f74.html]

心理健康测试(四)

我的感恩指数

依次回答列出的问题,为了使结果尽量真实,请仔细阅读问题,选出最适合自己的那个选项。本测试没有时间限制,但最好能一次完成。

1. 作为孩子,你认为有必要向父母感恩吗?

A. 非常有必要　　B. 无所谓　　C. 没有必要

2. 你怎样理解报答父母的“养育之恩”?

A. 源于“血浓于水”的亲情

B. 社会舆论和道德的要求

C. 一种偿还

3. 你理解自己的父母吗?理解的程度是怎样的?

A. 非常理解,知道他们真正的想法

B. 有时候理解

C. 不理解

4. 你知道父母的年龄和生日吗?并且在第一时间清楚、准确地说出来。

A. 知道,也能准确地说出来

B. 只知道大概

C. 不知道

5. 你关心并了解父母的身体状况吗?

A. 关心,也比较了解

B. 一般,有时候想起来问问

C. 不太关心和了解

6. 你知道父母喜欢的东西吗?比如他们爱吃什么、喜欢什么颜色等。

A. 知道　　B. 知道一部分　　C. 不太清楚

7. 你了解家里的经济情况吗?

A. 非常了解　　B. 比较了解　　C. 不了解

8. 你经常和父母聊天或者谈自己的想法吗?

A. 是的,经常　　B. 偶尔　　C. 从来不

9. 你经常向父母说感谢的话或者“我爱你”吗?

A. 是的,经常说　　B. 有时候说　　C. 几乎不说

10. 你经常拥抱自己的父母吗?

A. 经常拥抱,我喜欢拥抱他们

B. 有时候拥抱一下

C. 从来没有过

11. 你上次帮母亲洗碗、扫地或者擦桌子是在什么时候?

A. 昨天

B. 好像是两个星期以前

C. 时间太长,早就忘了

12. 你对父母说过谎话吗?

A. 从来没说过,我没什么要隐瞒他们的

B. 说过一次

C. 说过几次

13. 你经常和父母发生争吵吗？

A. 从来不，意见不一致时我会和他们沟通

B. 偶尔发生过

C. 是的，经常发生

14. 面对父母的教导和批评，你的态度是怎样的？

A. 虚心接受，认真改正自己的缺点和错误

B. 有时候听

C. 基本上不听，坚持自己的想法

15. 你认为自己是个懂得感恩的人吗？

A. 应该是吧，我觉得自己做得很好

B. 还可以，做得一般

C. 有些勉强，我做得不够好

我选 A 的个数是________

我选 B 的个数是________

我选 C 的个数是________

评分与解释：

如果在你的答案中，A 项是最多的，那么恭喜你，这说明在对父母感恩这方面，你做得很好。但测试中列举的问题并不是全部，请你继续努力，做一个理解关爱父母的好孩子，并把感恩的心付诸行动，去做感恩的事。

在你的答案中，如果 B 项比较多，说明你有一颗感恩的心，但做得还不够好。以后的生活中要学着关心、了解父母，选择恰当的方式和他们沟通。经过一番努力之后，相信你的“感恩指数”会一路飙升。

如果你的答案中有一部分 C 选项，这时你就要提高警惕了，你的感恩之心还不够大，还有一定的差距，但也不要沮丧，从前面的问题中找一些提示，想想自己接下来该怎么做。

［测试来源：http://astro.aili.com/113/55291.html#one］

第四节 学会感恩

感恩是一种心态，是一种生活态度，一种精神境界，更是一个人的世界观。感恩体现了人与人之间的交往准则，也是人与人之间一种凝聚力的内核。

一、开展感恩心理教育的原则

(一) 感恩教育的内容既要继承传统又要弘扬时代精神

中华民族有着悠久的感恩传统。“谁言寸草心，抱得三春晖”、“投我以木桃，报之以琼瑶”等诗句集中反映了古人对感恩的认同和崇尚。今天对大学生进行感恩教育既要继承

优秀的传统感恩文化，又要结合时代特点，赋予其新的内涵。感恩的内容包罗万象，要感恩的对象很多，不仅对恩人要有感恩之心，报恩之行，还要对父母、对老师、对朋友、对社会、对国家、对自然、对生命懂得感恩。感恩教育就是让学生体会感恩是一种做人的责任，是一种生活和工作的态度。对于大学阶段的感恩教育，重点要让大学生体会自身的生命价值和自己所担负的社会责任。感恩生命的教育，就是要激发学生对生命的体悟，使他们敬畏生命，珍惜生命；既关心自己的生命，也关心他人的生命；既爱自己，也爱别人；从而实现人格的提升。要让学生体会国家、社会之恩，要懂得回报社会之恩，是社会给大家提供了这样一个美好的时代和自由发展的广阔舞台；回报国家之恩，是国家给大家提供了这样一个安定祥和的秩序，是国家培养了大学生。要让学生了解社会，了解国情，深刻体会当代大学生身上所担负的责任和义务，勇于创新，进取，为报效祖国、贡献社会做好准备。

(二) 感恩教育要贴近生活，避免走形式走过场

感恩教育来源于生活，理应回归生活。高校开展感恩教育不要仅停留在课堂上，应结合学生的思想政治教育、日常管理和服务等工作来进行，以生活为导向，从生活方面的问题入手，顺应道德形成的知、情、意、行发展的客观规律，多形式、多层次地开展感恩教育。要教育学生从日常小事做起，从细节做起，着力培养他们的感恩意识，引导他们加强实践。感恩教育不仅是开一次主题班会或送一份祝福，也不仅是开展一次感恩教育系列活动，在感恩节、母亲节、父亲节、教师节要感恩，在不是感恩节的日子里也一样要感恩。感恩教育是一项长期的、艰巨的任务，要让学生从心里接受教育，而不是感觉感恩教育是在走形式、走过场。因此感恩教育必须重实践、重体验，将学生的感恩教育日常化。要让学生从内心深处感悟人为什么要懂得感恩，要加强学生的自我教育，让感恩教育潜移默化地影响学生，达到"润物细无声"的效果。高校应努力构建一种感恩的校园文化，让学生在学校里养成学会感恩的习惯，并且把好的品行带到家庭里，带到社会中。

(三) 感恩教育需要分阶段、分重点地开展

大学生的感恩教育与中小学生的感恩教育有相同的地方，也有不同的地方。大学生受年龄、知识、心理素质、价值观等因素的影响，对感恩教育有各自的理解，接受度也因人而异，因此大学生的感恩教育更要讲究方法，不能用教育小孩子的方法来教育大学生。大学生的感恩教育要根据大学生的特点，循序渐进地开展，要有步骤、有重点、层层递进。在大一感恩教育的重点可以围绕孝敬父母、尊敬师长开展主题系列活动，让学生懂得体谅父母，感激恩人。在此过程中要引导学生思考一个问题，就是大学生如何以自己的实际行动去回报父母，让学生体会父母对子女的殷切希望，明白自己在大学里好好学习，努力成才就是对父母最好的回报。大二、大三可开展有益的集体活动，让学生融入集体，融入社会，体会人是社会的人，个人离不开集体，离不开社会，学会珍惜友谊，学会宽容，学会和谐地与人相处。寒暑假可以开展爱心奉献社会的活动，让学生多参加社会实践，在实践中加强责任感和使命感。尤其要在实习、见习环节中将职业道德和团结协作作为教育的重点，让学生体会回报社会要有良好的敬业精神和奉献精神。通过实习，让学生逐渐完成由学校人向社会人的角色转变。

总之，感恩是一种做人的道德，是一种自立及自尊的责任意识，更是一种精神境界的追求。大学作为人文精神的一面旗帜，是大学生“精神成人”的摇篮，应该通过感恩教育帮助大学生形成一种感恩的心态、品德和责任，进而外化为他们感恩的行为，而这也是未来的社会道德普遍提高的保证。

二、学会感恩的途径和方法

(一) 树立正确的感恩态度

认知现代心理学告诉我们，一个人对世界、人生有怎样的认识，便会有怎样的生活方式和行为准则。如果一个人不能识恩、知恩，那就不可能感恩。

(1) 首先，明白每个人都是独立的，没有人要为你负责，必须自己为自己负责，所以没有任何人给予的帮助是理所当然的。

(2) 其次，有适度的感恩愿望。知恩图报，但不必因为他人施恩于自己而时时处处想着报恩，从而把报恩变成终生包袱，这样容易导致知恩图报的畸形化。拥有文明、健康、向上的感恩认识，应该做到努力在平时，坚持在平常。

(3) 第三，要有正确的感恩方式。感恩不是庸俗的私情义气，也不是市场的等价交易，而是要在力所能及和社会法律道德许可的范围内报恩。不能因为报恩而付出自己终身的幸福，更不能因为对某些人的感恩而损害他人或社会公众的利益。知恩图报既是在力所能及的时候报答施恩者，也可以转向他人，报答和帮助社会公众。这对于施恩者而言，无疑就是最大的报答。

(4) 第四，要有平和的施恩心态。每个学生都在以不同的方式追逐着个人的理想价值和人生幸福，乐善好施和回报意识无疑是实现这些人生追求的催化剂。由此，对别人施以援手，只要是为了帮助别人更好地实现其理想价值，追求到属于他的人生幸福。另外，要感谢帮助自己的人并理解不帮助自己的人，这样才能保持平和的心态，从而更好的感激生活、感激他人。

(二) 积极开展丰富的感恩实践活动

学会感恩更要以活动为载体，从活动中体验感恩、实践感恩，在现实行动中把感恩意识和个人的情感、意志、知觉等具有缄默特征的东西交融在一起，进而在这种交融和行为表现中丰富、发展感恩品质，最终在现实生活中实践感恩。此外，感恩教育应从点滴做起，从小事做起，回归生活，在生活中体验感恩、实践感恩。所以，无论是家长还是教师都要善于引导学生，在形象直观、丰富多彩的现实社会生活中体悟和认同感恩，养成感恩的习惯，具备感恩之心；要引导大学生从孝敬、体谅父母和感谢、帮助老师做起，让感恩的种子在平凡的生活中发芽、成长，并最终成为年青一代的思想品格之一。高校德育要积极渗透感恩教育，要在继承传统美德的基础上，随着时代的发展不断创新、丰富，从认知、情感和实践三个层次，使大学生树立起正确的感恩观、高尚的感恩情，并以实际行动来感恩，促进自己、他人、社会的共同进步和谐发展。

三、成长体验活动

体验活动一：

活动主题：感恩父母

活动目标：让学生加深对自己父母的了解，感激父母的养育之恩

活动时间：30 分钟

活动人数：每组 10 人左右

活动步骤：

1. 给学生五分钟的时间，让学生填写下面的空白处（播放背景音乐《感恩的心》）。

我所了解的父母

爸爸生日______	妈妈生日______
爸爸最喜欢吃的食品______	妈妈最喜欢吃的食品______
爸爸所穿鞋子的尺码______	妈妈所穿鞋子的尺码______
爸爸的兴趣爱好______	妈妈的兴趣爱好______
爸爸年轻时的理想______	妈妈年轻时的理想______
爸爸最得意的一件事______	妈妈最得意的一件事______
爸爸最后悔的一件事情______	妈妈最后悔的一件事______
爸爸的最大优点______	妈妈的最大优点______
爸爸对我的期望______	妈妈对我的期望______

2. 学生填写完后，让一部分同学起来分享他（她）对父母的了解。

活动总结：子女对父母的了解，不应仅仅包含对父母一些基本信息的了解（如父母生日、鞋子尺码等），更应该包含一些深层次的问题（如父母年轻时的理想，父母最得意、最后悔的事等）。关心父母、爱自己的父母，不能仅停留在口头上，感恩父母首先应从了解沟通开始。

体验活动二：

活动主题：学会感恩

活动目标：从消极的思维中走出来，学会感恩老师。

活动时间：30 分钟

活动人数：10 人左右一组

活动步骤：

1. 分组，围坐成一圈。

2. 成员轮流坐在中间，向大家介绍自己从小以来最不喜欢的老师。

3. 小组成员随后可以向该成员发问，询问其身上有没有值得感恩的地方。

4. 分享与讨论：在被提问之后与之前对该老师的看法有没有差异？如果有，是因为什么；如果没有，又是因为什么。

活动总结：从感恩讨论中大家有什么样的收获。

体验活动三：

活动主题：人生金三角(图 9-1)

活动目标：引导学生感恩生活。

活动时间：30 分钟

活动人数：每组 10 人左右

活动步骤：小组同学各自撰写自己的人生金三角，然后小组讨论，最后小组派出一个代表发言。

活动总结：教师总结金三角的含义，金三角代表了我们每个人对于人生的看法，有些人记得快乐的事情更多些，而有些人也许记得遗憾的事情更多点。如果我们感恩生活，我们发现我们会铭记更多快乐和难忘的事情，甚至在面临生命大限时也是坦然与知足的。

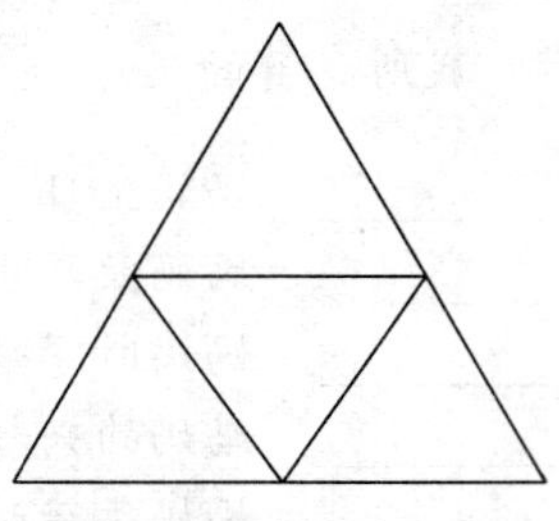

图 9-1 人生金三角

A：至今为止，我人生最快乐的一件事

B：至今为止，我人生最难忘的一件事

C：至今为止，我人生最遗憾的一件事

D：假如今天我的生命将至，我最想对自己说的话是________

[来源：http://wenku.baidu.com/view/3f07631ea300a6c30c229f74.html]

体验活动四：

在你人生成长的历程中，得到许多人的关爱和帮助。如果让你选择三个你最想感谢的人，你会选择谁？为什么？你会对他(她)说什么感谢的话？

选择一：

选择的原因：

想对他(她)说：

选择二：   选择的原因：   想对他(她)说：

选择三：   选择的原因：   想对他(她)说：

活动主题：感谢他们

活动目标：通过课堂讨论的方式探讨学生对于他人的感激，促进他们对于感恩的思考。

活动时间：30 分钟左右

活动人数：10 人左右一组

活动步骤：小组讨论，推选代表发言。

活动总结：教师总结各组的感恩的发言，各组投票选出最让大家感动的话。

［来源：http://wenku.baidu.com/view/3f07631ea300a6c30c229f74.html］

积极心理学与感恩

一、积极心理学的兴起与主张

20世纪末，积极心理学在美国前心理学会主席马丁·塞里格曼先生(Martin E. P. Seligman)的积极倡导和大力推动下迅速兴起。愈来愈多的心理学家开始涉足此领域的研究，矛头直指向过去近一个世纪中占主导地位的消极心理学模式，逐渐形成一场积极心理学运动。积极心理学是关于积极的情绪、积极的人格特质和积极的组织与文化的科学研究，它的根本目的是增进人类的幸福，促进社会的繁荣。积极心理学英文为Positive Psychology，它是指利用心理学目前已比较完善和有效的实验方法与测量手段，来研究人类的力量和美德等积极方面的一个心理学思潮。积极心理学的研究对象是平均水平的普通人，它要求心理学家用一种更加开放的、欣赏性的眼光去看待人类的潜能、动机和能力等。积极心理学的兴起反转了20世纪中后期心理学过分关注人性的消极面和弱点的研究取向，开始关注人性、社会和生活的积极面。症状的缓解是重要的，但症状的消失并不等同于心理健康。积极心理学认为：心理学不仅仅应对损伤、缺陷和伤害进行研究，它也应对力量和优秀品质进行研究；治疗不仅仅是对损伤、缺陷的修复和弥补，也是对人类自身所拥有的潜能、力量的发掘；心理学不仅仅是关于疾病或健康的科学，它也是关于工作、教育、爱、成长和娱乐的科学。

积极心理学主张心理学应对普通人如何在良好的条件下更好地发展、生活，对具有天赋的人如何使其潜能得到充分地发挥等方面进行大量的研究。它认为，心理学的三项使命：治疗精神疾病、使人们的生活更加丰富充实、发现并培养有天赋的人，在二战之前均得到研究者同等程度的关注。而二战之后，心理学成了一门大力致力于治疗的科学，它的研究焦点集中于测评并治愈个人心理疾病，出现了大量对于心理障碍的研究以及对离婚、死亡、性虐待等环境压力对个体造成的负面影响的研究。塞里格曼曾注意到在对人类情绪的研究中，就有约95%的研究是关于抑郁、焦虑、偏见等负性情绪的研究。在对精神疾病的了解和疗法取得巨大进步的同时，心理学却忘记了它的另外两项使命，逐渐成为一门受害者科学。注意到这种现象，积极心理学认为，心理学不仅仅应对损伤、缺陷和伤害进行研究，它也应对力量和优秀品质进行研究；治疗不仅仅是对损伤、缺陷的修复和弥补，也是对人类自身所拥有的潜能、力量的发掘；心理学不仅仅是关于疾病或健康的科学，它也是关于工作、教育、爱、成长和娱乐的科学。

［资料来源：百度百科http://baike.baidu.com/view/911556.htm］

二、积极心理学与感恩

作为积极心理学24种积极人格特质之一"感恩(gratitude)"，与人们的主观幸福感有着密切的关系。感恩是人类重要的个性品质和积极的内在力量，不仅对个体的心理健康有积极作用，对构建人与人、人与社会之间的良好的关系同样有着积极的促进作用。感恩的人能经常体会到被关怀、被爱和被重视等积极感受，有利于促进个体的身心健康，并提高个体的生活满意度以及主观幸福感。临床研究表明，忽视感恩，或者不会感恩往往会被看成是一种心理病症的表现，个体常常体验不到积极情绪。“感恩”与人们的幸福感有着密切的关系。懂得感激的人经常能够感到幸福，而不懂得感恩的人是不可能真正体会幸福的。感恩不是表浅的感谢，它可以帮助我们深入负面情绪和我们的需要以及渴望，在我们的需要无法得到满足或事情发展并未如我们想象的时候帮助我们释怀并走出阴影；感恩还可以帮助我们从更具高度，也更客观的角度来看待我们的生活，让我们认清我们已拥有的一切。科学研究表明，感恩是最强的幸福“促进剂”。

三、让感恩为幸福加分

1. 感恩过去

在过去的生活中，每个人都曾经遭遇过挫折、失败、不公正的待遇，每每想起总感到伤感。特别是不良的成长环境或者父母的错误行为会对我们今后的生活发生很大的影响。很多人因此喜欢把自己摆在“受害者”的角色上，难以自拔。但是当我们反过来，把自己看做过去种种不幸经历的“幸存者”时，我们就能更多的用感激的心态看待过去所经历的种种，不妨问问自己在过去的这些经历中学到了什么？你的哪些优势帮助你渡过难关？你有哪些成长？感激过去帮助我们获得对现在生活的主动权。

2. 感恩自己

我们经常问自己“我错在哪里？”而很少有人问“我‘对’在哪里？”。我们每个人都应该是自己最好的朋友和最忠实的支持者。在我们用自我苛求的剪刀不断地挑剔自己的时候，有没有看到多年来，你“自己”为你所付出的一切，“你”绝不只是你自己获得成功的工具。经常回顾自己的成功经历，而不仅是着眼于我们的缺陷，可以帮助我们获得更佳的自我接纳，克服完美主义。

3. 感恩伴侣

积极心理学的研究证明，对关注伴侣的积极面是良好婚姻关系的最有效预测因素。在我们挑剔对方的不足和缺点的时候，是否也同时关注到了对方的优点，以及伴侣为我们的付出呢？请认真清点你的伴侣为你带来的快乐和幸福，让他/她感受到你的感激，这是亲密关系的润滑剂更是黏合剂。而且表达对对方的感激，有时还会引发对方更加关注你的感受，甚至主动地调整自身的行为。

4. 感恩生活

在精英文化盛行的今天，我们越来越把个人财富的增加、成就的获得、权力的增长归于纯粹的个人奋斗。由此我们更加深信，这些回报是付出的必然，但我们总觉得回报远不及我们辛苦的付出。当我在抱怨、不满和指责中痛快地发泄的时候，和我们的唾沫一起飞散的还有我们的幸福。因为，幸福的人不可能没有一颗感恩的心，而一个不懂得感恩的人也很难获得真正的幸福。感恩是一种美德，更是生命鲜活程度的标志。当我们越来越对周围的事物熟视无睹，对拥有美好的事物习以为常时，我们就在变得日益麻木不仁。我们不再能感觉到世界的和平、他人的支持和关爱、新鲜的空气、温暖的阳光对我们生命的意义。学会感恩生活从用心和认真地体会我们“已拥有的”开始。“未得到的”也许有一天终会变成“已拥有的”，而若不懂得感恩和珍惜，“已拥有的”终有一天会变成“已失去的”。

四、养成感恩习惯的几个方法

☆ 记住：生活的每一天都是一份贵重的礼物，我们有潜力将每一天变成一项杰作。

☆ 抓住：及时捕捉到你抱怨的情绪和行为，思考当下或生活中仍然值得感激之处。

☆ 写下：每天写下所有令你感激的事，即使是最轻微的感激的想法和经历。

☆ 表达：向你的家人、朋友、同事表达你的感激，确切地告诉他们：他们为你做了什么，你的感受如何。

［资料来源：http://www.mindhhh.com/html/View_2009-07/0723451.html］

第十章　大学生心理危机干预

——没有什么比生命还重要

2012年3月18日上午10:54，新浪微博有位网友，通过时光机发布微博："我有抑郁症，所以就去死一死，没什么重要的原因，大家不必在意我的离开，拜拜啦。"众多网友一见轰动，相继转发，希望能够挽救一条生命。3月19日凌晨1∶32，南京市江宁公安在线发布微博证实，该网友已遗憾去世，于3月17日自杀身亡。她在微博中这样写道："真特么想吐你一脸口水，我对镜子说"；"小时候我妈的要求是90分以上，初中时我妈的要求是70分以上，高中时我妈的要求是及格就好，现在我妈的要求是活着，提出这些要求对一些母亲很难，但我妈做到了，我妈真棒！"；"我是这么想的，给自己一年的期限，把想吃的东西都吃个遍，就可以自杀了，每次都这么跟自己说，因为还有什么什么没吃到所以不去死，不觉得浪费时间吗？"……这样的文字还有很多很多，记录着这名"抑郁症"患者痛苦挣扎的心路历程。如同她在文字中写的"有的事，一个人做起来全身无力，孤独无依，心生凄凉，仿佛被全世界抛弃了，比如套被套"。我们会设想，纵使她是一名抑郁症患者，但如果我们能够及早发现她的孤单、无助，也许结局会完全不一样。

事情发生后，该生所在的高校、学院、班级，她的辅导员老师都面临着同样的情形，却需要用不同的方式来应对这一状况。大学生心理危机事件种类繁多，情况复杂，发生的概率可能不大，但只要发生，后果都是严重的：轻者一辈子都在危机的阴影下生活，重者丧命。作为一名高校的心理工作者，掌握大学生心理危机的相关知识是必需的。生命最可贵，它只有一次，我们不但要活到老，还要活得质量好，但是痛苦挫折少不了。成长成为大学生的课题，帮助大学生正面人生的一切，是我们的课题。

第一节　心理危机理论概述

成长，是一个痛并快乐的过程。大学生在面临从未成年走向成年、从依赖父母到独立生活、从家庭走向社会等一系列成长课题中，难免会碰到不可避免的心理问题。什么是心理危机，它有哪些特征、受哪些因素影响等问题，需要我们提前去了解。

一、心理危机的内涵

(一) 心理危机的涵义

一般而言,危机(crisis)是指个体所遭遇的外界或内部应激,个体面临突然或重大生活目标阻碍或逆遇时,运用通常应对应激的方式或机制仍不能处理时,所出现的一种心身失衡状态。有人进一步解释心理危机(mental crisis)是指由于突然遭受严重灾难、重大生活事件或精神压力,使生活状况发生明显的变化,尤其是出现了用现有的生活经验和知识技能难以克服的困难,致使当事人陷入痛苦、不安状态,常伴有绝望、麻木不仁、焦虑等消极情绪,以及植物神经症状和行为障碍。由于情况紧急,既往惯用的应付方法失效,内心的稳定和平衡被打破,常常容易导致灾难性的后果。

Erickson(1965)的成长理论认为:人的一生要经历八个阶段,每个阶段的更替便是一次危机,如顺利渡过则个体得到成长。危机的经历是个体成长必经的阶段,但是对危机的处理会影响到个体人格的发展状况,因此处理好危机非常重要。Swansen 和 carbon(1989)揭示危机发展模型,认为危机分为三个阶段:危机前的平衡状态,危机产生,危机后重建平衡。这提醒我们危机前平衡状态的建立是处理危机的基础,学习应对危机,培养个体危机处理能力,增强心理素质,对个体危机后重建有非常重要的影响。对工作人员而言危机的处理非常重要,但危机发生前高校的心理工作者对在校大学生抗危机能力和危机处理能力的培养也不容忽视。

心理危机表现为静态与动态两种。静态强调心理危机是一种状态,主要表现为:个体运用惯常的应对方式无法处理所面临困境时的一种不平衡心理状态,它是一种过渡状态,人不可能长久地停留在危机状态之中,整个心理危机活动期持续的时间因人而异,短者仅24～36个小时,最长也不应超过4～6周。危机可以由重大突发事件引起,也可以由长期的心理压力所导致。在危机状态下,个体会出现一系列负性的生理、情绪、认知、行为反应,如果危机反应长时间得不到缓解,便会引发心理疾患和过激行为。动态则强调心理危机是一种心理过程,主要表现为:危机具有心理状态的失衡、个体资源的匮乏、认知反应的滞后性等特征,是个体发展中原有平衡状态被打破,而新的平衡没有建立的过程。心理危机的动态与静态是相互转化的,当危机易感个体处于静态时,危机并未显示出来,当遭遇生活应激事件时,动态心理危机便爆发了。因此,在静态下,要启动心理危机预防机制;而在动态中,要启动心理危机干预措施。

(二) 心理危机的特征

心理危机具有以下五个特征:

1. 突发性

危机常常是出人意料、突如其来的,具有不可控制性。

2. 紧急性

危机的出现如同急性疾病的爆发一样具有紧急的特征,它需要人们去紧急应对。

3. 痛苦性

危机在事前事后给人带来的体验都是痛苦的，而且还可能涉及人尊严的丧失。

4. 无助性

危机的降临，常常使人觉得无所适从，而且，危机使得人们未来的计划受到威胁和破坏。由于心理自助能力差、社会心理支持系统不完善，危机常常使个体感到无助。

5. 危险性

危机之中隐含着危险，这种危险可能影响到人们的正常生活与交往，严重的还可能危及自己和他人的生命。

二、大学生心理危机的原因分析

（一）心理危机的正常应对和四种结果

心理危机的正常应对有人认为分为四个阶段。第一是冲击期：事情发生后感到震惊恐慌，不知所措。第二是防御期：具体表现为否认（认为这不是真的），物质滥用（醉酒麻痹自己），攻击（是别人搞的阴谋），退行（行为方式回到儿童期）等。过了第二阶段便进入了第三阶段解决期：个体开始正视危机，通过个体的行为、认知、情绪等方面的调整，焦虑减轻，自信增加，社会功能也得到恢复。最后一个时期是成长期：个体进一步在心理危机后获得个人成长和升华，不仅是顺利地解决了自己的心理危机，更是在危机中总结、进步，应对方式得到成长，个体的人格进一步健全和完善。也有人认为个体心理危机的正常应对分三个阶段，内容上大体一致。

当然不是所有的个体都能顺利地按照一二三四的顺序应对心理危机，可能跳过某个时期，可能停滞在某个时期，因此个体遭遇心理危机后有四种后果：

(1) 顺利渡过危机，并学会了处理危机的方法策略，提高了心理健康水平；

(2) 渡过了危机但留下心理创伤，影响今后的社会适应；

(3) 经不住强烈的刺激而自伤自毁；

(4) 未能渡过危机而出现严重心理障碍。

（二）大学生产生心理危机的原因及影响因素

大学生心理危机的产生有多方面的原因，一般来说，有如下几方面：

1. 社会适应不良

社会适应不良在大学新生中较为普遍，尤其是初次离家过集体生活的大学生都需要经历一个从不适应到逐步适应的过程。但在这一过程中，从小受溺爱或过度保护、性格孤僻、内向或暴戾的人，他们不易合群，就难以适应生活的变化，在孤独感、无助感的折磨下，个别人容易出现心理危机。

2. 学习的压力

近年来，大学生因学习压力加大而轻生的事例也较为常见，尤其是在名牌大学，这类情况更为多见。高中毕业后，由于学习成绩优秀而被重点大学录取的他们被低年级的同学视为榜样。荣誉的光环笼罩着他们，反而形成一种桎梏。但进入大学后由于学习目标不明确，学习方法的不适应或所学专业与自己的学习兴趣、思维方式相抵触等一些原因，部分同学的学习成绩明显落后，甚至面临留级、休学等现实。涉世不深，心理上缺乏承受能力的年轻人，一时想不开钻入牛角尖，结束自己本可再度辉煌的生命。

3. 人际交往不良

“90后”大学生多为独生子女，以自我为中心，得不到群体认可。要么感到孤立无援、自我封闭，抗拒与人交流合作；要么对别人产生仇视和敌对意识，加速人际关系恶化。由于交际困难，一方面导致大学生产生自闭偏执等心理问题；另一方面因无倾诉对象，有心理问题的学生更会加重心理压力，还易导致心理疾病。

4. 心理障碍的加重

在许多青年学生自杀的案例中，我们稍加注意就不难发现，相当一部分案例是源于抑郁症、强迫症等心理疾病。这些疾病很多是在少儿时期形成的，但入学身体检查中并无心理疾病检测这一程序。入学后，被严重的心理冲突困扰，表现出他们对什么活动都不感兴趣，心情压抑，郁郁寡欢，并常伴有失眠。这些同学为此痛苦不堪，身体上感到疲劳乏力，学习时注意力难以集中，情绪焦躁不安，心情持续抑郁，懒于和人讲话，感到这样活下去没什么意思而选择了自杀。

5. 情感挫折

失恋是大学生中较为常见的一个现象，但遭遇较大情感打击的多数为初恋。感情过分专注的人，因恋爱失去自我的人，一旦失恋便会体验到难以承担的痛苦。当他们感到难以忍受这种精神上的打击时，便会极度痛苦和自卑，甚至怨恨而引起轻生的念头。其中女同学较为多见。

6. 就业压力

社会的竞争、就业市场的不景气、人才市场中供求关系的巨大变化使用人单位对大学生的知识结构、社会实践、综合素质的要求越来越高，大学生理想就业越来越困难。这不仅给高校里众多毕业生造成很大的精神压力，同时也让大学新生忧心忡忡；自己所学专业就业形势如何，前景是否看好，直接影响着整个大学生活。进入大三和毕业季后，大学生面临即将离开学校而未来又一片迷茫、无所适从的这部分个体，容易悲观、失望甚至产生绝望情绪。

大学生的心理危机还受以下四方面因素的影响。

7. 个体对事件的知觉

对某一事件的认知和主观感受在个体决定应付行为的性质和程度中起着重要作用。认知方式限制了人们探索压力条件的信念，极大地影响了人们对他人的知觉、人际关系及对采取不同类型的精神治疗手段的反应。如果个体对事件的知觉是客观的、合乎逻辑的，则问题解决的可能性会大大提高。

8. 社会支持系统

人的本质是社会化的，他依赖周围的人提供的内在、外在的评价而存在。对个体而言，获得确定评价的意义比其他任何事都更为重要。这是人们应付大量压力的重要的社会心理支持资源。这种重要的支持资源一旦丧失或没能发挥或支持失当，面对压力的个体将变得无比脆弱、失衡并进一步产生危机。大学生的社会支持系统有重要的四类人：家人、朋友（含恋人）、老师和学校心理咨询中心。社会支持系统越丰富，出现心理危机的可能性就越小。

9. 个体的应对机制

人们通过日常生活，学会了运用各种手段去应付焦虑和减少紧张，并逐步形成了应对压力的模式。那些被人们运用过的有效的应对办法会成为人们日常解决压力的一部分而被纳入他们的生活模式中，并逐渐形成了人们解决压力的一套有效的应对机制。相反，如果没有恰当的、有效的应对机制，个体的压力或紧张持续存在，危机便会随之产生。如果常用的应对机制失效也可能产生危机。

10. 个体的人格特征

危机人格理论认为，心理危机还受个体的人格特征影响。容易陷入危机状态的个体在人格上具有的特异性有：注意力明显缺乏，看问题只看表面看不到本质；社会倾向性过分内倾，这种人格特征使个体遇到危机时往往瞻前顾后，总联想不良后果；在情绪情感上具有不稳定性，自信心低，独立处理问题的能力极差；解决问题时缺乏尝试性，行为冲动欠理性，经常会有毫无效果的反应行为。个体人格越健全，心理能力越强，发生心理危机的可能性越小。

三、大学生心理危机的重点关注对象与识别

每个人对危机事件都有所反应，但个体差异较为明显，不同个体对同一性质事件的反应强度和持续时间都不一样。要做好预防工作，首先要明白我们的工作对象。那么大学生心理干预又有哪些重点关注对象呢？如何识别有心理危机的个体呢？

(一) 大学生心理危机干预重点关注对象

(1) 直接或间接提出自杀或结束生命的学生，这是重要的信号，请千万不要认为是开玩笑。

(2) 遭遇突发事件而出现心理或行为异常的学生，如家庭发生重大变故（父母离异，丧父或丧母，最亲近人去世，家庭破产等）、遭遇性危机（被性侵等）、受到自然或社会意外刺激的学生（如地震，经历车祸现场，或因自杀事件参与救助等）。

(3) 患有严重心理疾病，既往有精神疾病发病史：如抑郁症、强迫症、恐惧症、精神分裂症、癔症等，或出现严重精神疾病前兆或发病前期（如幻听，被害妄想等），或有家族病史的学生。

(4) 既往有自杀未遂史或家族中有自杀者的学生，有研究表明，自杀可以习得。

(5) 身体患有严重疾病，个体痛苦，治疗周期长的学生。

(6) 学习压力过大，学习困难而出现心理异常的学生，尤其是高中就出现因学习压力

过大而产生心理问题的学生。

(7) 就业压力过大,对自我要求过高而求职屡次受挫的学生。

(8) 因感情问题而产生行为与情绪异常的学生:失恋后会有少数学生会有自杀倾向或突发急性精神类疾病。

(9) 人际关系失调,人际互动比以往明显增加或显著减少,尤其是宿舍关系失调,被宿舍或班级其他成员孤立的学生,容易出现心理或行为异常。

(10) 性格孤僻,社会支持系统缺乏的学生:这类学生往往表现为独来独往、不擅长与人交流、无固定好友、遇事无人商量、没人帮助,易走极端。

(11) 严重环境适应不良导致心理或行为异常的学生:这类学生表现对宿舍、班级、学院乃至学校没有归属感或无法定位大学生活的角色,没办法融入集体生活而产生抑郁情绪或行为偏激(如为引起他人注意而偷窃或产生被害妄想等)。

(12) 家庭贫困,经济负担重,自尊心强,性格要强又深感自卑的学生。

(13) 在与人交谈中,明显地表现出语无伦次或答非所问的学生。

(14) 近期情绪波动较大或情绪难以控制的学生。

(15) 正在服用精神类药物控制病情以及曾患心理疾病休学,病情好转又复学的学生。

(16) 具有高度反社会倾向,或者是具有暴力倾向或暴力行为的学生。

(17) 有严重违法记录,转学、转系、降级或近期遭受行政处分的学生。

(18) 西部少数民族学生的学习生活等。

总的来说,个体出现丧失、适应问题、矛盾冲突、人际关系紧张等情况时易陷入心理危机。尤其是上述多种特征并存的学生,需列为重点预防对象。面对这部分学生,把预防工作做在前面,能有效地预防危机事件发生。

(二) 大学生心理危机的识别

从个体行为来看,可以从以下几方面来判断大学生心理危机:

1. 情绪是否正常

心理学认为情绪的变化是个体需要是否得到满足的反应,需要是情绪的基础。当需要满足时就会产生积极的情绪体验,反之就会产生消极的情绪体验。良好的情绪是心理健康的重要标准之一,不良的情绪体验是心理问题发生的主要因素,抑郁、焦虑、躁狂等消极情绪持续时间过长或某种情绪太过强烈都有可能导致问题。大学生的情绪突然改变,情绪失控或不良情绪大量(情绪低落、悲观失望、焦虑不安、自制力减弱等)、长时间出现就有发生心理危机的可能。

2. 行为是否正常

最常发生的行为异常是睡眠状况的改变:如失眠、入睡困难和早醒,其他的行为异常还包括兴趣改变、饮食反常(如暴饮暴食)、孤僻独行等,这些行为的背后可能隐藏着抑郁症。行为变化与情绪变化密切相关,不良的情绪会导致行为的反常。

3. 学习兴趣下降

上课无故缺席、无理由迟到早退、成绩下降，无法进行正常的学习，这可能是因为个体的社会功能减退，无法维持正常的学习、工作，意味着心理健康状况堪忧。

4. 自杀意图的流露

如谈论自己的死或有关的问题，或写下遗嘱等，有的甚至已经在甄别不同的死亡途径。

5. 难以沟通或难以理解

当事人的行为方式和语言等他人觉得难以理解，或在与当事人沟通时产生困难，感觉对方思维方式奇特而当事人又没有自知力，一般是严重精神疾病的前兆。

当出现以上行为或表现时，有些危机事件我们可以做到及早预防。做好预防工作，不仅对当事人帮助最大，同时也将社会伤害减到最低。

第二节　大学生心理危机常见心理案例

有人把心理危机分为三类：发展性危机、境遇性危机、存在性危机。当面对困难、危机和创伤的时候，我们也会不断地问自己：我能做什么，能够渡过难关吗？伴随着内心的苦苦挣扎，不断地犹豫，不断地否定我们选择着人生的方向，不断使自己的内心更加强大。下面我们从大学生比较多面临的几种心理危机入手，来寻找心理危机中的自我成长。

一、发展性危机

发展性危机是个人在正常成长和发展过程中，对急剧的变化或转变所产生的异常反应，如升学危机、学业危机、就业危机等。对大学生来说，每个人都期望成才，都有超越他人的欲望，这种竞争事实上是激烈的也是残酷的，其表现为自己在参与社会竞争活动中追求个人发展的一种失当行为。这些危机是大学生生命中必要和重大的转折点，每一次发展性危机的成功解决都是大学生走向成熟和完善的阶梯。

情景再现1：我的未来在哪里？

小马快毕业了，坐在咨询室一筹莫展："老师，我突然变得很奇怪。本来我把自己的学习、生活安排得很好，我参加了学院的一个研究小组，基本上周一至周五的课余时间都在实验室泡着；周六在校外学习计算机的一门程序设计，周日报了一个德语培训班，因为我们这个专业德国的水平最高。那天在坐地铁回学校的路上，突然觉得很累，很茫然。出国的费用很高，家里要负担肯定有难度，现在我都这么大了，向家里伸手真的……可现在复习考研肯定来不及了。工作？想都没想过。一时悲从中来，竟然差点哭了。老师，您说我要不要坚持自己的梦想？工作好吗？真累啊，真想好好休息。轰隆隆的地铁里，竟然一片漆黑。这几天着急得睡不着，脾气也大了。老师，你说我该怎么办？"

【案例解析】 很多大学生入校之初便开始了个人发展的相关思考,也有学校开展大学生涯规划教育。这类思考延续到后来若仍未解决,便容易陷入发展性危机。加上现代社会现实压力大、竞争激烈、生存环境恶劣等种种问题,个体对未来的迷茫和无力感常给个体带来绝望和无助,压力大的可能导致严重的精神疾病。

情境再现 2:我能行么?

小丽是来自于偏远山区的女孩子,克服重重困难考上了大学。新学期开学了,她带着全家人的期盼,来到了学校。她学的是计算机专业,可开学一星期以后,小丽就哭着对辅导员说她不想学了,要退学回家,哪怕是回去种田或者出去打工,她也不想再在学校里面待着了。辅导员经过了解后得知,小丽上大学之前从来都没有碰过计算机,连开机关机都不会。来到学校以后,她发现班级里面不少同学对电脑都是很精通的,甚至有些同学都会自己编程。而自己跟他们一比,就像是个什么都不懂的白痴。看到同学以吃惊的眼神看着她笨拙地去摆弄电脑,那种感觉狠狠地刺伤了她脆弱的神经。她不敢想象,自己的基础如此薄弱,和其他同学根本就不是一个起跑线上的,自己再怎么努力,也跟同学有一大截的差距。这种想法不断地萦绕在她的脑海中,使得她觉得未来根本没有希望,只想赶快逃离这样的环境。

【案例解析】 上了大学,环境发生了巨大的改变,很多原本比较优秀的同学,遇到了来自于全国各地的优秀学生后,在对比中,发现原本的优势都不存在了,于是对自身能力产生了怀疑,甚而失去了信心。部分学生自我否定,采取逃避的方式来应对这样的困境。如果这样消极的情绪得不到及时的缓解,无法顺利渡过最初的适应阶段,往往会导致大学生涯的失败。

1. 心理策略

(1) 策略一:确定情绪事件,挖掘错误信念

在对这类学生进行心理危机干预的时候,需要透过现象看本质,挖掘导致这个情绪的深层次原因,才有助于情绪的释放。导致这类情绪的直接事件看起来是考试没有通过、没考上理想的大学和没有电脑基础等。深层次往往是来访者秉持的某些错误的信念在影响着他们。这些错误的信念往往有:① 好学生应该成绩优秀,如果考试没有通过,就不是好学生;② 以前优秀的我,在这样高手如云的环境中一无是处,我根本就不可能再成功等信念。这要求心理咨询师在初次进行心理干预的时候,认真分析寻找到情绪产生的根源。

(2) 策略二:驳斥非理性情绪,缓解情绪压力

面对巨大的情绪压力,和来访者探讨其所坚持的信念是否正确、是否全面,让来访者认识到个人的成长都会面对失败,一次的失败并不能改变事情的方向与主流。这个步骤很重要,是对以往错误信念的一个重新评价的过程,只有在这个过程中,来访者有深刻的认识,才会有助于建立新的理性的认识。咨询师要避免单方面地批判其原有的信念,强迫来访者接受否定原有信念。这个过程完成的好坏,直接影响到情绪压力是否能够释放。

(3) 策略三:调整心理预期,建立新的理性情绪

在对以往不正确的信念进行重新认识后,要重建新的信念,形成新的认知模式:只要

努力了，就不要太在意结果；未来的路怎么走是掌握在自己的手里；学校不好，我更要靠自己的努力来获得成功；起点比别人低不要紧，只要愿意努力，还是会迎头赶上，和大家齐头并进的。新的认知模式的建立，也是要建立在双方共同探讨的基础之上，需要来访者认同新的信念，才有助于指导以后的行为。

2. 课堂活动

活动主题：青春记事板

活动目标：对未来的设想和可行性分析。

活动时间：30 分钟左右

活动步骤：

第一步：每个人发一张纸，用 10 分钟的时间写下"现在的我"和"80 岁的我"。

第二步：组内分享写下以上文字的内心感受。

第三步：团队分享听到他人分享的感受。

最后，由指导老师来总结对未来的规划和现在行为的关系。

二、境遇型危机

这种危机主要是指当出现罕见或突如其来的悲剧性事件时，个人对其无法预测和控制的危机。如意外交通事故、天灾、绑架、强奸、突发的重大疾病都可能导致境遇型危机。境遇型危机的显著特点是随机的，它会在人的心中产生突然、强烈、意外的震撼。

情景再现 3：为什么受伤的会是我？

小梅暑假留在学校里复习准备着转本考试，学校里面的人很少了，教学楼里上自习的同学更是少。某天晚上，她在某个比较偏僻的教学楼里上自习，在上厕所的过程中，被人推进隔间，遭受到了性侵犯。虽然罪犯被抓住也受到了法律的惩罚，但是小梅的生活却发生了完全的改变。她把自己关在家中，不愿意见人，整日哭泣，想到曾经发生的一幕就害怕得发抖。她不断地自责为什么要留在学校复习，为什么要去那个教学楼。她责问老天爷为什么受伤害的是自己。有时候，她想到别人的眼光，觉得大家都会瞧不起自己，觉得自己是个不干净的人。在这样的情绪状态下，她经常把"活着真没有意思，还不如死了算了"挂在嘴边。

【案例解析】 对于女性来说，受到性侵犯是一个重大的境遇性危机。尤其在中国独特的文化背景下，受伤害的女性还会产生强烈的羞耻感，对自我有全盘的否定。如果不进行心理危机干预，有些当事人甚至会走上轻生的绝境，即便能渡过这样的危机，也可能会使其对人际关系产生深深的恐惧，尤其是在异性交往中，会产生交往障碍。

情景再现 4：生命中不能承受之伤

小明的爸爸妈妈国庆节来了南京，和儿子一起在南京过节，也顺带在南京旅游一下。小明一直很期盼着能赶快见到父母。但是意外的情况发生了，他们一家三口在出游的过程中，所乘坐的出租车意外遭遇到了渣土车的撞击，一家三口中仅小明生还。当小明醒过来知道父母亲遇难的消息以后，顿时陷入了崩溃的状态，不配合治疗，失去了求生的意志。

【案例解析】 突如其来的交通事故，亲人的离去，身体的伤害，对于任何人来说，都是一个巨大的境遇性危机。事故的幸存者，因为亲人的离去，伴随着深深的哀伤，会产生强烈的自责和内疚。如果是唯一的幸存者，对未来的无法预知，无所依靠的无助感也会使其失去生存下去的勇气，这种情况下必须要专业的心理工作者进行紧急的心理干预。

1. 心理策略

(1) 策略一：迅速进行危机评估，提供有效的危机干预

境遇性危机的显著特点就是突发性和严重性。当事人毫无心理准备，在以往的生活经验中，也不曾有过这样的体验。对于这种重大心理危机事件，当事人用原有的生活经验无法应对事件带来的打击而导致重大心理创伤。在这样的重大情绪压力之下，当事人很容易发生情绪崩溃，直接导致自杀事件的产生，一般在危机发生后的数个小时、数天或是数星期。而最佳的进行危机干预的黄金时间就是在危机事件发生后的24～72小时之间。

危机评估在整个心理危机干预过程中起十分重要的作用。干预者必须在短时间内通过评估迅速准确地了解个体的危机情境及其反应，这是进行整个危机干预的前提。主要包括个体经历的突发事件，个体的生理、心理、社会状态，个体采取的应对方式等。此外，评估必须贯穿于危机干预过程的始终。干预者必须通过评估确定危机的严重程度，并不断评估个体的心理状态，从而了解支持系统的有效性，确定有效的应对策略。

(2) 策略二：建立有效的沟通倾诉途径

与危机中的个体保持密切的接触，表示关心和理解，建立良好、信任的关系。鼓励危机个体用语言表达内心的感受，指导适当的情绪宣泄途径，以减轻焦虑。首先，要让当事人尝试接受现实的状况，不要隐藏感觉，试着把情绪说出来，不要勉强自己去遗忘。心理工作者可适当用肢体接触来表达对他的关心，例如握住他的手、拍拍他的肩、拥抱。其次，教会他们舒缓情绪的一些自助方法并给予辅助，例如强制休息、增加社会交往、鼓励积极参与各种体育锻炼。这些活动可有效地转移注意力，同时给当事人提供宣泄机会，有助于疏导当事人造成自我毁灭的强烈情感和负性情感的压抑。

(3) 策略三：提供应对技巧及社会支持

向危机个体解释其情感反应是对此事故的正常反应，强化焦虑、恐惧等的合理性，不对危机个体做不切实际的保证，强调危机个体自身对其行为和决定所负有的责任，帮助个体建立积极的应对策略。同时，向其介绍一些积极有效的应对技巧，如PBR技术，即暂停、呼吸和放松的方法等。

建立社会支持系统，这是做好心理干预的一个重要措施。面对各种突发灾害事件，受害者如得不到足够的社会支持，会增加创伤后应激障碍的发生机率；相反，个体对社会支持的满意度越高，创伤后应激障碍发生的危险性越小。良好的家庭和社会支持是创伤后应激障碍发生的保护因素。对受害者来说，家庭亲友的关心与支持、心理工作者的早期介入、社会各界的热心援助这些都能成为有力的社会支持，可极大缓解受害者心理压力，使其产生被理解感和被支持感。

(4) 策略四：进行认知干预

面对突发灾害事件，人们所出现的心理应激反应也有个体差异性，因此在评估个体应激程度时要充分考虑其认知和情绪反应。个体对事件的认知评价是决定应激反应的主要中介和直接动因。创伤性事件发生后，受害者是否发展成创伤后应激障碍以及是否会成为慢性创伤后应激障碍与个体的认知模式有关。恐惧、焦虑和抑郁情绪反应可以严重地损害人的认知功能，甚至造成认知功能障碍，从而使人陷入难以自拔的困境，失去了目标，觉得活着没有价值或意义，丧失了活动的能力和兴趣，甚至自恨、自责、自杀，这些都是应激条件下认知功能受到损害的结果。因此应提高个体对应激反应的认知水平，纠正其不合理思维，以提高应对生理、心理的应激能力。

(5) 策略五：后续跟踪观察，不断评估干预的有效性

干预者通过观察、交谈以及使用量表等方法对当事人进行跟踪观察，了解心理危机干预的效果，并及时调整干预方案。

2. 课堂活动

活动主题：我的支持系统

活动目标：分析自己的支持系统，寻找心理危机时的支持力量

活动时间：30 分钟左右

活动步骤：

(1) 拿出一张纸来，题目写上“我的支持系统”。设想一下，当你遇到灾难或者是无以名状的忧郁、危机之际，你将和谁倾心交谈？你会向谁发出 SOS 的呼救？你又能得到谁的帮助？

(2) 审查、分析自己的支持系统，哪些是在你有心理危机的时候，真正能给予你支持和帮助的？看看人数数量，看看性别比例和年龄层次，看看谁是患难与共的朋友，谁又是酒肉朋友。

(3) 思考你和你的支持系统保持着怎样的沟通模式，是否有情感交流，是否也给予对方情感支持，你是否花了时间精力去维护你的支持系统。

活动分析：通过这个简单的游戏，教师向学生阐述支持系统对于我们的重要性，如何建立有效地支持系统，如何维护自己的支持系统。

三、现实存在型危机

现实存在型危机是指一些人生中重要而根本的问题的出现，而导致的个人内心的冲突和焦虑，是伴随重要的人生目的、人生价值、意义和责任以及未来发展等内部压力的冲突和焦虑的危机。

情景再现 5：生命的意义？

小敏是个可怜的孩子，刚出生没多久，父亲因为意外事故去世了。过了两年，母亲因为无法忍受贫困的生活而离家出走，再也没有回来。小敏和爷爷奶奶相依为命。小敏很勤奋，她希望自己努力学习，将来考上了大学，在城里找个好工作，把爷爷奶奶接出来，过几天好日子。这样的愿望不仅是祖孙三个生活中最

美好的期盼，也是小敏学习的动力源泉。但是，在小敏读中学的时候，奶奶因为长期的贫困和疾病的折磨，离开了他们。奶奶的去世对小敏和爷爷都是一个重大的打击，要不是想到爷爷还需要人照顾和陪伴，小敏甚至都想随着奶奶也就去了。从那以后，小敏特别害怕爷爷生病，每次回家，她都要叮嘱爷爷，一定要注意身体，要好好地活着，她不能失去爷爷。终于，小敏以优异的成绩考上了一个重点大学，祖孙两都期盼着未来美好的生活。但是，小敏读大二的时候，年迈的爷爷还是因为生病离开了她。得知这个消息后，小敏顷刻间就觉得失去了人生的意义，她觉得这么多年所做的努力全都没有了价值。爷爷奶奶都不在了，她还能为谁而去学习，她的勤奋刻苦又是为了谁？

【案例解析】 这个心理危机是由突发的境遇型危机引发的现实存在型危机。当事人因为特别的成长环境，形成了自己独特的人生价值观和人生意义。当一贯坚持的人生目标、努力的意义遭受到了现实的打击后，在极度的情绪悲伤下，当事人无力去思考重建新的人生目标、人生意义，从而产生厌世的心理，需要进行紧急的心理危机干预，释放情绪压力，重建人生信念。

情景再现 6：为什么我总是被否定？

这是一名学生的来信：我生活在一个严厉的家庭中，从小父母亲就很少表扬过我。他们会不断地提醒我要这样、要那样。如果我没有到达他们的要求，就会受到他们的责骂或者冷嘲热讽。我一直在紧张和担忧中生活，所以我变得很内向、很敏感。我努力让自己做得很好，希望得到他们的认同，可是我觉得我永远都达不到他们的要求。后来，我终于上大学了，我以为我可以有一个新的生活，可是我发现很困难，我很在意别人的眼光，我怕别人不接受我，我努力地迎合每一个人，我活得很累。我觉得自己很讨厌，一点都不可爱，长得不好看，身材也不好，学习成绩也不好。我一无是处，我不知道自己为什么会这样，为什么会这么糟糕。我想如果我死掉了，就再也不用为了父母亲的话而难受，就再也不用为了同学的眼神而焦虑了。

【案例解析】 这是一个在消极的自我暗示和否定性评价中成长起来的大学生，她的自我从来没有被正向肯定和鼓励过。她从来没有被接纳，她对自我的认识一直要靠外界信息给予肯定，因为担心被评价，她的心理能量都用来关注自我了，从而导致了心理危机。

1. 心理策略

(1) 策略一：重新审视，接纳自我

针对现实存在型心理危机，心理干预的最终目标是要促进当事人的自我成长，跨越现有的状态，以更加开放的心态接纳自我，提升自我，促进自我的成长。对自我的接纳是建立在对自我认识的基础之上的，在心理咨询的过程中，要引导当事人全面地认识自己的优缺点，对自己进行合理的评价。

(2) 策略二：激发内在动力，悦纳自我

悦纳自我是健康的自我意识的关键，当事人对自我的人生价值观、人生意义所产生的焦虑和疑问，一方面来源于对自我的认识不充分，更多的这种负性情绪是由对自我的否定而引发。引导当事人全面评价自己是基础，但更重要的是要激发起内在前进的动力，给自己以勇气和信心，悦纳自己。悦纳自己首先要接纳自己、喜欢自己、欣赏自己，接受“人无完人”这样的事实，放弃完美主义的要求，让自己的优点和缺点和平共处。

（3）策略三：打开心灵的窗户，自我成长

自我的发展需要不断地反思，每当出现生活事件的时候，对自我的疑虑和担忧就会产生，这时候需要当事人重新审视自己的成长轨迹，把过去、现在和未来串联起来，全面地分析和认识自己，再次达到自我的成长。

2. 课堂活动

活动主题：生命线

活动目标：通过生命线，思考自己的过去和未来。

活动时间：30 分钟左右

活动步骤：

（1）准备一张白纸，不同颜色的两支笔。把纸横放，写上题目“×××的生命线”，从左到右，画出一条直线。给这条线加上一个箭头，让它成为一条有方向的线。在这个线的左侧写上“0”，在线的右方箭头旁，写上你为自己预计的寿命。可以写 100，也可以写 70（图 10－1）。

0 ——————————→ 100

图 10－1

（2）在生命线上，寻找到你现在所在的点。比如你打算活到 80 岁，你现在只有 20 岁，你就在整个线的四分之一处，留下一个标志。之后，你在标志的左边，即代表着过去岁月的那部分，把对你有着重大影响的事件用笔标出来。如果你觉得是件快乐的事，你就用鲜艳的笔，在生命线的上方标出来。比如你在十岁的时候，认识了你人生中最重要的好朋友，你就找到十岁的位置，写上这件事。如果你觉得是件特别开心的事情，你可以把这件事的位置写得更高些；如果你觉得是件悲伤的事情，你就在生命线的下方，用暗淡的颜色把它写下来；如果你觉得是一件特别悲伤的事情，你可以把它的位置写得更低些（图10－2）。

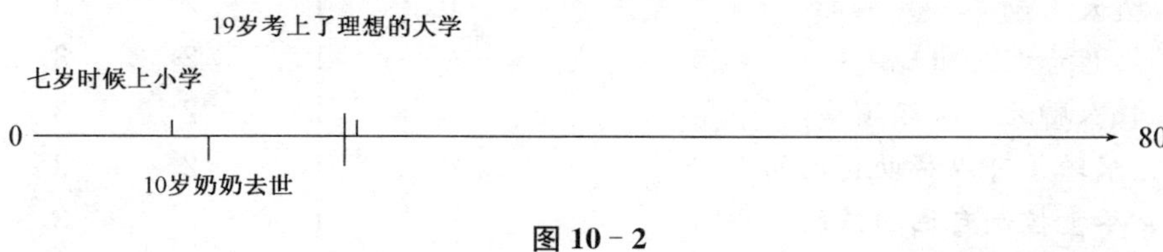

图 10－2

（3）完成了过去式，下面开始计划未来。在你的生命线上，把你这一生想干的事情，都标出来，如果有可能尽量把时间注明。视它们带给你快乐和期待的程度，标在线的上方。当然，在你将来的生命中，还有挫折和困难，比如父母的逝去，比如孩子的离家，比如各种意外的发生，不妨一一用黑笔将它们在生命线的下方大略地勾勒出来，这样我们的生命才称得上完整。

(4) 生命线画完之后,看看自己写下的事件,是位于上方的多,还是下方的多。看看这些快乐和悲伤对你的人生有什么意义,你从中得到了什么?看看你对未来的计划,你从你的期待中看到了你人生的方向,寻找到你人生的意义。

活动总结:教师可以选取部分同学的生命线进行探讨,指导学生寻找人生的价值,发现人生的意义。

第三节　心理危机自测

本节的心理测验,是发生心理危机的相关因素,如《大学生压力应对量表》中压力越大,发生心理危机的可能性就越大;《社会支持评定量表》得分越低,发生心理危机的可能性越大。大家要理性对待测验结果,不可因此为自己贴上标签。

心理健康自测(一)

大学生压力应对量表

指导语:以下题目表述的是大学生常见的压力应对方式,请分别按照自己的实际情况作答。0为不符合,1为比较符合,2为不确定,3为符合,4为非常符合。根据在面对压力时,我会……来作答。每题只选一项。

	不符合	不确定	比较符合	符合	非常符合
1. 能理智地应付困境。	0	1	2	3	4
2. 会从失败中吸取经验教训	0	1	2	3	4
3. 制订克服困难的计划并按照计划去做	0	1	2	3	4
4. 对自己克服困难的能力充满信心	0	1	2	3	4
5. 寻求解决问题的方法	0	1	2	3	4
6. 转移注意力以忘记不快	0	1	2	3	4
7. 听天由命	0	1	2	3	4
8. 幻想奇迹会出现	0	1	2	3	4
9. 找人聊天以减轻烦恼	0	1	2	3	4
10. 求助于可以帮助自己的人	0	1	2	3	4
11. 尽量控制自己的情绪	0	1	2	3	4
12. 常自暴自弃	0	1	2	3	4
13. 对引起这一麻烦的人表示不满	0	1	2	3	4
14. 认为上天对自己不公	0	1	2	3	4
15. 不相信这种事会发生在自己身上	0	1	2	3	4
16. 常自我责备	0	1	2	3	4
17. 认为困难多是外界因素造成	0	1	2	3	4

18. 想一些高兴的事自我安慰	0	1	2	3	4
19. 认为有失必有得	0	1	2	3	4
20. 祈求上天保佑	0	1	2	3	4
21. 把不快埋在心底	0	1	2	3	4
22. 对任何事都不在乎	0	1	2	3	4
23. 通过暴饮暴食、吸烟、喝酒等消愁	0	1	2	3	4
24. 用无所谓的态度来掩饰内心的感受	0	1	2	3	4
25. 不希望别人知道自己的处境	0	1	2	3	4
26. 自己运气不好	0	1	2	3	4
27. 通过某种方式发泄内心的不满和愤	0	1	2	3	4
28. 尽量不去想烦恼的事	0	1	2	3	4
29. 认为自己没有能力改变现状	0	1	2	3	4
30. 责怪别人	0	1	2	3	4
31. 借娱乐、运动等方式来缓解不快	0	1	2	3	4
32. 认为没有必要费力去改变现状	0	1	2	3	4

计分方法：大学生压力应对量表有五个因子：解决问题、合理化、退避、自责、幻想。每个因子的得分越高，表明越倾向于采取该种应对方式。五个因子包含的项目分别为：

解决问题：1、2、3、4、5、9、10

合理化：13、14、17、19、26、30

退避：7、22、24、28、29、32

自责：11、12、16、21、25

幻想：6、8、15、18、20、23、27、31

[量表来源：段鑫星，程婧. 大学生心理危机干预[M]. 北京：科学出版社，2006.]

心理健康自测(二)

社会支持评定量表

下面的问题用于反映你在社会中所获得的支持，请按照各个问题的具体要求，根据您的实际情况填写。

1. 你有多少关系密切，可以得到支持和帮助的朋友？（只选一项）

(1) 一个也没有　(2) 1～2 个　(3) 3～5 个　(4) 6 个或 6 个以上

2. 近一年来你：（只选一项）

(1) 远离家人，且独居一室

(2) 住处经常变动

(3) 和同学、同事或朋友住在一起

(4) 和家人住在一起

3. 你与邻居：（只选一项）

(1) 相互之间从不关心，只是点头之交

(2) 遇到困难可能稍微关心
(3) 有些邻居很关心你
(4) 大多数邻居很关心你
4. 你与同学:(只选一项)
(1) 相互之间从不关心,只是点头之交
(2) 遇到困难可能稍微关心
(3) 有些同学很关心你
(4) 大多数同学很关心你
5. 从家庭成员得到支持和照顾(在合适的框内划"√")

	无	极少	一般	全力支持
A 夫妻或者恋人	□	□	□	□
B 父母	□	□	□	□
C 儿女	□	□	□	□
D 兄弟姐妹	□	□	□	□
E 其他成员	□	□	□	□

6. 过去,在你遇到困难情况时,曾经得到的经济支持和解决实际问题的帮助的来源有:
(1) 无任何来源
(2) 下列来源:(可选多项)
A. 配偶或者恋人　B. 其他家人　C. 朋友　D. 亲戚　E. 同学
F. 学校
G. 党团工会等官方或半官方组织
H. 宗教、社会团体等非官方组织
I. 其他(请列出)
7. 过去,在你遇到急难情况时,曾经得到的安慰和关心的来源有:
(1) 无任何来源
(2) 下列来源:(可选多项)
A. 配偶或者恋人　B. 其他家人　C. 朋友　D. 亲戚　E. 同学
F. 学校
G. 党团工会等官方或半官方组织
H. 宗教、社会团体等非官方组织
I. 其他(请列出)
8. 你遇到烦恼时的倾诉方式:(只选一项)
(1) 从来不向任何人倾诉
(2) 只向关系亲密的1～2个人诉说
(3) 如果朋友主动询问,你会说出来

(4) 主动诉说自己的烦恼,以获得支持和理解

9. 你遇到烦恼时的求助方式:(只选一项)

(1) 只靠自己,不接受别人的帮助

(2) 很少请求别人帮助

(3) 有时请求别人的帮助

(4) 有困难时经常向家人、亲友、组织求援

10. 对于团体(如党团组织、宗教组织、公会、学生会等)组织的活动,你:(只选一项)

(1) 从不参加

(2) 偶尔参加

(3) 经常参加

(4) 主动参加并积极活动

评分与解释:

第1~4,8~10条,每条只选一项,选择1、2、3、4项分别计1、2、3、4分。

第5条分A、B、C、D四项计总分,每项从无到全力支持分别计1~4分。

第6、7条如回答“无任何来源”则计0分,回答“下列来源”者,有几个来源就计几分。

分量表与总分越高表示社会支持水平越高,反之则低。

客观支持分	2、6、7条评分之和
主观支持分	1、3、4、5条评分之和
对支持的利用度	8、9、10条评分之和
总分	十个条目计分之和

[量表来源:汪向东、王希林、马弘.心理卫生评定量表手册(增订版)[J].北京:中国心理卫生杂志社,1999]

心理健康自测(三)

自我认同感测试

指导语:你可以用这一部分来检测一下自己,看一看这些问题是否适用于你。根据下列标准给自己打分:1=完全不适用;2=偶尔适用或者基本不适用;3=常常适用;4=非常适用。

我不知道自己是怎样的人	1	2	3	4
别人总是改变他们对我的看法	1	2	3	4
我知道自己该怎样生活	1	2	3	4
我不能肯定某些东西是否合乎道德或者是否正确	1	2	3	4
大多数人对我是那类人的看法一致	1	2	3	4
我感到自己的生活方式很适合我	1	2	3	4
我的价值为他人所承认	1	2	3	4
当周围没有熟人时,我感到更能自由地成为真正的我自己	1	2	3	4
我感到自己生活中所做的事并不真正值得	1	2	3	4
我感到我对周围的人很适应	1	2	3	4

我对自己是这样的人感到骄傲	1	2	3	4
人们对我的看法和我对自己的看法差别很大	1	2	3	4
我感到被忽视	1	2	3	4
人们好像不接纳我	1	2	3	4
我改变了自己想要从生活中得到什么的想法	1	2	3	4
我不太清楚别人怎样看我	1	2	3	4
我对自己的感觉改变了	1	2	3	4
我感到自己是为了功利的考虑而行动或做事	1	2	3	4
我为自己是我生活于其中的社会一份子感到骄傲	1	2	3	4

评分与解释：1、2、4、8、9、12、13、14、15、16、17、18 为反向计分题，即选择 1，得 4 分；选择 2，得 3 分；选择 3，得 2 分；选择 4，得 1 分。其他问题按正向计分，最后将 19 个问题的得分相加。得分越高，自我认同感越高；得分越低，自我认同感越低。

［量表来源：［美］Jerry M. Burger. 人格心理学［M］. 陈会昌，译. 北京：中国轻工业出版社，2000：80.］

第四节 大学生心理危机的预防与干预

危机事件的发生是我们都不愿意看到的情形，而危机的有效预防能够大大减轻家庭、学校和社会的负担，“早发现、早预防、早干预”非常重要。由于大学生心理危机的预防与干预要形成常态、建立机制，这是一个系统工程，需要很多部门通力合作才能形成有效的预警和干预机制，因此非本文重点。在此仅关注心理危机干预者个人行为，其他较少涉及。

一、大学生心理危机的预防

做好预防，在日常的学生管理工作中我们可以做如下工作。

1. 知识普及

2006 年 7 月 18 日，第三届中外大学校长论坛中，清华大学校长顾秉林院士说：“培养心理健康，构建健全人格，是大学新生入学的第一堂必修课。”因此，在大学生入校之初便开展心理健康知识普及教育非常重要，而且要将知识普及贯穿整个大学。方式包括：课程学习，如开设《大学生心理健康教育》和相关选修课；开设讲座，发掘不同学生的心理需要开展有针对性的讲座；展板宣传，将学校心理咨询中心开设情况、相关心理常识及时传达给学生；还有网络宣传、主题班会等方式都可以达到知识普及的目的。尤其网络是当代大学生较为容易接受的方式，可以将微信、QQ 群、人人网等学生关注和经常使用的网络工具打造成既具备行政功能又具备心理疏导功能的阵地。

通过知识普及，丰富大学生心理学知识，增强他们心理保健意识，端正他们对心理咨询的看法，引导他们主动寻求帮助，缓解负性的情绪，避免因心理问题加重而导致心理危机的发生。

2. 加强生命教育和感恩教育

在班级开展多种方式的生命教育和感恩教育，帮助学生认识生命、欣赏生命、尊重生命、珍惜生命，加强生存技能和生命质量的教育活动；开展感恩教育，帮助学生从生命的源头、生命的发展、生命的延续等多方面认识生命，培养大学生珍惜生命、珍惜现有生活和创造美好未来的情操。

3. 开展死亡教育

不回避死亡，才能正视生命，活着一天就要珍惜一天，死亡并不能解决问题，只不过是把问题抛给最爱自己的人。正确的死亡观与生命观同等重要。

4. 开展大学生涯规划

合理科学地规划大学生活以及未来职业生涯，能够激发个体前进的动力，对未来可能遇到的困难也会有一个预见性，能够增强个体应对压力的能力，帮助个体更好地发展。

5. 挫折教育

挫折是人生的常态，生命的成长与成熟本来就是“痛并快乐着”，在痛苦中成长才能体味生命的甘甜。如果人生的挫折不能避免，那么它来得越早越好。

6. 自助与求助教育

当遇到非常无助的事或对生活绝望时要懂得求助，不要独自承担一切，通过求助学会“借力”。更重要的是，大学生要在困境中学习成长，获得自助的能力，善于从他人身上学习经验，提高自我救助能力。学校、学院和班级的助人通道要保持通畅，这是求助成功非常重要的一点。

7. 重视心理普查结果，建好大学生心理档案

基本上现在每所高校在大学新生刚入学时便开展心理普查工作，要重视普查结果，做到及时干预、后期跟踪、建立大学生的心理档案。尤其是有家庭病史、个人病史的学生在入校之初要进行排查，及时把这部分学生心理状况掌握详尽。

8. 及时跟进，防止二次危机

对已经发生过危机事件的个体来说，后期的跟进也是预防的一项重点工作，定期跟进个人心理状况能够有效防止二次危机的发生。

9. 重点人员定期访谈，必要时推荐心理咨询

一方面向当事人表达关心，提供技术支持，另一方面也能及时地发现个体心理状况的变化，能够较为迅速地把握其心理动态。如果需要，及时推荐到学校心理中心开展心理咨询。

10. 家校联系要及时

个体的问题，可能与个人的成长经历和家庭环境有密不可分的关系。家校联系能够帮助我们了解学生的成长背景，保持家长联络通畅，在危机发生时也能第一时间得到家长的支持。

11. 团体辅导

班级经常开展团体辅导活动，从正面关心学生的成长成才，形成团结、友爱、互助的班级氛围，及时帮助学生解决成长中遇到的普遍性问题，通过朋辈的榜样力量、身边人的事实来支持和开导当事人。

12. 心理素质训练

开展心理素质训练，提升大学生心理调适能力，通过各种途径锻炼他们的意志，训练他们的心理素质，使他们保持心理健康。

在实际工作中，心理危机的预防面对的是更大众的大学生群体，“正面引导”比“反面教育”更重要。每次的教育活动，都要让学生在活动中体验到成长的心理能量。

二、大学生心理危机的干预

心理危机干预是指在心理学理论指导下对有心理危机的个体或群体的一种短期的帮助行为，其目的是及时对经历个人危机、处于困境或遭受挫折和将发生危险的对象提供支持和帮助，使之恢复心理平衡。心理危机干预有两个目标：避免自伤和伤及他人，恢复个体心理平衡与动力。它不同于一般的心理咨询和治疗，最突出的特点是及时性、迅速性，其有效的行动是成功的关键。

(一) 大学生心理危机干预的目标和基本原则

1. 目标

大学生心理危机干预的目标有三个：减少在危机状态中的非理性、破坏性认知和不良情绪；轻松应对适应不良；帮助危机者找到一个应对的计划，或找到其他机构提供进一步的帮助以避免危机的持续存在。危机干预与心理咨询不同，心理咨询将个体成长、幸福等作为咨询目标；但危机状态下，解除危机是危机干预工作者的目标。

2. 基本原则

(1) 稳定

危机干预者能够做些什么防止情况变得更糟？任何可能刺激到危机者的行为都是不利于现场稳定的。

(2) 减轻

危机干预者能够做些什么来减轻当事人的痛苦？可能痛苦的根源需要心理咨询或其他方式来寻找和解决，但在危机现场帮助当事人发现有其他解决问题的方法，能够适度减轻当事人的痛苦。

(3) 恢复

危机干预者能够做些什么促使当事人恢复正常功能？这个正常功能是与当事人危机事件前的状态相比较而言。

(4) 转介

如果需要更多的帮助，危机干预者可以将当事人转介给谁？在等待其他人员到来之前，陪伴是大家要做的工作。

(二) 心理危机干预工作者的素质与技能

心理危机干预工作者应具备怎样的素质？需要哪些心理技能才能更好地开展工作？不是所有人都适合心理危机干预工作。心理危机事件处理后，危机干预者也需要进行一定的督导，帮助恢复自身的平衡。总体说来，要注意以下几点：

1. 心理素质

(1) 个性成熟、情绪稳定，心态乐观、冷静自信。勇敢、冷静、小心，只有这样，才能面对危机保持镇定。

(2) 无条件关怀，有奉献精神，待人亲切、真诚、尊重。否则要与危机者建立情感联结比较困难，处于危机状态下的个体防御性可能很强，当察觉干预者的敷衍、虚伪，为完成任务等状态后，可能会导致危机加重。只有发自内心的陪伴才能获得信任。

(3) 能够避免危机事件的消极影响，具有较强的心理修复能力，能较为迅速地从危机事件中恢复过来。

(4) 乐意且有力量去帮助他人，有心、有能量、有能力。

2. 专业技巧

专业的心理技巧主要是指支持和稳定的技巧，包括准确地倾听并做出适合的反应；情绪稳定技术；分析、综合、诊断的基本能力；评估与转介的技巧和探索多渠道解决问题的能力。这些专业技巧的目的均在于维持当事人情绪的稳定，保持和当事人的情感联结，给予当事人心理支持，同时能够搜集到更多的信息来解决危机。

3. 信心、耐心和理解

心理危机事件的发生，可能会影响当天的工作、生活或心理状态，甚至会延续一段时间，我们要给对方和自己充分的理解和耐心，同时对自己的处理有信心，对自己的行为给予肯定。

4. 随机应变的灵活性

当事人可能提出很多要求，或有很多待解决的问题，这时需要我们随机应变，不可死板。

5. 保持旺盛的精力

心理危机干预不仅是一项技术活，还是一个体力活。

6. 有一定的急救常识

在特定的情况下，急救常识能发挥很大的作用。

(三) 应对心理危机的一般策略

1. 精神支持

陪伴能给当事人提供巨大的心理支持，有些绝望、无助、孤单的个体可能仅因为心理危机干预者的陪伴便解除了危机。同时要坚信当事人有处理危机的能力，表明对他的信心，也能让对方重拾生的勇气。

2. 宣泄

给当事人提供宣泄的机会，有助于疏导那些可能会造成自我毁灭的情感，如愤怒、恐惧、憎恨。

3. 希望和乐观精神

选择恰当的时机使当事人看到希望，使他们对前途充满信心，要在当事人处于消极情境，其精神负担还没完全暴露之前传给其希望和乐观。在精神沮丧的当事人前，先鼓励其诉说心中真实情感，再给予希望和乐观。

4. 有选择的倾听

在与当事人交谈时，你的回答有选择性，这就决定了有选择地听取他们的话语。例如，你可以忽略天气和体育的闲聊，当事人开始谈到情感时，你就可以有所反应。

5. 劝告、直接建议和限制

一般临时情况应避免直接的建议和限制。但许多心理危机陷入困境情绪，思维很混乱，按实际情况提出劝告和建议，限制不利情况的发生还是比较合适的。但应用劝告建议要谨慎和深思熟虑。

(四) 稳定情绪的基本技术

1. 倾听

倾听是一种心理技术，它不是被动的听，而是主动的听。倾听、接纳和理解是建立和维持关系非常重要的技术。正确的倾听，以接纳和理解为基础，能够拉近彼此间的距离，建立情感联系。危机干预中的倾听技术包括如下一些方法：

(1) 开放式提问

开放式提问是以“什么”或“如何”来进行，或者要求深入和详细的表达。开放式提问鼓励当事人完整地叙述经过并深入地表达其内涵，可以用以下方式组织开放式提问：

“请告诉我……”、“你打算……”、“在什么情况下……”，要避免问“为什么”，那会使对方出现防御，并把责任推脱。开放式提问是搜集资料的好方法，同时也有利于当事人再次整理情绪，恢复平静。

(2) 封闭式提问

用于向当事人了解特别或具体的资料，一般以“是”、“否”作为回答。封闭式提问一般在危机干预的初期使用，用来确定某些特别资料，帮助危机干预者快速判断正在发生什么。另外，封闭式提问特别适用于行动的保证，可以用以下方式组织封闭式提问：

“这种情况是第一次发生吗？”“你想伤害自己吗？”“你同意先和我谈谈吗？”“我可以在这里陪一陪你吗？”“我们聊一聊好吗？”

(3) 表达自己的同理心

要求危机干预者站在对方的立场去理解问题，而不是责备、批评的态度，同时了解导致如此情形的心理逻辑，在倾听的过程中将自己设身处地的了解让对方知道，但不作价值评判。

(4) 鼓励和非语言交流

倾听过程中，捕捉当事人的正面信息，并及时进行鼓励，能够增强当事人解决问题的信心，同时，非语言交流要配合语言交流，不能与语言交流背道而驰，否则会影响倾听的效果。

当然，在倾听的过程中及时的总结有用信息非常重要。

2. 抱持

抱持是一种接纳，意指不批判、不评论、不强求对方改变现在的想法和行为，并承认对方有自己的理由和原因，即使不舒服想摆脱，一时也不容易。如同母亲的怀抱，对孩子来说是非常安全和值得信赖的，抱持能够给对方安全感。

抱持在现场中非常重要，“对你来说这太难了，你目前只能这么做”，当事人现在能做到怎样，最好就做到哪样，用宽容接纳的态度让对方察觉：不管怎么做，我都是接受的，因为处在这个处境中的你现在的所作所为已经是最好的选择了。

3. 正常化

当事人对于危机状态自身可能会有一个评判：不能容忍自己当下的想法、状态和行为，或者担心不正常等。这时，危机干预者要将“这些都是特定情况下的正常反应”这样的观念传递给对方，可以告知当事人“没有这些反应反而可能不太正常”，不要给当事人贴上“不正常”、“有病”这样的标签，要让对方真的认为这些都是特定情况下的正常反应，没有反感、异样感，不轻视对方，让对方有力量去解决危机。

4. 共情

共情不仅仅是技术，更是助人者的人格特质，或者说是助人者的态度和素质。共情能让当事人感到：你愿意理解他并正在接近他。

要理解共情、做到共情，我们要具备如下的基本态度：

(1) 人只能按他自己的内在指令生活，任何人都不愿意别人无端评价、否定、指挥和控制他的内心世界和生活、行为方式。也就是说，我们在危机现场最重要的并不是告诉当事人要怎么做，而是帮助他发现内心“生”的指令和需求。

(2) 人都希望他人能够愿意了解自己、接纳自己，得到尊重。不管当事人在他人看来多么混账、多么不负责任、多么无能，当事人内心深处仍然希望有人能理解和接纳自己的混账、不负责任和无能。这些都不是天生的，是有原因的。

(3) 文化、身份、发展阶段、个人境遇与现状等方面的共情。我们要时刻牢记，对方是一个特定情境和环境中的特定的个体，他的过去、现在和未来是紧密相连的，只适合进行个体的横向、纵向比较，不适合与他人比较。

助人现场的共情：对当事人的抱持。

要真正做到共情、抱持、有效地倾听，危机干预者的包容、无条件接纳、不批判的态度等非常重要。

(五) 危机现场的处理

若你是第一个发现或达到自杀现场的人,面对情绪激动、行为失控的当事人,要怎么做才能最大程度地帮助到对方并控制住现场?

(1) 第一时间拨打求助电话:以最快的速度将心理危机事件信息传递出去,可向学院领导、学校领导汇报此事,简述地点、事由等基本信息,也可与学校心理中心联系,寻求专业支持。紧急情况下(如学生已落水)第一时间拨打 110、120 等公共救援电话,等待他人的救援。

(2) 稳定当事人情绪,建立情感支持通道。在等待他人救援的时间里,通过情绪稳定技术和开放式提问等方式,鼓励当事人释放负性情绪,稳定当事人情绪,建立相互间的情感支持通道,使其坦露自杀动机。

(3) 陪伴:陪伴是危机干预者必须要做的事。陪伴时准确的倾听,给当事人充分的机会倾诉,必要时进行开放性提问,不仅可以让当事人回到当下,持续的倾诉也会有镇定作用。但开放式提问不能涉及深层及潜意识原因,以免引起更大的情绪波动。

在倾听的过程中,逐步探究哪些情绪影响了当事人,为后面工作的开展打下良好的基础。在陪伴的过程中,要建立良好的情感支持通道,让当事人有被理解、被支持、被接纳的心理感受,我们要注意十不要:

不要对当事人责备或说教;

不要批评当事人的选择和行为;

不要讨论自杀的是非对错;

不要相信当事人危机已经过去的话;

不要否定当事人的自杀意念;

不要让当事人一个人留下,或因为周围的人或事转移目标;

不要分析当事人的行为并进行解释;

不要把自杀说成光荣的、浪漫的或神秘的;

不要让当事人保留自杀的秘密;

不要忘记追踪观察。

(4) 尽可能保护当事人的安全。

(5) 引导心理危机现场的有关他人或观众参与救援,及时制止观众的看热闹心态和起哄等不良行为。

(六) 危机事件后的追踪干预

危机事件后的追踪干预,目的是帮助当事人的成长:危机事件虽然结束了,但事情远远没有结束,后期的跟踪干预对个体人格的成长有非常重大的意义,可帮助学生在危险中寻找机会,帮助学生在危机事件中获取正面能量,健康成长。

(1) 建议当事人寻求专业帮助,进行心理咨询和团体心理辅导,需要治疗的督促家庭采取治疗措施,持续关注咨询与治疗情况。

(2) 召开主题班会或进行班级辅导,协助经历危机的当事人、同学、家长和相关人员,正确总结和处理危机的遗留问题。

(3) 帮助当事人重建或修补社会支持系统：宿舍、班级人际关系的逐步融洽，和父母、朋友的关系修复。

(4) 引导当事人培养一定的兴趣爱好，多参加户外活动，坚持运动。

(5) 帮助当事人投入社会生活，在社会工作、社会活动中，获得他人的赞许与支持等正面反馈。

(6) 关注当事人的日常生活，督促养成良好的学习、生活习惯，并力所能及帮助当事人解决现实问题。

保尔·柯察金在小说《钢铁是怎样炼成的》中有这样一句话："人最宝贵的是生命，生命只有一次。人的一生应当这样度过：每当回忆往事的时候，不会因为虚度年华而悔恨，不会因为碌碌无为而羞耻"。大学生们作为国家的未来、社会的栋梁，肩负建设祖国的重任，成长的过程必定痛并快乐着，孟子说"故天将降大任于斯人也，必先苦其心志，劳其筋骨，饿其体肤，空乏其身，行拂乱其所为，所以动心忍性，增益其所不能。"恰是在各种危险中有着"生"、"发展"、"向上"的机遇，意味着你又往成功前进了一步！珍惜所有，包容苦难和痛苦，那将是个体一生用之不尽的财富！

注：本章部分内容与观点参考陶勑恒老师在2013年江苏南京"江宁大学城第五届高校学生心理辅导员'专题危机干预的理论与应用'学习班"的相关内容，特此感谢！

第十一章　大学生常见的精神障碍

——预防比治疗更重要

“老师，明天要考生化了，心里很害怕，因为我高中选科时，没有选化学，因此，上生化课时，老师讲的我都听不懂，就像听天书。明天考试，我不知道该怎么办？你能不能帮我稳定一下心理状态，这一个星期我都害怕，好担心生化考不及格，甚至担心害怕到双手发抖……”

“老师，我最近老是失眠，睡眠很不好，晚上睡不着，早上醒得早，白天注意力不集中，全身没有力气，胃口也不好，心情更是糟糕，看什么都不顺心，心里难受，甚至我都想到了死。老师，这日子难过……”

“老师，最近我很难受，老是控制不住地想着算着数字1到9，我知道这样算没有任何价值，浪费时间和精力，我想控制自己不算，但老是控制不住，为此，很痛苦，不知道该怎么办？老师，我是不是得了神经病啦？”

“老师，班上一向成绩优秀的甲同学，突然变得呆滞，还说一直听到有人在和他说话，而且都是说他的坏话，想害死他，他是不是压力过大了？我们建议他去看看医生，他很敏感，说他没有病，认为我们存心想害他，我们现在都不知道他是不是真有病……”

精神障碍是指所有各种心理及行为异常情形，通常把精神障碍根据其严重程度，分为心理问题、心理障碍和精神病。心理问题主要是指各种适应问题、应激问题、人际关系问题等；心理障碍主要是指神经症、人格异常和性心理障碍等轻度失调；精神病是指人脑机能活动失调，丧失自知力，不能应付正常生活，不能与现实保持恰当接触的严重的心理障碍。事实上，大学生中有心理障碍或精神病的学生并不多，多数学生遇到的都是一般性心理问题，但是，即使一般性心理问题也会在很大程度上影响学生的发展，而且对一般性心理困扰若不及时调节和疏导，持续发展下去就可能导致心理障碍或精神疾病。由于心理问题前面几章分专题讨论过，本章重点介绍大学生常见的心理障碍和精神疾病。

第一节　大学生常见的心理障碍

如果某些同学长时间情绪低落，精神萎靡不振或是出现一些不同于其他同学的情绪与行为表现，如临近考试就特别焦虑，总是发挥失常；学习上出现困难却并非因为不努力；上网时间越来越长，逐渐不受控制等。对于一些出现典型症状的同学，如害怕见人，害怕特定场合或人；明知没有必要却不能控制的重复行为与反复出现的想法；连续两个星期以上失眠或嗜睡；人际交往中出现严重的问题等，以至于这些同学的正常生活、学习受到了明显的影响，可以直接向该同学了解具体情况，帮助其缓解情绪压力或立即建议该同学去作心理咨询。

常见的心理障碍有以下几种。

一、人格障碍

人格障碍是一种人格异常，由于其人格的异常而妨碍其他人际关系，给本人带来痛苦，甚至给社会造成危害。患者一般于早年有不同于大多数儿童的迹象，青春期后，畸形人格开始明显。其人格明显偏离正常，而且人格特点之间互不协调。在大学生中，真正人格障碍的人并不太多，但有不少存在不良的人格倾向。他们是人格障碍的易感人群，需要引起重视。

（一）常见人格障碍及诊断标准

1. 强迫型人格障碍

强迫型人格障碍的主要特征是强烈的自制心和自我束缚。根据《中国精神疾病分类方案的诊断标准》，强迫性人格症状表现如下：

（1）做任何事情都要求完美无缺，按部就班，有条不紊，因而有时反而影响工作的效率。

（2）不合理地坚持别人也要严格按照他的方式做事，否则心里很不痛快，对别人做事也不放心。

（3）犹豫不决，常推迟或避免做出决定。

（4）常有不安全感，穷思竭虑，反复考虑计划是否得当，反复核对，检查，唯恐疏忽遗漏和出现差错。

（5）拘泥细节，甚至生活小节也要“程序化”，不遵照一定的规矩就感到不安或者要重做。

（6）完成一件工作之后常缺乏愉快和满足的体验，相反容易悔恨和内疚。

（7）对自己要求严格，过分沉溺于职责义务与道德规范，无业余爱好，拘谨，吝啬，缺少友谊。

患者状况至少要符合以上项目中的三项，方可诊断为强迫型人格障碍。

2. 偏执型人格障碍

偏执型人格障碍的主要特点是极度的感觉过敏和毫无根据的猜疑。根据《中国精神疾病分类方案与诊断标准》，偏执型人格的症状表现如下：

（1）广泛猜疑，常将他人无意的，非恶意的甚至是友好的行为误解为敌意或者歧视，或无足够根据，怀疑会被人利用或者伤害，因此过分警惕与防卫。

（2）将周围的事物解释为不符合实际情况的“阴谋”，并可成为超价观念。

(3) 易产生病态嫉妒。

(4) 过分自负，若有挫折或者失败归咎于他人，总认为自己正确。

(5) 好嫉恨别人，对他人的过错不能宽容。

(6) 脱离实际地好争辩与敌对，固执地追求个人不够合理的“权利”或利益。

(7) 忽视或者不相信与其信念不相符合的客观证据，因而很难以说理或用事实来改变患者的想法。

患者状况至少要符合以上项目中的三项，方可诊断为偏执型人格障碍。

3. 分裂型人格障碍

分裂型人格障碍患者行为怪癖而偏执，为人孤独而隐退，缺乏温情，无法与别人建立亲密关系。根据《中国精神疾病分类方案与诊断标准》，分裂型人格的症状表现如下：

(1) 有离奇或与文化背景不相称的信念，如相信透视力、心灵感应、特异功能和第六感观等。

(2) 有奇怪的、反常的或特殊行为或外貌，如服饰奇特，不修边幅，行为不合时宜，习惯或目的不明确。

(3) 言语怪异，如离题、用词不妥、繁简失当、表达意见不清，并非文化程度或智能障碍等因素所引起。

(4) 不寻常的知觉体验，如有一过性的错觉、幻觉。

(5) 对人冷淡，对亲属也不例外，缺少温暖体贴。

(6) 表情淡漠，缺乏深刻或生动的情感体验。

(7) 多单独活动，主动与人交往仅限于生活或工作中必需的接触，除一级亲属外无亲密友人。

患者状况至少要符合以上项目中的三项，方可诊断为分裂型人格障碍。

4. 戏剧型人格障碍

戏剧型人格障碍(癔症型人格障碍或表演型人格障碍)的典型特征是心理发育不成熟，特别是情感不成熟，多见于女性，尤其是青年女性。随着年龄的增长、心理的成熟，这类患者的人格障碍会减轻。根据《中国精神疾病分类方案与诊断标准》，喜剧型人格的症状表现如下：

(1) 表情夸张像演戏一样，装腔作势，情感体验肤浅。

(2) 暗示性高，易受他人的影响。

(3) 以自我为中心，强求别人符合他的需要或服从他的意志，不如意就给别人难堪或产生强烈不满。

(4) 经常渴望得到表演或同情，感情易波动。

(5) 寻求刺激，过多地参加各种社交活动。

(6) 需要别人经常注意，为了引起注意，不惜哗众取宠、危言耸听或在外貌和行为方面表现的过分吸引他人。

(7) 情感反应强烈易变，完全按照个人的情感来判断好坏。

(8) 说话夸大其词，掺杂幻想情节，缺乏真实细节，难以核对。

患者状况至少要符合以上项目中的三项，方可诊断为戏剧型人格障碍。

5. 回避型人格障碍

回避型人格障碍的主要特征是行为退缩，心理自卑，面对挑战多采取回避态度或无能应付。与分裂型人格障碍患者不同的是，回避型人格障碍患者并不安于或欣赏自己的孤独，不与人来往并非出于自己的心愿，而是被迫的心理防御。例如，有一位父亲，将他的两个孩子自出生之日起就锁在房中，不让孩子接触外面的世界，原因是认为外面坏人太多，结果毁掉了两个孩子。这位父亲就有可能有回避型人格障碍。根据美国《精神障碍的诊断与统计手册》，回避型人格的症状表现如下：

(1) 很容易因他人的批评或不赞同而受到伤害。

(2) 除了至亲之外，没有好朋友或知心人(或仅有一个)。

(3) 除非确信受欢迎，一般总是不愿卷入他人事务之中。

(4) 对需要人际交往的社会活动或工作总是尽量逃避。

(5) 在社交场合总是缄默不语，怕惹人笑话，怕回答不出问题。

(6) 害怕在别人面前露出窘态。

(7) 在做那些普通的不在自己常规事物之中时，总是夸大其潜在的困难，危险或可能的冒险。

只要满足上述项目中的四项，就可诊断为回避型人格障碍。

6. 自恋型人格障碍

自恋型人格障碍的主要特征主要是过分地关心自我，以自我为中心和自夸自尊。根据美国《精神障碍的诊断与统计手册》，自恋型人格的症状表现如下：

(1) 对批评的反应是愤怒、羞愧或感到耻辱(尽管不一定当即表现出来)。

(2) 喜欢指使他人，要他人为自己服务。

(3) 过分自高自大，对自己的才能夸大其词，希望受人特别关注。

(4) 坚信他关注的问题是世上独有的，仅能被某些特殊的人物所了解。

(5) 对无限的成功、权利、光荣、美丽或理想爱情有过分的幻想。

(6) 认为自己应享有他人没有的权利。

(7) 渴望持久的关注与赞美。

(8) 缺乏同情心。

(9) 有很强的嫉妒心。

只要出现上述中的五项，方可诊断为自恋型人格障碍。

7. 依赖型人格障碍

依赖型人格障碍的主要特征是在自立、自主和自信方面未发展成熟，极度地依赖他人。根据美国《精神障碍的诊断与统计手册》，依赖型人格障碍的症状表现如下：

(1) 在没有从他人那儿得到大量的建议和保证之前，对日常事务不能做出决定。

(2) 让别人为自己做大多数的重要决定，如在何处生活，该选择什么职业。

(3) 明知他人错了，也随声附和，因为害怕遭人遗弃。

(4) 很难单独开展计划或做事。

（5）为讨好他人甘愿做低下的或自己不愿意做的事。

（6）独处时有不适和无助感，或竭尽全力逃避孤独。

（7）当亲密的关系终止时感到无助或崩溃。

（8）经常被遭人遗弃的念头所折磨。

（9）很容易因未得到赞许或遭到批评而受到伤害。

只要满足上述特征中的五项，就可诊断为依赖型人格。

8. 边缘型人格障碍

边缘型人格障碍的主要特征是心境变化的反复无常，行为极不稳定，许多行为犹如精神疾病急性发作状态，处于精神疾病的边缘，因此称之为边缘型或临界型人格障碍。根据美国《精神障碍的诊断与统计手册》，边缘型人格的症状表现如下：

（1）人际关系紧张，不稳定，经常在过分理想化和过度贬低这两级中变换。

（2）在至少两个具有潜在自伤可能的活动中表现出冲动，例如花钱、性、服药、莽撞驾车等。

（3）情绪不稳定，一会儿平静，一会儿抑郁，一会儿愤怒或焦虑。这几种情绪状态的变换短则几小时，长则不过几天。

（4）不适当的、强烈的愤怒，缺乏控制。

（5）反复出现的自杀的威胁言语、姿态和行为或自残行为。

（6）显著和持久的认同障碍，如在自我意象、性对象选择、长期目标或职业选择，喜欢的朋友类型以及价值观等五方面中至少表现出两方面的认同障碍。

（7）持久的空虚与无聊感。

（8）为逃避真实或想象中的被遗弃而做出的狂乱的努力。

只要满足上述特征中的五项，就可诊断为边缘型人格障碍。

除了上述人格障碍之外，还有反社会型人格障碍、被动攻击型人格障碍等。反社会型人格障碍表现为时常做出不符合社会要求的行为，经常违法乱纪，行为冲动，妨碍公众的正常工作。生活不负责任，对他人冷酷、仇视，缺乏羞耻心、焦虑感和自责感，不能从挫折和惩罚中吸取教训。被动攻击型人格障碍是指以被动的方式表现其强烈的攻击倾向，外表唯唯诺诺，内心却充满攻击性，如不听指挥、拖延时间、暗地破坏等。

（二）人格障碍原因

从生理—心理—社会医学模式角度看，人格障碍往往由以下因素综合形成，其中幼年期家庭心理因素起主要作用。

1. 生物学因素

意大利犯罪心理学家 Rombroso 曾对众多罪犯的家庭进行大样本的调查，发现许多罪犯的亲族患有反社会人格障碍，犯罪的比率远远高于其他人群。亦有学者发现人格障碍的亲族中，患人格障碍的比率显著高于正常人群。因此，人格障碍的遗传因素不能忽略。也有报告人格障碍者脑电图异常者比率高于正常人群，从而提示生物学因素对人格障碍有一定的影响。

2. 心理发育影响

幼儿心理发展过程受到精神创伤，对人格的发育有着重大的影响，是未来形成人格障碍的主要因素。

3. 不良社会环境影响

社会上的不良风气、不合理现象、拜金主义等都会影响青少年的道德价值观，产生对抗、愤怒、压抑、自暴自弃等不良心理而发展至人格障碍。

（三）人格障碍与精神疾病关系

目前一般认为人格障碍与精神疾病间的关系为：人格特征可成为精神疾病的易感因素或诱因；某些人格特征是精神疾病的潜隐或残留表现；人格障碍和临床综合征可有共同的素质与环境背景，两者可共存，但不一定有病因联系。

（四）治疗

由于人格障碍的本质和发生原因尚未解决，因此对治疗作用的估计不一。Kraft（1965）有关治疗的资料后指出，即使是最严重的病例，经过一个阶段治疗后亦可获得好转。在人格障碍的治疗上应该清除无能为力的悲观论点，采取积极的态度进行矫治。

1. 药物治疗

首先要明确，药物不能改变人格结构，但对人格障碍的某些表现可能有一定效果。目前精神药理学研究认为，抗精神病药、MAOI、锂盐、卡马西平、BZ类药物、抗癫痫药、β受体阻滞剂、5－HT类药物等对人格障碍有疗效。

2. 心理治疗

心理治疗对人格障碍是有益的，通过深入接触，同他们建立良好的关系，以人道主义和关心的态度对待他们，帮助他们认识自己个性的缺陷，进而使其明白个性是可以改变的，鼓励他们树立信心，改造自己性格，重建自己健全的行为模式，如遇到危机应急状态可进行危机干预。

二、神经症

神经症是指没有任何可证实的器质性基础的精神障碍，患者对自己所患的疾病有相当的自知力，无持久的精神病性症状，通常不会把自己的病态体验与客观现实相混淆，其行为一般保持在社会规范所能容许的范围内，其人格没有瓦解。本人常强烈要求治疗神经症与精神病最大区别在于，具有前一种情况者总是感到不能控制自认为应该加以控制的心理活动或行为，处于一种无力自拔的自相矛盾的痛苦的心理状态中；而精神病患者对自己所患的疾病多无自知力，不主动求医或拒绝治疗，其社会功能也往往严重受损。大学生中常见的神经症主要包括：焦虑症、强迫症、恐惧症、疑病症、成瘾性行为障碍（网络成瘾）、饮食障碍等。

(一) 大学生常见的神经症

1. 焦虑症

该症状以广泛和持续性焦虑或反复发作的惊恐不安为主要特征，常伴有头晕、胸闷、心悸、呼吸急促、口干、尿频、尿急、出汗、震颤等生理症状。并且，焦虑情绪并非由实际的威胁或危险所引起，他们的紧张不安和恐慌程度与现实处境很不相称。考试焦虑是大学生常见的焦虑表现。

2. 强迫症

强迫症主要表现为自发的重复行为或想法，但又明知没有必要却无法控制，同时伴随有痛苦的情绪体验，以至于影响正常的学习生活。强迫症通常在青少年期发病。患者常常自己极其痛苦，却又不愿意让别人知道。严重的强迫症需要专业的治疗(包括服药精神类药物)，有时暂时的休学甚至退学治疗也是有必要的。

3. 恐惧症

恐惧症主要表现为对某特殊物体、活动或情景产生持续的和不合理的恐惧，患者常不得不回避其害怕的对象或情景，恐惧时常伴有头晕、晕倒、心悸、心慌、战栗、出汗等生理现象；患者对恐惧的对象或情景极力回避，虽然知道这种恐惧是过分的或不必要的，但不能控制。在学校中对学生学习和生活影响比较大的是社交恐惧，当事人对与人或与某些人(比如异性)交往感到恐惧，但又希望能与之交往或不得不与之交往，所以为此烦恼不已。不过，恐惧症是心理治疗效果比较好的心理问题，及时找专业人士咨询或治疗往往会取得良好的效果。

4. 疑病症

疑病症指对自身感觉或征象做出患有不切实际的病态解释，致使整个身心被由此产生的疑虑、烦恼和恐惧所占据的一种神经症。四个条件缺一不可：一是自己害怕患有某种疾病；二是反复就诊仍不放心；三是自己内心非常苦恼，不能正常工作生活；四是上述症状连续出现3～6个月以上。诊断标准包括：(1) 符合神经症的诊断标准。(2) 以疑病症状为主要临床现象，表现为下述的至少一项：① 对身体健康或疾病过分担心，其严重程序与实际健康情况很不相称。② 对通常出现的生理现象和异常感觉做出疑病性解释。③ 牢固的疑病观念，缺乏充分根据，但不是妄想。(3) 反复就医或反复要求医学检查，但检查结果阴性或医生的合理解释不能打消顾虑。(4) 排除强迫症、抑郁症、偏执性精神病等诊断，疑病症状不只限于惊恐发作。

5. 饮食障碍

饮食障碍好发于女性，特别是12～18岁的青春前期或青春早期者，30岁以后发病罕见，约1/3患者起病前轻度肥胖，以故意节制食量为主要症状。进食量远较常人为少，或仅选择低能量食谱。部分病人在病程中不能耐受饥饿，而有阵发性贪食暴食相交替。患者通常体重减轻，较以往或常人低25%以上，严重者可达消瘦程度；极度担心发胖，常采用过度运动、致吐、导泻、服用食欲抑制药或利尿剂、藏匿或抛弃食物的方法减轻体重。严重者伴有营养不良、浮肿、低血压、低体温、心动过缓，可伴有强迫状及抑郁情绪。很多患有厌食症的学生拒绝承认有病，不愿意配合诊治，尤其是不承认体重过轻和进食过少是病态，患者就诊的原因常为生理功能的紊乱。多数患者社会、生活功能基本正常。有暴食现象的学生常常难以控制地进食，短时间内摄取大量食物，他们自感异常，心中有着难言的痛苦。

如果确认是饮食障碍，轻微的可以通过心理咨询处理，严重的最好送专业的医疗机构处理，因为严重的饮食障碍，如神经性厌食症，有可能因生理衰竭而死亡！所以，对于过度轻瘦或短期内体重骤降的同学需要多加留意。

6. 网络成瘾

网络成瘾是指由过度地使用网络所导致的一种慢性或周期性的着迷状态，并产生难以抗拒的再度使用的欲望。主要表现为：互联网使用成为生活的中心；不断增加上网时间以至于影响了正常的学习工作而不能自控。停止或减少互联网的使用会导致无聊、抑郁、气氛等负面情绪。他们常常使用互联网来逃避现实问题，他们的人际关系、工作职业常常因此遭到破坏。严重的网络成瘾往往会导致当事人学习一落千丈，最后不得不退学。对于家庭贫困的学生及其家庭往往会构成很大的打击。

(二) 神经症的原因

多数学者认为本症系精神因素和遗传因素（易感素质）共同作用所致，具有易感素质者易出现情绪反应，较轻的外部刺激就可能诱发本症。遗传角度看，家族中两系三代成员中有神经症者易患神经症。这里谈到的遗传，并不是说神经症是一种遗传性疾病，而是说易感素质可以遗传，至于是否发病，还受很多后天因素的影响。这就是我们常谈的精神素质因素。精神因素角度看，幼年的不良成长环境和教育方式，自身的不良的个性等，神经症患者常常存在着强烈的欲望并常与死板、刻薄的道德感相矛盾；存在着思维与情感发展的不平衡。

(三) 神经症的治疗

由于病因及发病机制不明确，神经症性障碍的治疗是对症治疗。药物治疗对于控制神经症性症状有效，但心理治疗在神经症性障碍的治疗中有重要作用，药物治疗与心理治疗的联用是治疗神经症性障碍的最佳办法。

1. 药物治疗

治疗神经症性障碍的药物种类较多，如抗焦虑药、抗抑郁药以及促神经代谢药等。药物治疗系对症治疗，优点是控制靶症状起效较快。但用药前一定要向患者说明所用药物的起效时间及治疗过程中可能出现的不良反应，使其有充分的心理准备，以增加治疗的依从性。否则许多神经症性障碍患者可能因求效心切或过于敏感、焦虑、疑病的性格特征而中断、放弃治疗或频繁变更治疗方案。

2. 心理治疗

不同的心理学流派对神经症发生机制有不同的解释和治疗方法。然而，经过几十年的实践和发展，心理治疗技术逐渐通过整合、折中、合作，融合成较广泛、综合和实用的模式，认知行为治疗和人际关系治疗是目前较为有效的治疗。治疗不但可以缓解症状，而且能帮助患者学会新的应付应激的策略和处理未来新问题的技巧，同时，与治疗理论无关的因素，如人际性、社会性、情感性因素，包括治疗者对患者的关心、患者对治疗者的信任、患者求治的动机与期待等等，都对疗效有影响。

第二节　大学生常见的精神疾病

精神病是精神疾病的一种，是比较严重的一组的精神疾病，狭义上就是指精神分裂症和躁狂抑郁症等。上海市精神卫生中心最新的一份统计资料显示，该市精神病的发病率已从二十世纪七十年代后期的0.32%上升到现在的1.55%，20年中发病率竟上升了3.5倍，而20岁以上发病的成年人群正以每年11.3%的速度上升。高校也不例外，近年来大学生精神病的发病率也呈上升的趋势，精神分裂症、抑郁躁狂症时有发生。由于学校人口密集，精神病人的发病往往给学生管理工作带来一定的困扰，了解一些精神病的常识很有必要。在大学校园里常见的精神病包括精神分裂症和抑郁症，简单介绍如下。

一、精神分裂症

精神分裂症属重性精神病。在世界各地大约每一百人就有一人会患上此种症状。在精神病医院里，精神分裂症患者所占的病床比任何一种病都要多。精神分裂不是指多重性格或分裂的性格。精神分裂症是指患者很难分辨真实和虚幻，就好像在清醒时却又在做梦一般。精神分裂症患者有时行为十分古怪，有时又很正常。精神分裂症患者很少有暴力表现。大部分时候，他们都爱静，羞怯和畏缩。

(一) 精神分裂症的主要症状

1. 思想紊乱

患者会觉得有些思想不是自己的，而是出自他人透过收音机电波、激光光线或传心术等方法，放进他的脑中。他也可能感到思想离开，像是被人取走一般，脑袋变成空白一片，完全不能思想，这种情形不同于遗忘。

患者又会觉得思想被人讲出去，以致旁边的人都听到。这样，患者觉得所有人都知道自己在想什么，缺乏私隐性。

2. 妄想

妄想是指患者具有某些错误的信念，患者认为非常真实而坚信不疑，其他人却绝对不能相信。例如：患者相信某一种力量控制了他们的思想和行动；相信自己是一个废人，没有自己的意志，被人完全控制了头脑和身体。

相信其他人想伤害自己或无故被追杀，觉得无辜地被迫害。感觉在日常生活见到或听到的事，对自己有特别含意。例如看见一辆红色的车，就表示世界末日快要到了。

相信自己是一个特殊人物，有特别技能或法术的本事。例如自己是皇帝或皇后，或能够令世界产生地震、水灾等自然灾害。

3. 幻觉

幻觉是一个错误的感觉。患者看见一些事，听到一些声音或嗅到一些味道而旁人是不能感受到的。正像在清醒时做梦一般。很常见的例症就是在一间没有人的房中，听到说话声。说话声相当逼真，好像在房外或隔邻发出，有时又似甚至在身体某部位发出。

4. 其他病症

说话方面的困难：患者有时所说的话让人听不懂，有时他们也会创作一些字眼或用奇怪的表达方式。有时他们又不多说话，令人很难和他们交谈。

古怪习惯：这包括站或坐下的奇怪姿态，古怪“动静”或习惯。

转变的感情和感觉：有时，精神分裂症患者似乎缺少甚至缺乏感受力，当他们并非开心或忧愁时却又哭笑无常；有时他们对家人或朋友失去了正常的感情。

(二) 精神分裂症的诱因

科学家至今仍未能发现精神分裂症的真正成因，也不能为病者提供根治之法。但精神医学可以提供不少对病者有一定帮助的治疗。

由于精神分裂症患者多数在压力下发病，因此心理压力可能是这种疾病的诱因。

精神分裂症是一种遗传性疾病。当有至亲如父母，兄弟或姊妹患此病时，其患病率便相应地提高。

(三) 治疗

药物是治疗精神分裂症的主要方法。药物可以在患者发病时减少病症，当病症好转后，可用作预防复发或防止病况恶化。所以病者在感觉完全正常后继续服食医生开列的药物是非常重要的。

(四) 注意事项

压力和紧张是精神分裂症发病的诱因，所以首先要安抚病人的情绪，减轻压力。切忌激惹、批评和嫌弃。

专科医院的诊断和治疗是必须的。对于治愈或控制病情复学的学生要多关心，与他一起探讨克服生活压力和困扰的方法，预防病情的复发。

二、抑郁症

抑郁属于情感性疾病。我国的调查研究显示，情感性精神病的发病率为0.76％。女性高于男性，可能与女性生活负担较重，面临应激事件（如怀孕、生产等）较多有关。抑郁症的发病率很高，但现在对它的发病原因仍不十分清楚，可能与社会心理因素、遗传、人体的生化变化及神经内分泌等有关。其中，遗传因素很重要，研究表明，家族中有患病者的人群发病率是一般人群的10～30倍。血缘关系越近，患病几率越高。

(一) 抑郁症的症状

1. 三大主要症状

抑郁症的三大主要症状也即是判断抑郁症的标准。很多人对抑郁症不陌生，但抑郁与一般的"不高兴"有着本质区别，它有明显的特征，综合起来有三大主要症状，就是情绪低落、思维迟缓和运动抑制。情绪低落就是高兴不起来、总是忧愁伤感、甚至悲观绝望。思维迟缓就是自觉脑子不好使，记不住事，思考问题困难。患者觉得脑子变空了、变笨了。运动抑制就是不爱活动，浑身发懒，走路缓慢，言语少等，严重的可能不吃不动，生活不能自理。

2. 抑郁症其他症状

抑郁症表现多种多样，具备以上典型症状的患者并不多见。很多患者只具备其中的一点或两点，严重程度也因人而异。心情压抑、焦虑、兴趣丧失、精力不足、悲观失望、自我评价过低等，都是抑郁症的常见症状，有时很难与一般的短时间的心情不好区分开来。一个简便的方法可以区分心情不好与抑郁症：如果上述的不适早晨起来严重，下午或晚上有所缓解，那么，你患抑郁症的可能性就比较大了。

3. 抑郁症躯体症状

抑郁症虽说是精神疾病，但很多病人都有身体不适的感觉：如口干、便秘、食欲减退、消化不良、心悸、气短胸闷等。这些患者往往就诊于综合医院的一般门诊，各项化验检查显示正常。如果病人感到身体不适，又查不出其他器质性疾病，可以到专科医院去检查是否得了抑郁症。

4. 抑郁症会导致自杀

自杀是抑郁症最危险的症状。社会上自杀人群中可能有一半以上是抑郁症患者。有些不明原因的自杀者可能生前已患有严重的抑郁症，只不过没被及时发现。由于自杀是在疾病发展到一定的严重程度时才发生的，所以及早发现疾病，及早治疗，对抑郁症的患者非常重要。

如果病人符合抑郁症诊断标准，则要评估其自杀倾向，排除继发因素。自杀筛查问题包括：你是否想到过伤害自己或结束生命？你目前有计划吗？你的计划是什么？

自杀的危险因素一般如下：男性，大于65岁，失业，独居，无子女，吸毒或酗酒；既往精神疾病史，家族或个人自杀企图史；伴随严重躯体疾病；有自杀具体计划并有实施计划的工具；物质依赖史；严重的无望、缺乏快感或焦虑。

(二) 诊断抑郁症5个标准

如何诊断和识别抑郁症呢，CCMD-3标准如下：

【症状标准】以心境低落为主，并至少有下列4项：

以心境低落为主要特征且持续至少两周。

(1) 对日常活动丧失兴趣或无愉快感——情绪

(2) 精力明显减退,无原因的持续疲乏感——行为

(3) 精神运动性迟滞或活动明显减少——行为

(4) 自我评价过低、自责或有内疚感,可达妄想程度——自知力

(5) 联想困难或自觉思考能力显著下降——思维

(6) 反复出现死亡的念头或自杀行为——行为

(7) 失眠、早醒或睡眠过多——生理功能

(8) 食欲不振或体重明显减轻——生理功能

(9) 性欲明显减退—生理功能

【严重标准】

社会功能受损,给本人造成痛苦或不良后果。

【病程标准】

符合症状标准和严重标准至少已持续 2 周。

抑郁症的诊断需要符合 5 个标准:伴随多种症状;一天中部分时间;连续多天;至今 2 周。此外还需具备以下两点中的任何一点:情绪低落;明显失去对任何事情的兴趣和乐趣。同时,至少要有多于以下 4 种植物神经系统症状:

(1) 睡眠:失眠或睡眠过多;

(2) 兴趣:对大多数事情丧失兴趣或乐趣;

(3) 自罪感:觉得自己一无所用;

(4) 精力:精力丧失或乏力;

(5) 注意力:思考能力或注意力降低,优柔寡断;

(6) 食欲:食欲增加或减少;

(7) 精神运动:易被激怒或行动迟缓;

(8) 自杀:想死或有自杀倾向。

(三) 抑郁症的原因

对抑郁症的原因,目前有两种看法。一是认为抑郁症是社会病,即是由于现代社会生活紧张、竞争激烈,人们郁积的苦闷心情无法得到疏泄所致,因而是一种社会过程,治疗抑郁症需要改变社会环境和生活方式。另一种观点则认为,抑郁是一种生物学现象,抑郁心情可能是由于大脑中调控情绪反应的某种机制出了问题。

(四) 注意事项

(1) 从周围同学和家庭了解该学生情绪上的表现是否和以前有显著的不同。

(2) 建议学生到专科医院进行诊断和治疗。

(3) 要鼓励学生保持信心,战胜疾病。抑郁是每个人都可能得的心理疾病,抑郁与感冒没有任何区别,只是一种普通的疾病。抑郁症是可以治好的。

(4) 治疗抑郁症首选药物治疗,这一点是毋庸置疑的。当药物治疗产生效果之后,可以根据患者发病的原因辅以心理治疗。

(5) 对康复回校的学生要给予关心和支持,多谈心、勤交流,提供适当的情绪宣泄

途径。

（6）高度关注抑郁症病人的自杀倾向。

三、大学生精神障碍处理策略

校园中患有精神疾病的学生逐年增加，轻型的精神疾病如焦虑症、身心症的例子愈来愈多，甚至高达20%～40%的存在率，如何在校园中发掘可能患有精神疾病的学生，可从预防性辅导、治疗性辅导两方面来着手。

（一）原则

1. 预防性辅导

针对一些可能被诱发精神疾病的学生，进行预防性的辅导策略，如举办主题成长团体，再从团体中寻找需要进一步辅导的个案；或是从心理测验中筛选出高危险群体进行辅导。

2. 治疗性辅导

通常由第一线的辅导员或家长找出疑似有问题的学生，经心理中心进行评估，转介至医疗单位接受治疗；并由心理中心进行长期支持性的辅导，给予适当且足够的鼓励是相当必要的。因为，一个精神疾病的学生要回归主流平日的学校生活，是需要相当的勇气和信心。协助并改造环境成为一个支持性的环境，将有助于学生更快地恢复正常。

在以上辅导方向上，除了心理中心责无旁贷外，辅导员也是十分重要的角色，是否利用班会或课堂上的时间，发现班上同学是否有异常的状况。在新生心理测验中，心理中心提供给院系报告中，能否多关心属于适应不良的学生，避免其成为精神疾病之高危险群。在发现班上同学出现异常状况或面临较大压力事件时，能否立即转介到心理中心，以便及时转介到专科医院救治。班上有精神疾病的学生时，是否能在班上创造出支持性的环境，给予生病的学生更多的支持及鼓励，协助其尽快恢复正常生活。其实，辅导员工作在第一线上，更有机会可以直接面对学生，对学生带来的影响是不容忽视的！

（二）注意事项

在校园里处理精神疾病学生问题上，有以下几点提醒：

（1）精神疾病患者本身并不是故意要生病的，一旦生病了，也不是靠自己的意志力就可以克服的，按时的就医服药是必要的。

（2）每个人都有这样的潜在可能，多多留意自身的压力源，适度缓解压力，避免在不知不觉中，将压死骆驼身上的最后一根稻草放在自己的身上。

第三节　心理健康自测

各种各样的心理测试是了解自我的一种行之有效的科学手段。下面几个测试可以帮助你更加清晰的了解自己的心理状况，请按照内心的真实情况作答。

心理健康自测(一)

症状自评量表(SCL—90)

指导语：以下列出了有些人可能会有的问题，请仔细地阅读每一条，然后根据最近一星期以内下述情况影响您的实际感觉，在每个问题后标明该题的程度得分。其中，“没有”选1，“很轻”选2，“中等”选3，“偏重”选4，“严重”选5。

1. 头痛。	1	2	3	4	5
2. 神经过敏，心中不踏实。	1	2	3	4	5
3. 头脑中有不必要的想法或字句盘旋。	1	2	3	4	5
4. 头昏或昏倒。	1	2	3	4	5
5. 对异性的兴趣减退。	1	2	3	4	5
6. 对旁人求全责备。	1	2	3	4	5
7. 感到别人能控制您的思想。	1	2	3	4	5
8. 责怪别人制造麻烦。	1	2	3	4	5
9. 记忆力减退。	1	2	3	4	5
10. 担心自己的衣饰及仪态。	1	2	3	4	5
11. 容易烦恼和激动。	1	2	3	4	5
12. 胸痛。	1	2	3	4	5
13. 害怕空旷的场所或街道。	1	2	3	4	5
14. 感到自己的精力下降，活动减慢。	1	2	3	4	5
15. 想结束自己的生命。	1	2	3	4	5
16. 听到旁人听不到的声音。	1	2	3	4	5
17. 发抖。	1	2	3	4	5
18. 感到大多数人都不可信任。	1	2	3	4	5
19. 胃口不好。	1	2	3	4	5
20. 容易哭泣。	1	2	3	4	5
21. 同异性相处时感到害羞不自在。	1	2	3	4	5
22. 感到受骗，中了圈套或有人想抓住您。	1	2	3	4	5
23. 无缘无故地突然感到害怕。	1	2	3	4	5
24. 自己不能控制地大发脾气。	1	2	3	4	5
25. 怕单独出门。	1	2	3	4	5
26. 经常责怪自己。	1	2	3	4	5

27. 腰痛。	1	2	3	4	5
28. 感到难以完成任务。	1	2	3	4	5
29. 感到孤独。	1	2	3	4	5
30. 感到苦闷。	1	2	3	4	5
31. 过分担忧。	1	2	3	4	5
32. 对事物不感兴趣。	1	2	3	4	5
33. 感到害怕。	1	2	3	4	5
34. 您的感情容易受到伤害。	1	2	3	4	5
35. 旁人能知道您的私下想法。	1	2	3	4	5
36. 感到别人不理解您、不同情您。	1	2	3	4	5
37. 感到人们对您不友好,不喜欢您。	1	2	3	4	5
38. 做事必须做得很慢以保证做得正确。	1	2	3	4	5
39. 心跳得很厉害。	1	2	3	4	5
40. 恶心或胃不舒服。	1	2	3	4	5
41. 感到比不上他人。	1	2	3	4	5
42. 肌肉酸痛。	1	2	3	4	5
43. 感到有人在监视您、谈论您。	1	2	3	4	5
44. 难以入睡。	1	2	3	4	5
45. 做事必须反复检查。	1	2	3	4	5
46. 难以做出决定。	1	2	3	4	5
47. 怕乘电车、公共汽车、地铁或火车。	1	2	3	4	5
48. 呼吸有困难。	1	2	3	4	5
49. 一阵阵发冷或发热。	1	2	3	4	5
50. 因为感到害怕而避开某些东西、场合或活动。	1	2	3	4	5
51. 脑子变空了。	1	2	3	4	5
52. 身体发麻或刺痛。	1	2	3	4	5
53. 喉咙有梗塞感。	1	2	3	4	5
54. 感到前途没有希望。	1	2	3	4	5
55. 不能集中注意。	1	2	3	4	5
56. 感到身体的某一部分软弱无力。	1	2	3	4	5
57. 感到紧张或容易紧张。	1	2	3	4	5
58. 感到手或脚发重。	1	2	3	4	5
59. 想到死亡的事。	1	2	3	4	5
60. 吃得太多。	1	2	3	4	5
61. 当别人看着您或谈论您时感到不自在。	1	2	3	4	5
62. 有一些不属于您自己的想法。	1	2	3	4	5
63. 有想打人或伤害他人的冲动。	1	2	3	4	5
64. 醒得太早。	1	2	3	4	5

65. 必须反复洗手、点数目或触摸某些东西。	1	2	3	4	5
66. 睡得不稳、不深。	1	2	3	4	5
67. 有想摔坏或破坏东西的冲动。	1	2	3	4	5
68. 有一些别人没有的想法或念头。	1	2	3	4	5
69. 感到对别人神经过敏。	1	2	3	4	5
70. 在商店或电影院等人多的地方感到不自在。	1	2	3	4	5
71. 感到任何事情都很困难。	1	2	3	4	5
72. 一阵阵恐惧或惊恐。	1	2	3	4	5
73. 感到在公共场合吃东西很不舒服。	1	2	3	4	5
74. 经常与人争论。	1	2	3	4	5
75. 单独一个人时神经很紧张。	1	2	3	4	5
76. 别人对您的成绩没有做出恰当的评价。	1	2	3	4	5
77. 即使和别人在一起也感到孤单。	1	2	3	4	5
78. 感到坐立不安心神不定。	1	2	3	4	5
79. 感到自己没有什么价值。	1	2	3	4	5
80. 感到熟悉的东西变成陌生或不像是真的。	1	2	3	4	5
81. 大叫或摔东西。	1	2	3	4	5
82. 害怕会在公共场合昏倒。	1	2	3	4	5
83. 感到别人想占您的便宜。	1	2	3	4	5
84. 为一些有关性的想法而很苦恼。	1	2	3	4	5
85. 您认为应该因为自己的过错而受到惩罚。	1	2	3	4	5
86. 感到要很快把事情做完。	1	2	3	4	5
87. 感到自己的身体有严重问题。	1	2	3	4	5
88. 从未感到和其他人很亲近。	1	2	3	4	5
89. 感到自己有罪。	1	2	3	4	5
90. 感到自己的脑子有毛病。	1	2	3	4	5

评分与解释：

SCL-90 的统计指标主要为两项，即总分和因子分。

1. 总分项目

(1) 总分：90 个项目单项分相加之和，能反映其病情严重程度。

(2) 阳性项目数：单项分≥2 的项目数，表示受检者在多少项目上呈有“病状”。

2. 因子分

因子分共包括 10 个因子，即所有 90 个项目分为 10 大类。各因子所有项目的分数之和除以该项因子的项目数即为因子分。

该量表包括 90 个条目，共 10 个因子，即躯体化、强迫症状、人际关系敏感、抑郁、焦虑、敌对、恐怖、偏执和精神病性以及其他。

(1) 躯体化：包括 1、4、12、27、40、42、48、49、52、53、56 和 58，共 12 项。该因子主要反映主观的身体不适感。

(2) 强迫症状:3、9、10、28、38、45、46、51、55 和 65,共 10 项,反映临床上的强迫症状群。

(3) 人际关系敏感:包括 6、21、34、36、37、41、61、69 和 73,共 9 项,主要指某些个人不自在感和自卑感,尤其是在与其他人相比较时更突出。

(4) 抑郁:包括 5、14、15、20、22、26、29、30、31、32、54、71 和 79,共 13 项,反映与临床上抑郁症状群相联系的广泛的概念。

(5) 焦虑:包括 2、17、23、33、39、57、72、78、80 和 86,共 10 个项目,指在临床上明显与焦虑症状群相联系的精神症状及体验。

(6) 敌对:包括 11、24、63、67、74 和 81,共 6 项,主要从思维、情感及行为三方面来反映病人的敌对表现。

(7) 恐怖:包括 13、25、47、50、70、75 和 82,共 7 项,它与传统的恐怖状态或广场恐怖所反映的内容基本一致。

(8) 偏执:包括 8、18、43、68、76 和 83、共 6 项,主要是指猜疑和关系妄想等。

(9) 精神病性:包括 7、16、35、62、77、84、85、87、88 和 90,共 10 项。其中幻听、思维播散、被洞悉感等反映精神分裂样症状项目。

(10) 19、44、59、60、64、66 及 89 共 7 个项目,未能归入上述因子,它们主要反映睡眠及饮食情况。

按全国常模结果,满足以下任一标准,可考虑筛查阳性,需进一步检查。总分超过 160 分;或阳性项目数超过 43 项;或任一因子分超过 2 分。

心理健康自测(二)

焦虑自评量表(Self-Rating Anxiety Scale,SAS)

焦虑是一种比较普遍的精神体验,长期存在焦虑反应的人易发展为焦虑症。本量表包含 20 个项目,分为 4 级评分,请您仔细阅读以下内容,根据最近一星期的情况如实回答。

填表说明:所有题目均共用答案,请在 A、B、C、D 下划"✓",每题限选一个答案。

姓名: 性别:□男 □女

自评题目:

答案:A 没有或很少时间;B 小部分时间;C 相当多时间;D 绝大部分或全部时间。

1. 我觉得比平时容易紧张或着急	A	B	C	D
2. 我无缘无故感到害怕	A	B	C	D
3. 我容易心里烦乱或感到惊恐	A	B	C	D
4. 我觉得我可能将要发疯	A	B	C	D
5. 我觉得一切都很好 *	A	B	C	D
6. 我手脚发抖打颤	A	B	C	D
7. 我因为头疼、颈痛和背痛而苦恼	A	B	C	D
8. 我觉得容易衰弱和疲乏	A	B	C	D
9. 我觉得心平气和并且容易安静坐着 *	A	B	C	D

10. 我觉得心跳得很快	A	B	C	D
11. 我因为一阵阵头晕而苦恼	A	B	C	D
12. 我有晕倒,或觉得要晕倒似的	A	B	C	D
13. 我吸气呼气都感到很容易 *	A	B	C	D
14. 我的手脚麻木和刺痛	A	B	C	D
15. 我因为胃痛和消化不良而苦恼	A	B	C	D
16. 我常常要小便	A	B	C	D
17. 我的手脚常常是干燥温暖的 *	A	B	C	D
18. 我脸红发热	A	B	C	D
19. 我容易入睡并且一夜睡得很好 *	A	B	C	D
20. 我做噩梦	A	B	C	D

评分与解释：

评分标准：正向计分题 A、B、C、D 按 1、2、3、4 分计；反向计分题(标注 * 的题目题号：5、9、13、17、19)按 4、3、2、1 计分。总分乘以 1.25 取整数,即得标准分。低于 50 分者为正常；50～60 分者为轻度焦虑；61～70 分者为中度焦虑,70 分以上者为重度焦虑。

心理健康自测(三)

抑郁自评量表(SDS)

本量表包含 20 个项目,分为 4 级评分,为保证调查结果的准确性,务请您仔细阅读以下内容,根据最近一星期的情况如实回答。

填表说明：所有题目均共用答案,请在 A、B、C、D 下划"√",每题限选一个答案。

姓名：　　　　　　　　　　　　　　　　　　　　　　性别：□男　□女

自评题目：

答案：A 没有或很少时间；B 小部分时间；C 相当多时间；D 绝大部分或全部时间。

1. 我觉得闷闷不乐,情绪低沉	A	B	C	D
2. 我觉得一天之中早晨最好 *	A	B	C	D
3. 我一阵阵哭出来或想哭	A	B	C	D
4. 我晚上睡眠不好	A	B	C	D
5. 我吃得跟平常一样多 *	A	B	C	D
6. 我与异性密切接触时和以往一样感到愉快 *	A	B	C	D
7. 我发觉我的体重在下降	A	B	C	D
8. 我有便秘的苦恼	A	B	C	D
9. 我心跳比平时快	A	B	C	D
10. 我无缘无故地感到疲乏	A	B	C	D
11. 我的头脑跟平常一样清醒 *	A	B	C	D
12. 我觉得经常做的事情并没困难 *	A	B	C	D
13. 我觉得不安但平静不下来	A	B	C	D
14. 我对将来抱有希望 *	A	B	C	D

15. 我比平常容易生气激动 A B C D
16. 我觉得做出决定是容易的 * A B C D
17. 我觉得自己是个有用的人,有人需要我 * A B C D
18. 我的生活过得很有意思 * A B C D
19. 我认为如果我死了别人会生活得更好些 A B C D
20. 平常感兴趣的事我仍然照样感兴趣 * A B C D

评分与解释:

正向计分题 A、B、C、D 按 1、2、3、4 分计;反向计分题按 4、3、2、1 计分。反向计分题号:2、5、6、11、12、14、16、17、18、20。总分乘以 1.25 取整数,即得标准分,按照中国常模,SDS 标准分的分界值为 53 分,其中 53～62 为轻度抑郁,63～72 为中度抑郁,72 以上为重度抑郁,低于 53 分属正常群体。

参考文献

1. 白侠，杨晶等. 大学生自我心理辅导手册[M]. 北京：中国石化出版社，2004.

2. 胡德辉等. 大学生心理与辅导[M]. 广州：中山大学出版社，2004.

3. 刘晓明，杨平等. 大学生心理健康教育——体验·认知·训练[M]. 北京：科学出版社，2009.

4. 张大均，吴明霞. 大学生心理健康[M]. 北京：清华大学出版社，2007.

5. 段鑫星，赵玲. 大学生心理健康教育[M]. 北京：科学出版社，2005.

6. 高希庚，孙颖. 大学生心理健康的理论与实践[M]. 天津：天津大学出版社，2004.

7. 樊富珉，郑洪利. 大学很心理素质训练教程[M]. 上海：上海交通大学出版社，2005.

8. 胡凯. 大学生心理健康概论[M]. 长沙：中南大学出版社，2004.

9. 吉红，王志峰. 大学生心理健康与调试[M]. 北京：中央编译出版社，2006.

10. 贾晓明，陶勑恒. 大学生心理健康——走向和谐与适应[M]. 北京：北京理工大学出版社，2005.

11. 李维清. 心理健康与自我调适[M]. 乌鲁木齐：新疆人民出版社，2001.

12. 马建清. 大学生心理卫生[M]. 杭州：浙江大学出版社，2003.

13. 周家华，王金凤. 大学生心理健康教育[M]. 北京：清华大学出版社，2004.

14. 朱建军，邓基泽. 大学生心理健康[M]. 北京：中国农业大学出版社，2004.

15. 田淑梅，黄靖强. 大学生健康心理学[M]. 哈尔滨：东北林业大学出版社，2004.

16. 王玲等. 大学生心理手册[M]. 广州：暨南大学出版社，2000.

17. 陶国富，王祥兴. 大学生交往心理[M]. 上海：华东师大出版社，2005.

18. 曾建敏. 爱情心理测试[M]. 珠海：珠海出版社，2002.

19. 林蕙瑛. 成熟的爱与性[M]. 北京：中国友谊出版公司，2004.

20. 毕淑敏. 人生五样[M]. 北京：中国青年出版社，2006.

21. 刘江，刘华. 恋爱心理自测与咨询[M]. 杭州：浙江人民出版社，1999.

22. 建营，刘晓明. 青年心理健康教程[M]. 北京：北京工业大学出版社，2002.

23. 罗伯特·凯根. 发展的自我[M]. 韦子木，译. 杭州：浙江教育出版社，1999.

24. 谭小宏. 时间管理能力培养与青少年成才[M]. 青年探索，2003.

25. 吴增强. 现代学校心理辅导[M]. 上海：上海科学技术出版社，1998.

26. 陶国富，王祥兴. 大学生社会心理学[M]. 上海：华东理工大学出版社，2005.

27. 肖永春，齐亚丽. 成功心理素质训练[M]. 上海：复旦大学出版社，2005.

28. 曾仕强，刘君政. 人际关系与沟通[M]. 北京：清华大学出版社，2005.

29. 詹启生. 成功心理学[M]. 天津：天津大学出版社，2005.

30. 张小小. 职场生存智慧[J]. 呼和浩特:内蒙古文化出版社,2004.
31. 赵文明. 职场智慧 168[M]. 北京:机械工业出版社,2006.
32. 邹涛. 学会时间管理[J]. 秘书之友,2003.
33. 孟昭兰. 情绪心理学[M]. 北京:北京大学出版社,2005.
34. 谭兆麟. 情绪影响力[M]. 深圳:海天出版社,2005.
35. 王路主. 我的情绪我做主[M]. 北京:海潮出版社,2005.
36. 张大均,郭成. 教学心理学纲要[M]. 北京:人民教育出版社,2006.
37. 黄石卫,冯江源,朱源. 大学生创造人格与创造力培养[J]. 教育与现代化,2003.
38. 李宝华. 试论大学生创新意识的教育[J]. 辽宁工学院学报,1999.
39. 张大均,王磊. 心理健康与创造力[J]. 宁波大学学报,2001.
40. 周鸿. 创新教育学[M]. 成都:四川大学出版社,2001.
41. 李法顺. 大学生职业生涯规划[M]. 南京:东南大学出版社,2006.
42. 陈社育. 大学生职业心理辅导[M]. 北京:北京出版社,2003.
43. 顾雪英. 大学职业指导[M]. 北京:人民教育出版社,2005.
44. 乔建中. 现代心理学基础[M]. 南京:南京师范大学出版社,2001.
45. 张文勇. 你的职业在哪里[M]. 上海:东华大学出版社,2004.
46. 王为正,韩玉霞. 大学生心理自助读本[M]. 北京:科学出版社,2002.
47. 沈之菲. 生涯心理辅导[M]. 上海:上海教育出版社,2000.
48. 黄希庭. 大学生心理健康教育[M]. 上海:华东师范大学出版社,2004.
49. 郑日昌. 大学生心理卫生[M]. 济南:山东教育出版社,1999.
50. 魏改然. 大学生心理健康教育[M]. 北京:化学工业出版社,2010.
51. 胡德辉. 大学生心理与辅导[M]. 广州:中山大学出版社,2000.
52. 莫雷,颜农秋. 大学生心理教育[M]. 广州:暨南大学出版社,2003.
53. 林崇德,辛涛,邹泓. 学校心理学[M]. 人民教育出版社,2000.
54. 石梅. 大学生心理健康教育[M]. 北京:科学出版社,2010. 8.
55. 朱坚,王水珍. 健康之路,从心起步[M]. 北京:科学出版社,2010.
56. 刘泽文,胡天生. 穿越金色时光[M]. 北京,海洋出版社,2009.
57. 向群英,唐雪梅,赖芳. 大学生心理素质教育与训练[M]. 北京:科学出版社,2010.
58. 桑志芹. 大学生心理健康学[M]. 北京:科学出版社,2007.
59. 宋宝萍. 大学生心理健康教育[M]. 西安:西安电子科技大学出版社,2007.
60. 郭斯萍,刘建华,陈以洁. 大学生心理发展辅导[M]. 广州:暨南大学出版社,2008.
61. 张婷. 情绪调节术[M]. 北京:北京航空航天大学出版社[M]. 2010.
62. 乔丹丹,陈晓东. 现代大学生心理健康教育[M]. 北京:清华大学出版社,2009.
63. 潘玉腾. 大学生心理健康指导[M]. 上海:同济大学出版社,2010.
64. 吕秋芳,齐力. 大学生心理健康与调适[M]. 北京:华文出版社,2002.
65. 叶湘虹. 大学生心理健康指导[M]. 长沙:湖南人民出版社,2007.

66. 刘晓明，杨平. 大学生心理健康教育——体验·认知·训练[M]. 北京：科学出版社，2009.

67. 桂世权，魏青，陈理宣，辛勇. 大学生心理健康教育[M]. 成都：西南交通大学出版社，2007.

68. 何向荣. 纵横职场[M]. 北京：高等教育出版社，2004.

69. 马云献，扈岩. 大学生感戴量表的初步编制[J]. 中国健康心理学杂志，2004，12(5)：387-389.

70. 朱敏. 当前大学生感恩意识缺失的原因及其对策[J]. 高校讲坛，2011，(25)：541.

71. 渠东玲. 高校大学生感恩心理的缺失与教育对策[J]. 继续教育研究，2008，(9)：84-85.

72. 黎玉兰，宋凤宁，方艳娇. 感恩：积极心理研究的新领域[J]. 社会心理科学，2008，23(2)：12-16.

73. 苗元江，陈燕飞. 感恩：积极心理教育新视角[J]. 中小学心理健康教育，2010，(5)：4-7.

74. 赫云鹏. 大学生心理健康与发展[M]. 北京：高等教育出版社，2009.

75. 马建清. 大学生心理卫生[M]. 杭州：浙江大学出版社，2003.

76. 胡德辉等. 大学生心理与辅导[M]. 广州：中山大学出版社，2004.

77. 张大均，吴明霞. 大学生心理健康[M]. 北京：清华大学出版社，2007.

78. 白侠，杨晶等. 大学生自我心理辅导手册[M]. 北京：中国石化出版社，2004.

79. 樊富珉，郑洪利. 大学生心理素质训练教程[M]. 上海：上海交通大学出版社，2005.

80. 贾晓明，陶勑恒. 大学生心理健康——走向和谐与适应[M]. 北京：北京理工大学出版社，2005.

81. 王玲等. 大学生心理手册[M]. 广州：暨南大学出版社，2000.

82. 邱光洪. 感恩的心[M]. 北京：中国纺织出版社，2012.

83. http://baike.baidu.com/view/1348.htm.

84. http://wenku.baidu.com/view/76271308ba1aa8114431d9f3.html.

85. http://wenku.baidu.com/view/8b4e9267f5335a8102d22067.html.

86. http://wenku.baidu.com/view/3601bf1dfad6195f312ba6fc.html.

87. http://wenku.baidu.com/view/7c92ea7f27284b73f24250b8.html.

88. http://wenku.baidu.com/view/c7f4cdf0f90f76c661371a21.html.

89. 桑志芹. 大学生心理健康学[M]. 北京：科学出版社，2007.

90. 卢法现，鲁卿，松玉. 当代大学生危机[M]. 北京：中国物资出版社. 1998.

91. (美)Burl E. Gilliland, Richard K. James. 危机干预政策·上册[M]. 肖水源，等，译. 北京：中国轻工业出版社，2001.

92. 周家华，王金凤. 大学生心理健康教育[M]. 北京：清华大学出版社，2010.

93. 方平. 自助与成长——大学生心理健康教育[M]. 北京：教育科学出版社，2010.

94. 向群英，唐雪梅. 大学生心理素质教育与训练[M]. 北京：科学出版社，2010.

95. 郑洪利. 大学生心理素质教育与训练[M]. 上海：上海大学出版社，2010.
96. 张梅. 心理训练(第二版)[M]. 武汉：华中科技大学出版社，2005.
97. 周红，沈永健. 大学生心理健康面面观[M]. 北京：科学出版社，2012.
98. 黄爱国，强迫症心理疏导治疗[M]. 北京：人民卫生出版社，2011.
99. 杨雪花，郑爱明. 大学生心理健康教育[M]. 北京：科学出版社，2012.